図解 知識ゼロからの協同組合入門

【監修】
日本協同組合学会 会長
杉本貴志
日本協同組合学会 前会長
北川太一

家の光協会

はじめに

今、協同組合が注目されています。国連が2012年と2025年を「国際協同組合年」と定めたり、ユネスコが協同組合に集まる人々の思想と実践を「ユネスコ無形文化遺産」として登録したり、世界中で協同組合をもっと盛り上げようと、さまざまな動きが見られるのです。

残念ながら、そうした気運から取り残されているかのように感じられるのが日本社会なのですが、そんな日本の人々に対して、協同組合とはどんなものなのか、なぜSDGsの時代に協同組合が重視されるのか、ゼロから優しく解説しようというのが本書の目的です。

みなさんは、なぜこの本を手に取られたのでしょうか。

協同組合にお勤めで、改めて自分の職場のことを勉強してみようという方もいらっしゃるかもしれません。大学の授業やゼミで、協同組合というものが出てきたのだけれども全くわからず、あわててこの本に飛びついたという方もいらっしゃるでしょう。偶然、書店や図書館で目についただけで、特に協同組合については関心も知識もないのだけれども……という方もいらっしゃいますか?

いろいろな方がいらっしゃるでしょうが、おそらくみなさんに共通しているのは、「協同組合」という言葉は目にしたことがあるけれども、それが何を意味するのか、正確に説明しろといわれても自分にはできない、ということではないでしょうか。協同組合で働いているという方であっても、自分が勤めている地域のJA(農業協同組合/農協)については何とか説明できても、消費者が買い物しているCO・OP(生活協同組合/生協)と同じ協同組合であるとはどういうことなのか、よくわからないという方が多いはずです。

本書は、まさにそういう方々を対象にして、協同組合とは何なのかを知っていただき、そのうえで「協同組合が現代社会に存在することの意義は何か」をみなさん自身で考えていただくために、企画・制作しております。

まず第1章では、実は協同組合というものが多くの人々の生活や仕事に想像以上にかかわっていて、社会の中でなくてはならない存在となっているのだということを、日本と世界の現状から学んでいただきます。

続く第2章では、そうした協同組合というものがどのように生まれ、発展してきたのか、協同組合の約200年のあゆみを振り返ります。

そして第3章で、さまざまな立場・境遇にある人々が、さまざまな形の協同組合を結成し、自分たちの生活とコミュニティの持続的発展に取り組んでいる現実をお伝えします。

協同組合は事業組織でありながら、そのビジネスを通して、さまざまな社会問題に立ち向かう組織です。第4章を読んでいただければ、なぜ国際機関が今、協同組合に大きな期待を寄せているか、ご理解いただけるでしょう。

本書を通読すれば、あなたはいつのまにか、協同組合にすっかり詳しい人物になっているでしょう。その上で、第5章で取り上げた協同組合の諸課題に対して、あなた自身の評価や批判はいかなるものか、お考えの上、意見を提起していただきたいと考えております。それが「国際協同組合年」に本書を世に送り出すわれわれの願いです。

2025年2月

日本協同組合学会会長　杉本貴志

もくじ

第3章 さまざまな人々の願いを実現する協同組合……71

第5章 協同組合が抱える課題 …… 181

装丁　宮坂佳枝
装丁イラスト　IWOZON／PIXTA（ピクスタ）
本文レイアウト・DTP　㈱新後閑
校正　きじ舎

第1章

今、世界が注目する協同組合

1 国連の期待を集める協同組合 —国際協同組合年、SDGs—

2012年国際協同組合年

２００９年12月、国連は、２０１２年を国際協同組合年（International Year of Co-operatives：ＩＹＣ）とすることを決議しました。この決議では、協同組合を「持続可能な開発、貧困の根絶、都市・農村におけるさまざまな経済部門の生計に貢献できる企業体・社会的事業体」として評価しました。

　こうした決議が行われた背景の第一は、世界的に見て食料と貧困の問題が解決していないことです。２００７年頃から顕著になった食料価格の高騰は、発展途上国を中心に経済を不安定化させました。特に飢餓人口（人間が生活していくうえで必要なカロリーを摂取できない人たち）は一向に減る兆しがなく、２００５年には７・９億人に達しました。ちなみに飢餓人口は、２０２３年でも７・３億人存在しています（１３１ページ表）。したがって、地域で作られた農産物・食料を、求めている人に届ける仕組みとしての協同組合の役割に、期待が集まったのです。

　第二は、いわゆるグローバル経済の進展による弊害が顕著になったことです。２００８年のリーマンショックは、金融問題をはじめとして世界規模で経済危機をもたらしました。そうした中で、顔と顔が見える関係を大切にして、地域に密着した事業を行う協同組合が注目されたのです。**国連食糧農業機関（ＦＡＯ）**と並ぶ国連の専門機関である**国際労働機関（ＩＬＯ）**は、協同組合には「危機の時期におけるビジネスモデルの強さ」が存在するとして、協同組合の事業が経済危機においても早い回復力を示したことを評価しました。

　２０１２年の国際協同組合年では、スローガンを

用語

国連食糧農業機関（FAO）
Food and Agriculture Organization of the United Nations。国際労働機関（ILO）、国際通貨基金（IMF）、国連教育科学文化機関（ユネスコ：UNESCO）等と並ぶ、国連（国際連合）専門機関の一つ。食料の安全保障や人々の栄養充足、作物や家畜、漁業・水産養殖を含む農業・農村開発を進める役割を持つ。

2012国際協同組合年のロゴマーク

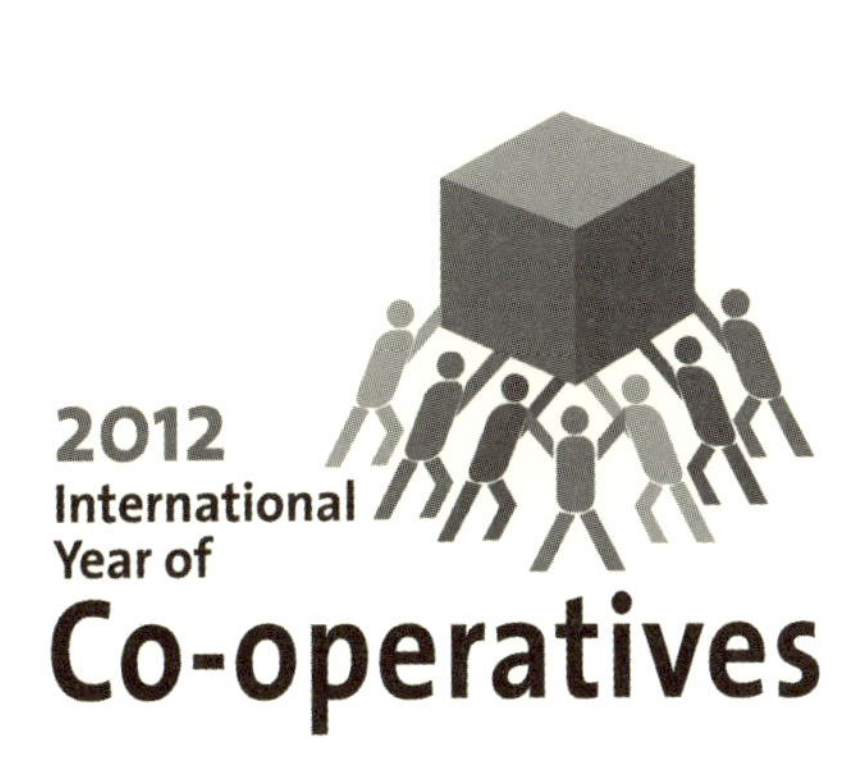

「協同組合がよりよい社会を築きます」（Co-operative enterprises build a better world）と定め、次のことを目指して世界中で、もちろん日本国内でもさまざまな取り組みが行われました。

①協同組合の社会的認知度を高める
②協同組合の設立・発展を促進する
③協同組合の設立や発展につながる政策を定めるよう政府や関係機関に働きかける

SDGs（持続可能な開発目標）の担い手としての協同組合

２０１５年9月の国連サミットで加盟国は「我々の世界を変革する：持続可能な開発のための２０３０アジェンダ」を採択し、２０３０年までに達成すべき世界共通の目標をＳＤＧｓ（Sustainable Development Goals：持続可能な開発目標）として示しました。17のゴール（目標）、１６９のターゲットから構成され、「誰一人取り残さない」というスローガンを掲げています。

17のゴールには、貧困、飢餓、健康と福祉、教育、

国際労働機関（ＩＬＯ）
International Labour Organization。国連最初の専門機関。すべての人たちが、ディーセント・ワーク（働きがいのある人間らしい仕事）を実現することを目指し、雇用機会の保障、労働基準の設定、労働政策の発展等を促す役割を持つ。

ジェンダー、エネルギーや気候変動、生産者や消費者の責任、まちづくりなどが設定されていますが、協同組合は、ＳＤＧｓを実現する重要な担い手の一つとして位置づけられています。その理由は、ＳＤＧｓが掲げる目標と、協同組合が目指す社会や事業・活動とは決して無関係ではなく、むしろ、ＳＤＧｓが示される以前から、協同組合が長きにわたって取り組んできた内容そのものといえるからです。先にあげたＳＤＧｓのスローガン「誰一人取り残さない」は、協同組合が大切にしている「一人は万人のために、万人は一人のために」(One for All, All for One) とも重なるところがあります。

　安全・安心な農と食を育むこと、暮らしや環境をよりよくすること、私たちの願いが叶うやりがい・働きがいのある場をつくること、そして何よりも次代を担う人たちのために持続可能な地域社会を実現することは、協同組合に携わる人たちの共通の願いです。このように今、協同組合に多くの注目と期待が集まっています。

SDGsで示された17の目標

2 ユネスコによる評価と2度目の国際協同組合年

ユネスコ無形文化遺産への登録

２０１６年、**ユネスコ**は「協同組合の思想と実践」を**無形文化遺産**に登録しました。ユネスコ無形文化遺産といえば、近年日本では、伝統的な食文化としての「和食」や「和紙」、「山・鉾・屋台行事」などが登録されています。今回、「協同組合の思想と実践」が登録された理由は、協同組合が「共通の利益と価値を通じてコミュニティづくりを行うことができる組織であり、雇用の創出や高齢者支援から都市の活性化や再生可能エネルギープロジェクトまで、さまざまな社会的な問題への創意工夫あふれる解決策を編み出している」(＊)と評価されたからです。

協同組合のユネスコへの登録申請は、主にドイツからの提案によりなされましたが、内容は一国だけにとどまるものではありません。協同組合が目指すべき社会の理念を持ち、人と人、協同組合と地域とが手を結び合いながら、暮らしや地域社会・コミュニティの課題を解決するために有効な仕組みを持ち、長年にわたって事業や活動を通じて実践してきた世界中の協同組合の取り組みが、次世代に引き継ぐべきものとして評価されたのです。

2025年、再び国際協同組合年に

このように、世界中で協同組合への注目と期待が高まる中で、２０２３年11月、モンゴル政府からの提案もあり、国連は「社会開発における協同組合」(Cooperatives in Social Development)と題する決議を行い、その中で２０２５年を再び国際協同組合年とすることを宣言しました。２０１２年の国際協同組合年も契機となって、飢餓や貧困の解消、食料の安定供給、女性の地位向上をはじめとする多様な人びとの

用語

ユネスコ
国際連合教育科学文化機関(United Nations Educational, Scientific and Cultural Organization)の略称。国際平和と福祉を促すために教育、科学、文化の協力・交流を行う国連の専門機関。

無形文化遺産
口承による伝統・表現、芸能、社会的慣習、儀式や祭礼行事、伝統工芸技術等が対象。日本では、和食、和紙、山・鉾・屋台行事、伝統的酒造りなどが登録されている。

＊ ユネスコ無形文化遺産保護条約第11回政府間委員会

社会参加、気候変動や環境問題への対応など、ＳＤＧｓの目標実現をはじめとする社会的な問題解決に向けた協同組合の貢献が改めて評価されたのです。

　２０２４年11月に、インドのニューデリーで開催された国際協同組合同盟（ＩＣＡ）世界協同組合会議・総会において、２０２５国際協同組合年が正式に発足し、四つのテーマ「協同組合を支援する政策と経済システムの実現」「目的意識を持ったリーダーシップの育成」「協同組合のアイデンティティの再確認」「公正、平等、そしてレジリエントな未来の形成」について議論が行われました。

　発足式典では、グテーレス国連事務総長がビデオメッセージで演説し、「みなさまが代表する協同組合は、世界的な課題を解決するために団結することの重要性を示しています」「１００か国以上で活躍するみなさまは、大小さまざまなコミュニティの発展を推進しています。貧困や社会的排除と闘い、食料安全保障を強化し、地域の事業者が、国内市場・国際市場にアクセスできるよう支援し、さらに多くのことを行っています」「私たちの世界が複雑な課題に直面し、持続可能な開発目標（ＳＤＧｓ）の達成に向け取り組む中で、みなさまの団結した努力は不可欠です」などと述べ、協同組合にエールを送りました。

　日本では、２０１８年に**「日本協同組合連携機構」**（Japan Co-operative Alliance：ＪＣＡ）が設立されました。ＪＣＡでは、さまざまな種類の協同組合が都道府県や地域レベルでも連携することを促し支援していますが、２０２４年７月にＪＣＡが事務局となって、協同組合に携わる40近くの人たち（団体）からなる「２０２５国際協同組合年（ＩＹＣ２０２５）全国実行委員会」が発足しました（*）。

　２０２４年７月に開催された第１回２０２５国際協同組合年全国実行委員会では、ＩＹＣ２０２５のテーマ「協同組合はよりよい世界を築きます」のもと、協同組合が持続可能で活力ある地域社会の実現に資することを目指して、次のことに取り組むことが確認されました。

（１）協同組合に対する理解を促進し、認知度を高

用語

日本協同組合連携機構　Japan Co-operative Alliance。２０１８年設立。国内外の協同組合間の連携を促し、協同組合の発展と持続可能な地域の暮らし・仕事づくりの実現などを目的とする。『ＪＣＡ２０３０ビジョン』に基づき「学ぶとつながるプラットフォーム」を目指している。

*　ウェブサイト https://www.japan.coop/iyc2025/

IYC 2025（国際協同組合年）全国実行委員会の構成

一般社団法人 全国農業協同組合中央会	一般社団法人 日本共済協会
日本生活協同組合連合会	労働者福祉中央協議会
全国漁業協同組合連合会	生活クラブ事業連合生活協同組合連合会
全国森林組合連合会	全国中小企業団体中央会
日本労働者協同組合連合会	共栄火災海上保険株式会社
全国労働者共済生活協同組合連合会	ワーカーズ・コレクティブネットワークジャパン
一般社団法人 全国労働金庫協会	社会福祉法人 全国社会福祉協議会
全国農業協同組合連合会	一般社団法人 日本農福連携協会
全国共済農業協同組合連合会	一般財団法人 アジア農業協同組合振興機関（IDACA）
農林中央金庫	一般社団法人 SDGs 市民社会ネットワーク（SDGs ジャパン）
一般社団法人 家の光協会	公益財団法人 賀川事業団雲柱社
株式会社 日本農業新聞	公益財団法人 さわやか福祉財団
全国厚生農業協同組合連合会	認定特定非営利活動法人 全国こども食堂支援センター・むすびえ
株式会社 農協観光	認定特定非営利活動法人 日本ボランティアコーディネーター協会（JVCA）
一般財団法人 全国農林漁業団体共済会	一般社団法人 生活困窮者自立支援全国ネットワーク
全国大学生活協同組合連合会	日本協同組合学会
日本医療福祉生活協同組合連合会	
日本コープ共済生活協同組合連合会	
日本文化厚生農業協同組合連合会	
一般社団法人 全国信用金庫協会	
一般社団法人 全国信用組合中央協会	

めること

（2）協同組合の事業・活動・組織の充実を通じてSDGs達成に貢献すること

（3）地域課題解決のため協同組合間連携や様々な組織との連携を進めること

（4）国際機関や海外の協同組合とのつながりを強めること

そして2025年2月には、IYC2025キックオフイベントが開催され、IYC2025のスタートを日本全国の協同組合関係者がアジア太平洋地域の協同組合の仲間と祝うとともに、IYC2025をどのように捉え、進めるのかについて深め合い、共有し、活動方針を確認しました。今後は、IYC2025に賛同する個人・団体をさらに募りながら、国際協同組合デー記念中央集会の開催、記念シンポジウム「協同組合への期待と展望（仮称）」のテレビ放映、協同組合が抱える課題をテーマにしたフォーラムの開催などが計画されています。

3 震災・復興と協同組合

被災した神戸市

写真：JCA「2012国際協同組合年ってなに？」より転載

協同組合は、組合員が出資をしてつくる組織ですが、組合員のみの利益を守ることを目的とはしていません。豊かな地域社会を建設する、社会的な課題を解決することに努めるのも、協同組合の重要な役割です。近年、地震や台風などにより被害を受ける地域が多くありますが、協同組合は、いち早く被災地を支援し地域の復興を目指してきました。

阪神・淡路大震災

1995年1月17日、阪神・淡路大震災が起こりました。これは、日本で初めての大都市直下型の地震で高速道路や高層ビル、地下鉄にまで被害が及び、多くの人が犠牲になりました。この時、全国の多くの協同組合は、いち早く支援に立ち上がり、人の派遣や物資の供給など、それぞれの協同組合が持つネットワークを活かしながら被災地の復興に尽力し

用語

東日本大震災における協同組合の支援活動①

医師・看護師の派遣

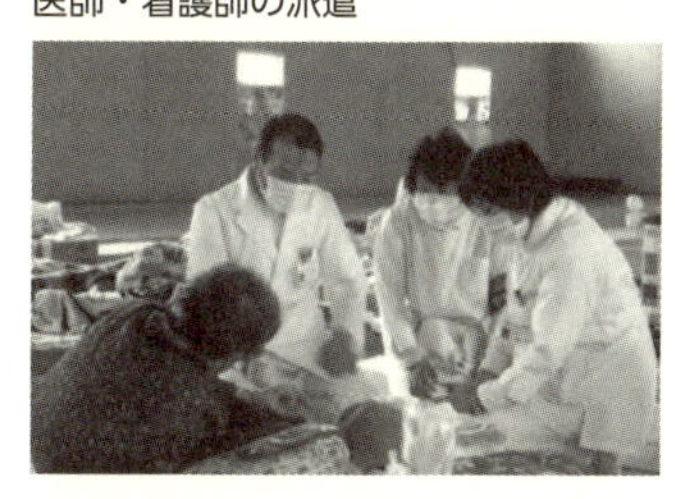

支援物資の提供

復興に向けた中小企業組合

被災地での炊き出し

写真：JCA「2012国際協同組合年ってなに？」より転載

ました。

被災地である兵庫県に立地するコープこうべでは、発災直後に緊急対策本部を設置して、地震当日にもかかわらず、店頭や近隣での営業も含めて全155店舗中100店舗近くが生活必需品の提供を中心に営業を続けたとされています。こうした姿は、「被災地に生協・協同組合あり」と称えられました。その後、震災の経験をふまえて、コープこうべをはじめとする協同組合が中心となって「地震災害等に対する国民的保障制度を検討する審議会の設置に関する要請署名」の運動を展開し、1998年には「**被災者生活再建支援法**」の成立へと結実しています。

東日本大震災、原発事故への対応

2011年3月11日に起こった東日本大震災は、福島県で起こった原発事故もあり、未曽有の大災害となりました。この時も、被災地の協同組合自らが地元の支援にいち早く動き出すとともに、全国各地の協同組合が特性を活かしながら、支援物資の供給、

被災者生活再建支援法　1998年に制定。自然災害により著しい生活基盤の被害を受けた人を対象に、その再建を支援し、住民の生活安定と被災地の速やかな復興を進めることを目的とする。都道府県が拠出した基金から、被災者生活再建支援金の支給が行われる。

東日本大震災における協同組合の支援活動②

買い物支援

学習支援

共済金の損害査定

仕事の創出支援

写真：JCA「2012国際協同組合年ってなに？」より転載

医師・看護師の派遣、買い物支援や共同小売店の設立・営業、避難所での炊き出し、学習支援、仕事創出の支援、共済金の損害査定などを行いました。

とりわけ、原発事故が起こった福島県では、国の対症療法的な災害対策に甘んじるのではなく、実態を適切に把握して汚染や損害状況を把握し、それを踏まえたうえでの対策を行いました。具体的には生協や農協などの協同組合組織と自治体や住民組織、生産者グループ、大学が協力しながら、子どもの保養、**土壌スクリーニング**、損害調査と賠償請求業務、食の安全性確保と風評被害対策など、復興に向けてのプロセスを考えたさまざまな取り組みが行われました（19ページ表）。

生活インフラの砦として

2024年1月1日には、石川県能登半島地震が起こりました。協同組合の人たちの懸命な支援にもかかわらず、今もなお復旧・復興の道筋が見えない状態です。今後は、南海トラフ地震が起こる可能性

用語

土壌スクリーニング 汚染状況に応じた対策を施すことを目的に、放射能被害に遭ったすべての農地を対象に放射性物質を測定し、詳細な汚染状況を明らかにすること。福島県では、東日本大震災の翌年（2012年）から、農協をはじめとする協同組合や大学が中心となって実施し、2015年以降、福島県産米の全量検査結果では基準値超えがゼロとなった。

福島県における復興過程と協同組合の取り組み

第1段階	原発事故と避難・防護	福島の子ども保養プロジェクト
第2段階	放射能測定と汚染対策	土壌スクリーニング・プロジェクト
第3段階	損害調査と賠償	JA福島中央会「東京電力原発事故農畜産物損害賠償対策福島県協議会」
第4段階	食の安全性の確保と風評被害対策	コープふくしま「陰膳調査（*）」
第5段階	営農再開・帰村と復興	地産地消における安全性の確保、地域での食と農の再生

資料：小山良太・千葉あや「震災復興と協同組合」現代公益学会編『東日本大震災後の協同組合と公益の課題』表Ⅱ-1-2
＊調査対象者が実際にとった食事と同じものを科学的に分析し、摂取した栄養素や化学物質の総量を推定すること

の高さも指摘されています。協同組合の現場では、防災をキーワードにしたさまざまな活動が行われるとともに、大規模な自然災害を想定して、協同組合が自治体や自主防災組織などと災害時の支援物資等に関する協定を結ぶことも増えてきました。たとえば長野県では、生協やＮＰＯ、社会福祉協議会、労働団体や大学などで構成される「長野県災害時支援ネットワーク」が作られています。２０１９年10月、東日本台風・豪雨による大規模な被害が発生した際には各団体が連携しながら現地の情報を確認・共有し、農協（ＪＡ）も加わっての農地災害支援のボランティア活動が行われました。

協同組合は、出資者である組合員の暮らしを守る共益の組織です。ただし、こうした共益を真摯に求めていくことは、社会全体の利益（公益）につながります。普段からの防災も含めたセーフティネット網を張り巡らし、万が一災害が起こった時には生活インフラの砦として協同組合が果たす役割は、今後ますます大きくなっていくでしょう。

4 協同組合とは？

世界中の仲間が共有する協同組合原則

協同組合は、私たちの暮らしを守り、地域をよりよくしていくために生まれ、今日まで存続してきました。すべてを人任せにするのではなく自分たちでルールをつくり、ともに学び考え、工夫し補い合いながら運営するところに特徴があります。協同組合は、私たちの暮らしをよりよくしたい、私たちが暮らす地域を住みよい社会にしたいという思いや願いを持った人たちの集まりです。農協や漁協、森林組合、生協、信用組合や信用金庫、労働者協同組合などそれぞれの目的に応じた協同組合は、こうした思いや願いを協同の力で実現する舞台（仕組み）であるといえます。

協同組合は、その特性を発揮するために必要な考え方や大切にしたい価値、運営方法や重視すべき活動などを「協同組合原則」として定めており、世界中の仲間が共有しています。もともと協同組合原則は、19世紀半ば、協同組合を設立した先駆者たちが定めたものですが、その時代に適応できるように何度か改定されて今日に至っています。現在の協同組合原則の正式名称は、「協同組合のアイデンティティに関するICA声明」といい、1995年、国際協同組合同盟（ICA：International Co-operative Alliance）が定めたものです。そこでは、次のように協同組合が定義されています。

「協同組合は、人びととの自治的な組織であり、自発的に手を結んだ人びとが、共同で所有し民主的に管理する事業体を通じて、共通の経済的、社会的、文化的ニーズと願いをかなえることを目的とする。」（＊）

ここからわかるように協同組合とは、私たちの願

＊ 協同組合原則に関する訳文：ここでは、JCAのウェブサイトに掲載されている日本協同組合学会の訳を掲載

いを満たすために、（上からの押し付けや強制ではなく）人々が自発的につくり、民主的なルールを守りながら自主的に運営する組織です。事業体という言葉にも注意してください。協同組合は理念だけを振りかざしたり、ただボランティアをしたりするだけの団体ではありません。組合員の経済的な行為を積み重ねながら、思いや願いを実現する手段・方法として事業（協同組合としてのビジネス）を行うところに特徴があります。

組合員と株主

協同組合を構成する主人公は組合員です。協同組合に魅力を感じて事業の利用を望む人は、出資をして組合員になる必要があり、出資金をもとに事業・運営が行われます。これに対して、株式会社を構成するのは、その会社の株式を購入した株主です。

では、組合員と株主の違いはどこにあるのでしょうか。協同組合の組合員は暮らしの向上やよりよい地域社会の実現を願い、その理念に共感した人たちであり、出資金に対する還元を期待したり目的とはしません。それに対して株主は、できるだけ高い配当を受け取るために、自分が保有する株式の価値が上がることを期待し、株式会社も、できるだけ多くの利益をあげて株主に配当で還元できるように努めます。したがって株主の多くは、保有する株式の価値が高まると思えば保有し続けるでしょうし、これ以上価値が上がらないと判断すれば株式を売却するでしょう。つまり、株主は投資家です。

さらに、組合員には重要な役割があります。それは、自分たちの思いや願いを事業や運営に反映すること、いい換えれば、自らが主体的に知恵を出し合い、創意工夫をしながら協同組合の運営に参加・参画することです。そこで協同組合は、すべての組合員が集まる「総会」を毎年開きます。ただし組合員数が多いところでは、すべての組合員が集まることが難しいため、組合員の中から「総代」と呼ばれる人を選び、その人たちが集まって「総代会」を開催します。総会・総代会では、一年間に実施した事業や決算報告を承認し、剰余金の使い方、今後一年間の事業・運営方針などを決定します。また、経営にかかわる代表理事や理事（役員）を選びます。

三つの顔を持つ組合員

協同組合と株式会社とでは、物事を決める方法において決定的な違いがあります。それは「1人1票制」と「1株1票制」の違いです。協同組合は、出資額が多いか少ないかによって**議決権**に差はありません。これに対して株式会社は、所有する会社の株式数に応じて議決権が与えられます。極端に言えば、株式会社では株を半数以上保有すれば経営を思いどおりにすることができるわけです。

　これに対して協同組合は、人と人とが結びつき力を合わせることを大切にしますから、株式会社のように特定の人たちの意見が通る運営が行われたり、外部の組織に支配されるわけにはいきません。1人1票制を採ることで、協同組合を構成する組合員の意思が平等に扱われています。人間の組織であることを大切にする協同組合と、資本（お金）の組織としての顔を持つ株式会社との違いが、運営方法の違いにも表れています。

　このように協同組合の組合員は、出資をして事業を利用し、さらには運営に参画します。つまり、出資者、事業の利用者、運営の参画者という三つの顔を持っており、これを組合員の「三位一体性」と呼んでいます。一方株式会社では、株主、顧客（お客さん）、経営者が必ずしも一致していません。

一人ひとりの力は小さくても

協同組合の組合員一人ひとりは小さな存在です。たとえば、信頼できる産地の新鮮な農産物・食料品を購入したい、生活していくうえで安全・安心な商品を手に入れたいと願っている人がいるとします。一人の力ではどうしようもありませんが、そう願っている人たちが集まって意思を反映して、共同購入・宅配を行ったり、店舗に必要量を取り揃えて利用できるようにすれば、望むものを適正な価格で手

用語

議決権
株主や組合員が、総会において提案された経営方針等に対して賛否の投票を行う権利。協同組合では1人1票制を原則とするため、総会（総代会）出席者の半数を超える賛成があれば、議案は可決される。

「協同」のイメージ

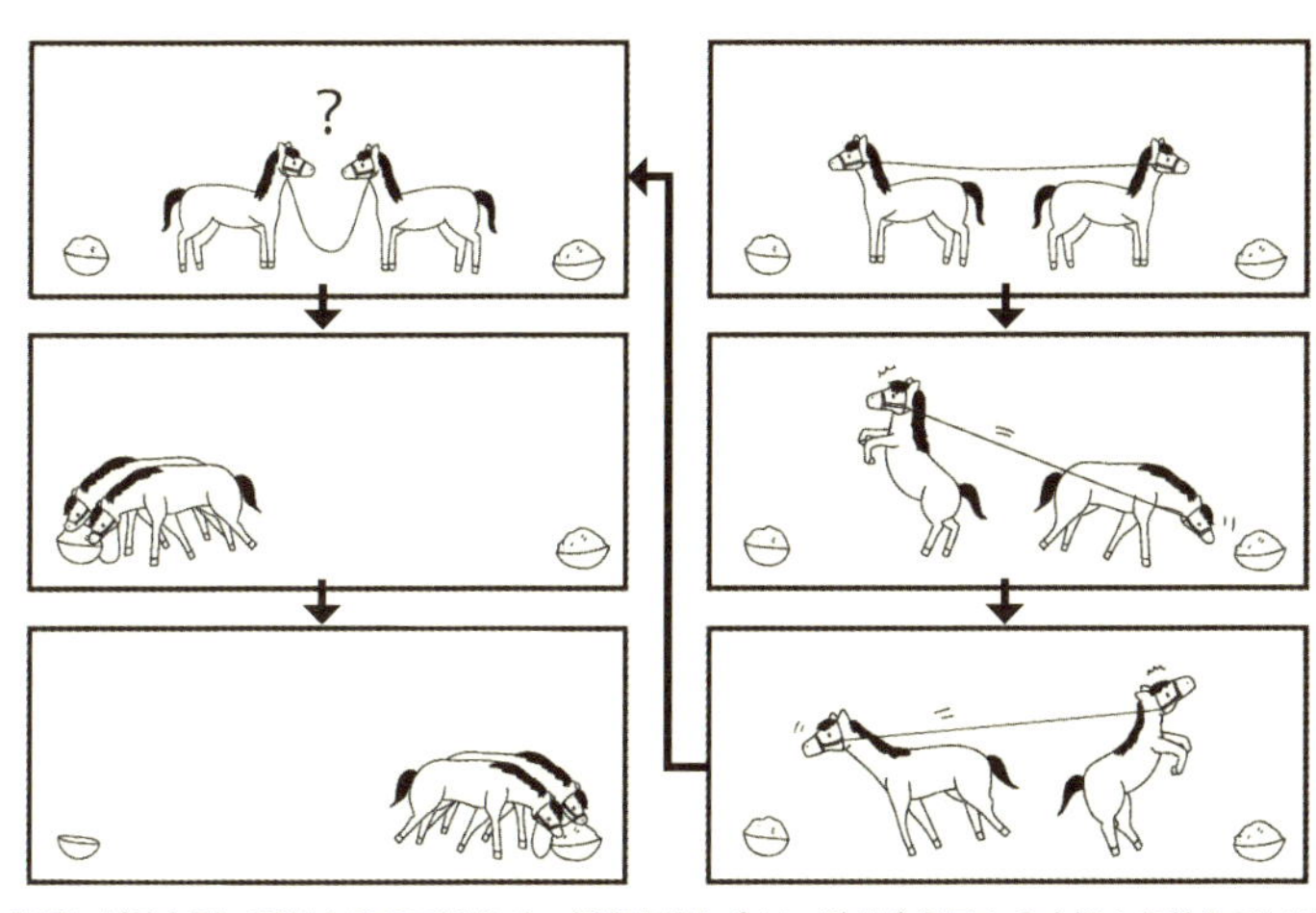

お互いが足を引っ張り合うのではなく、知恵を出し合い、助け合うことの大切さを教えている

に入れることができます。あるいは、一人ひとりの生産者がバラバラに出荷・販売するのではなく、品種や出荷時期を統一して一定の量をまとめれば、有利な条件で取引を行うことができます。

協同組合の事業は、一人ひとりのニーズが詰まった小さな活動の積み重ねです。必要な商品を購入する、生産物を販売する、共済の掛け金を支払うというように、一人ひとりの経済的な行為を束ねることによって有利性を実現し、暮らしをよりよくしたいという私たちの願いを実現することができるのです。

一見して協同組合が行っている事業は、一般の民間企業のビジネスと変わらないように映るかもしれません。しかし、事業の利用者である組合員は決してお客さんではありません。組合員が暮らしをよりよくしていくために利用するのが事業であり、事業をよりよくしていくために学習や交流など多彩な活動が行われています。こう考えると協同組合の事業は、民間企業が行うビジネスとはひと味もふた味も違うことがわかります。

5 数字で見る日本と世界の協同組合の現状

日本人の4人に1人が組合員

日本の協同組合は、日本の社会の中で大きな役割を果たしています。たとえば、消費生活協同組合（生協）の組合員数は約3000万人、日本の全世帯の約4分の1が加入しています。2022年度の生協の年間総供給高は3・2兆円にもなります。農業協同組合（農協／JA）の組合員数は約600万人、JA全農の年間事業取扱高は4・5兆円に達します。

1次産業である農業・林業・漁業における協同組合の役割は大きく、農林漁業の生産物の約半分は協同組合を通じて販売されます。

生協、農協、森林組合、漁協、信用組合、中小企業協同組合、労働者協同組合等、日本にはさまざまな協同組合が存在し、これらすべての組織数は約4万、組合員数は延べ1億人を超えています。

また、各協同組合が扱っている共済に加入している人は約3700万人で、国内人口の約3分の1を占めています。

世界には12億人の組合員が

協同組合は世界150か国以上に、合計300万組織あり、その組合員数は10億人を超えています。協同組合による雇用は1600万人以上、世界の労働者の10%に達しています。

また、2023年版の**世界協同組合モニター**によると、2021年の世界の上位300の協同組合の総売上は約2兆4904億米ドルに達しています。この金額は同年のフランスのGDP2兆9583億ドル（世界7位）よりは少ないですが、イタリアのGDP2兆1563億ドル（同8位）を上回っています。

用語

世界協同組合モニター 国際協同組合同盟（ICA）と欧州協同組合・社会的企業研究所（Euricse）が2012年から発表しているレポート。世界の大規模な協同組合等の事業高等のデータが掲載されている。

数字で見る日本の協同組合

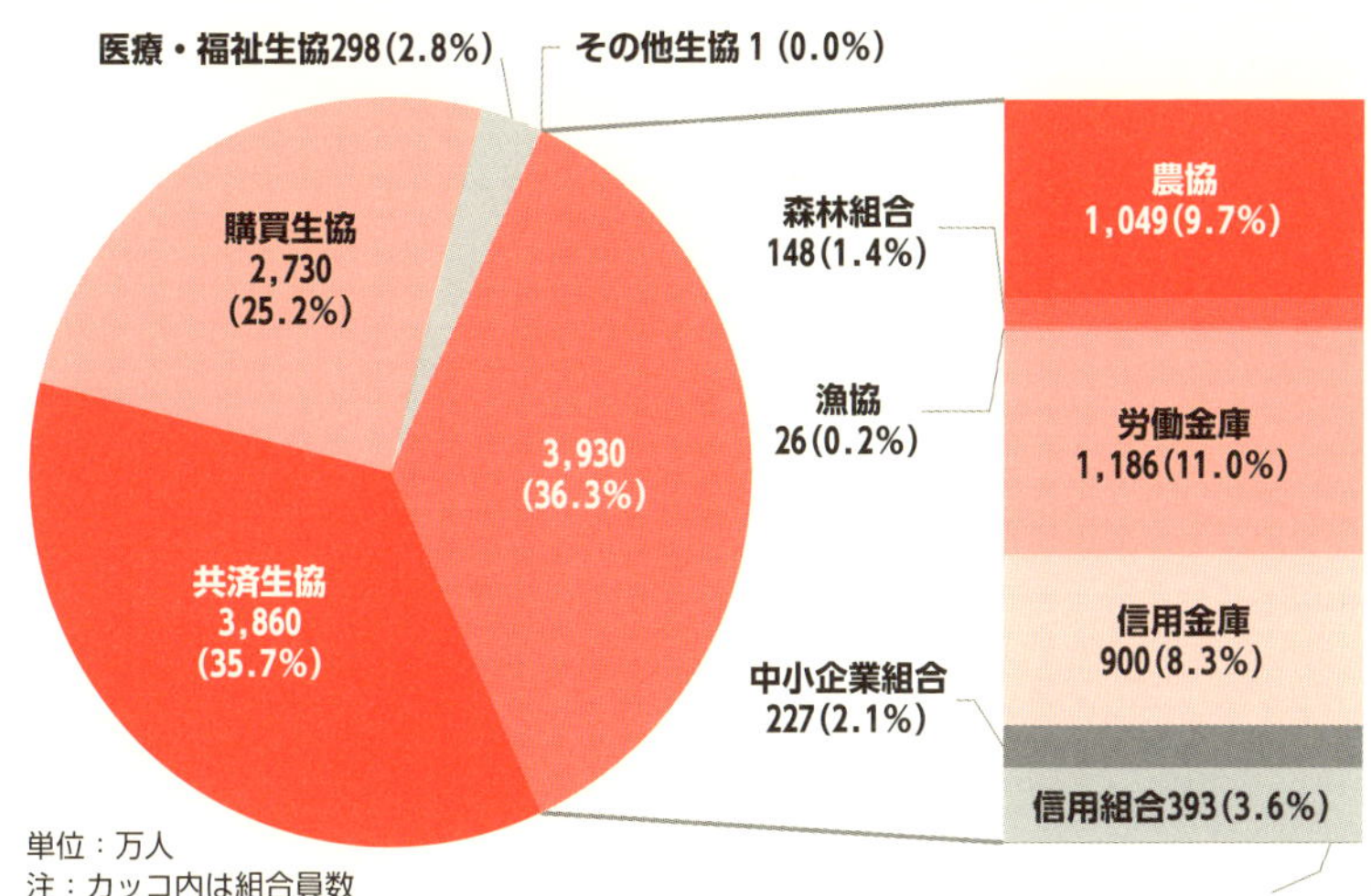

単位：万人
注：カッコ内は組合員数全体に占める構成比

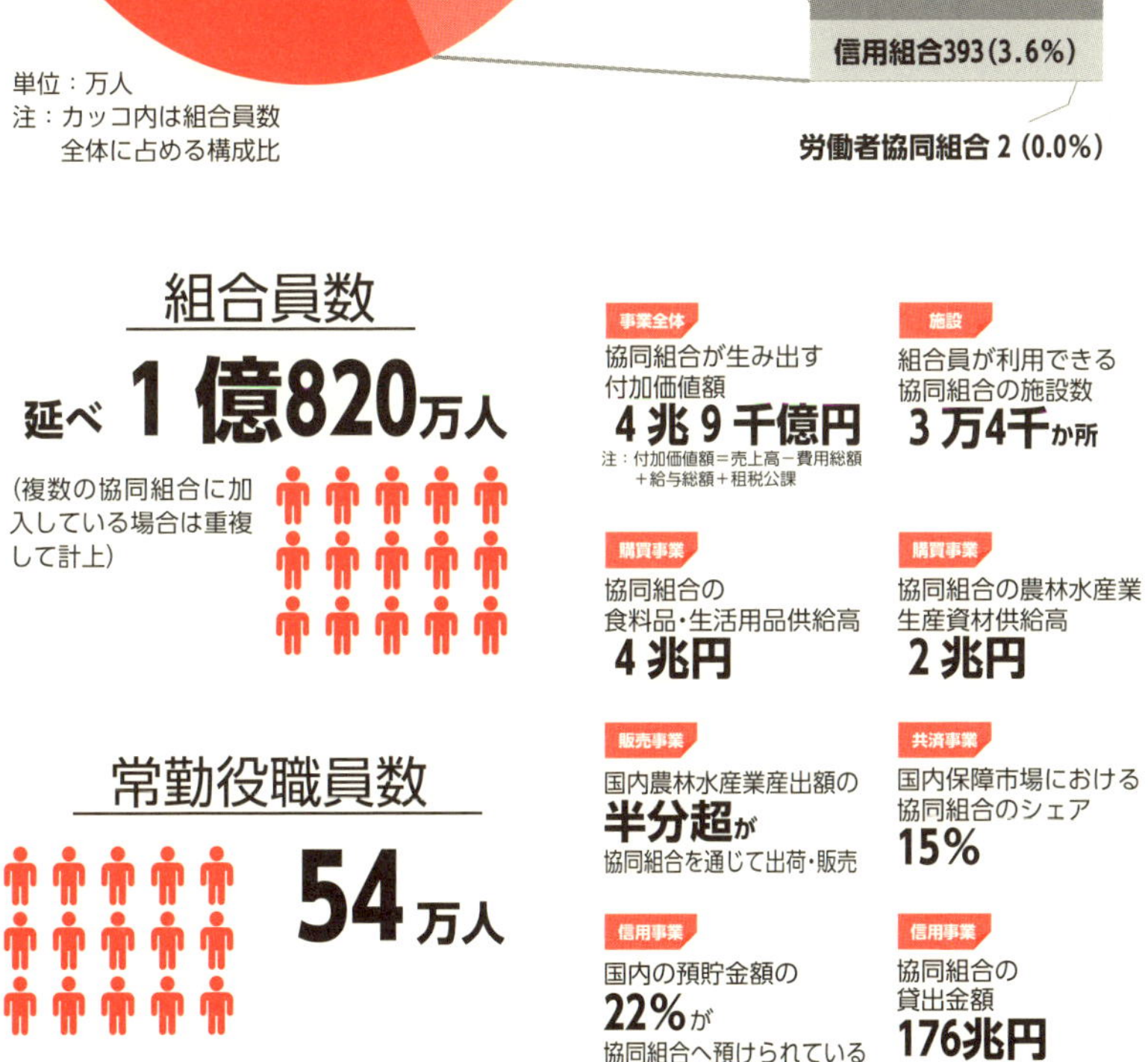

資料：JCA「2021事業年度版　数字で見る日本の協同組合統計表」および「2021事業年度版　数字で見る日本の協同組合統計表（個別）」

強くて優しい組織

全国社会福祉協議会会長
村木厚子

2017年から6年間、日本生活協同組合連合会の理事を務めさせていただきました。その間、たくさんのことを教えていただきとても感謝しています。

きっかけになったのは、日本生協連が開催した「子どもの貧困」に関する研究会に参加させていただいたことです。子どもの貧困という社会問題の解決に生協はどうかかわることができるのか、熱心に議論される生協の人達の熱意に心打たれました。そして、生協という組織にとても興味を持ちました。

理事を務めさせていただく中で、生協の強みをたくさん発見しました。思いつくままに挙げると、「物資」を持っている、とりわけ「食」に強い「場所」(施設や店舗など)を持っている、物流のしくみを持っている、情報発信の手段を持っている、資金を持っている、「働

に携わる。2009年、郵便不正事件で虚偽有印公文書作成・同行使罪に問われ、逮捕・起訴されるも、翌10年、無罪が確定、復職。13年から15年まで厚生労働事務次官。累犯障害者を支援する「共生社会を創る愛の基金」や、生きづらさを抱える若年女性を支援する「若草プロジェクト」の活動にも携わっている。

く場」を持っている、「助け合う」というコンセプトを持っている、力を持った「組合員」がいる、学習する文化がある等々です。

組織の強みは様々です。私は長く行政で仕事をしていました。行政は、基本的には社会課題解決のために仕事をしています。その活動の原資は税金や社会保険料、したがって「みんなのために」が大事なコンセプトであり、「公平性」が重視されます。それを担保するために、財務省や国会などに政策をオーソライズしてもらわなくてはなりません。予算獲得や法律・制度を創るには時間もかかります。しっかりした制度を創ることはできるが、機動性、柔軟性に欠けるように思います。一方、企業も社会貢献に力を注ぐところが本当に増えてきました。機動性、柔軟性は優れていますし、資金もあり、優秀な人材を抱えるところも多いです。一方で、収益を維持し、株主への説明責任を果たす必要があります。NPOはどうでしょう。日本のNPOは規模が小さく、パッションはあっても資金や人材面で不安があり、持続的な活動が難しいときもあります。

こんなふうに見ていくと、生協をはじめとする協同組合の強みがよくわかります。会員による意思決定があれば、資金、人材、施設その他もろもろの資源を使って、必要だと思う社会貢献ができる本当に強い組織なのだと思います。そして、優しい組織でもあります。私は、この優しさのベースにあるのが「学習する文化」ではないかと思っています。今の社会の課題を常に会員がみんなでしっかり勉強する、その解決に必要な方策をしっかり考える、それ

村木厚子（むらき・あつこ）
全国社会福祉協議会会長、中央共同募金会会長、全国老人クラブ連合会会長、全国居住支援法人協議会共同代表会長、日本農福連携協会副会長理事、大阪大学ダイバーシティ&インクルージョンセンター招聘教授。1955年高知県生まれ。土佐高校、高知大学卒業。78年労働省（現厚生労働省）入省。女性政策、障害者政策、子ども政策、困窮者政策など

を社会に広く伝えて協力してくれる人を増やす、そして自ら行動する。これだけのことができる組織は他にありません。

　私はかかわっている市民活動で、それを実感しました。「首都圏若者ネットワーク」は、虐待などにより児童養護施設で育ち、社会へと巣立つ子ども・若者の支援を行う団体です。自分の親を頼れない彼らは、学費に困る、病気や失業した際の生活費に困る、家を借りるときに保証人に困り、時に家賃が払えず追い出されることすらあります。また、虐待のトラウマ等による心身の不調、社会的経験の不足などから就労面で苦労をする子も多い状況です。そんな彼らを支援するこのネットワークの活動を支えてくださっているのが生協の皆さんです。会員の寄付を原資とした持続的な資金の援助に留まらず、就労の準備としてインターンシップの場を与えてくださることはとりわけありがたいです。彼らの抱える課題を理解し、「助け合う」という意識で接してくださる人がたくさんいる安心できる職場はそう多くはないのです。「強くて優しい」組織にしかできないことです。

　これからも協同組合が強くて優しい組織であり続けることを、そして、行政や企業、NPOといった異なる特徴を持った組織を助け、協働して大きな社会課題に取り組んでくださることを心から祈っています。

第2章

協同組合のあゆみ

1 協同組合はなぜ生まれたのか？

競争と協同

競争がないところには進歩がない、といいます。確かに人間にそういう側面があることは、たとえばライバル選手との熾烈な競争の結果、オリンピック競技において選手たちが驚異的な技や記録の向上を果たしていることからも明らかでしょう。どんなに練習がつらくても、相手に負けまいという不撓不屈（ふとうふくつ）の精神が、人間の能力を信じられないほどの高みに導くのです。

しかし、競争は時として人を破滅に導きます。スポーツの世界においても、運動選手が過度な訓練、体力の酷使によって、健康な体をつくるどころかボロボロの体になってしまったということはよく聞かれることですし、それが経済的な競争ともなれば、機会に乗じて競争に勝つことができた階層・集団・地域・国への極端な富の集中と、それができなかった階層・集団・地域・国の極端な貧困を招いてしまうことは、歴史的にも明らかでしょう。

協同組合が生まれた時代

現代に直接つながる協同組合運動が生まれたのは、まさに競争経済によって社会で多数派を占める人々が困窮にあえぎ、絶望していた時代です。

この時代は「**産業革命**」と呼ばれる技術革新の時代で、生産力がそれまでの水準から爆発的に伸びました。家畜の働きや川の流れ、風の動きなど、自然の力を利用していた産業が、蒸気力のような新しい動力を利用することで、急激に生産力を高めたのです。熟練職人の力を借りずとも機械の力で大量生産が可能となり、これによって資本家と呼ばれる工場経営層やその製品の取り引きに携わる大規模商業者

用語

産業革命
英国で蒸気機関を利用した工業が産業の中心になり、生産力が飛躍的に向上したこと（1750〜1850年頃）を表す言葉。

産業革命期の工場

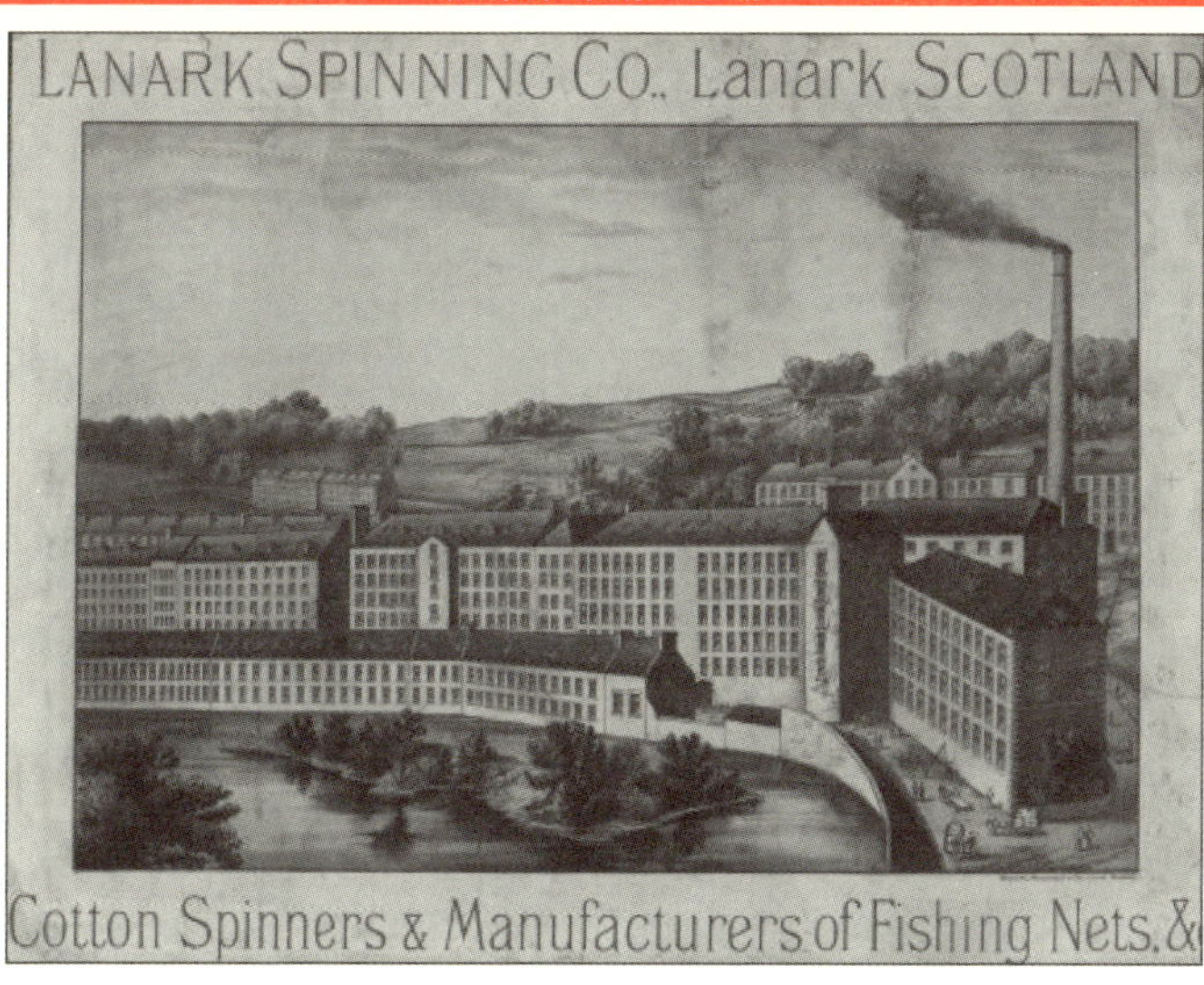

スコットランド・ラナーク州の工場

は巨万の富を稼ぐようになっていきました。

ところが、その工場において働かされる単純労働者は、低賃金の長時間労働で、その日暮らしがやっとという状態であり、雇い主から仕事を取り上げられたらたちまち路頭に迷い、飢えに苦しむような境遇へと陥ります。

また、かつては自らの腕で生きていた誇り高き職人たちが、工場労働者へと姿を変えたことで、英国社会は上層と下層、資本家と労働者という、二つの階層にはっきりと分かれた格差社会となってしまいました。

格差社会の到来

そこでの持てるものと持たざるものとの格差がいかにすさまじいものであったかは、当時の平均寿命のデータを見ると一目瞭然です。当時のイギリスでは、農村部の地主たちの平均寿命は50歳前後であったといわれますが、それに対して産業革命の中心都市であったマンチェスターやリバプールの労働者階級の平均寿命は、10代後半といいます。平均寿命にして3倍もの格差が、同じイギリス人の間に生まれてしまったのです。いうまでもなくそれは、食生活や住居といった日常生活レベルにおける格差、労働力を搾取する側と搾取される側との労働現場における環境格差、休養や医療サービスを得られるか否かの格差等々によってもたらされたものでしょう。

今から200年ほど前、イギリスにおいて競争経済は確かに一部の人には富をもたらしましたが、社会の大多数の人々には、その富の恩恵が行き渡ることがほとんどなかったのです。1820年代になって、こうした状況に疑問を抱き、競争経済に疑義を唱え、それに代わる新たな社会を求める思想家や運動家が出現します。

そしてその思想や運動から、今日に至るまで受け継がれる、人類の貴重な発明であり、財産となるものが生まれました。

それが協同組合です。

工場・炭鉱における児童労働

8歳の子どもたちが親と同じ炭鉱でドア係として働かされていた

2 協同組合はこうして生まれた

協同の理念と精神

競争経済がとんでもない害悪を労働者階級の人々にもたらしたとしても、それを理屈で説明し、それに代わる社会のあり方を論理的に説くことができなければ、多くの人々が集まり、長期的に継続して展開される運動は生まれません。機械が人間に代わって工場生産の主人公となったために賃金が引き下げられ、あるいは解雇されて労働者の生活が困窮したのだと労働者たちが立ち上がり、憎むべき工場設備の機械を破壊してまわった19世紀初期の機械打ち壊し運動（**ラダイト運動**）は、一時的には盛り上がりを見せましたが、結局は暴徒扱いされて弾圧され、衰退してしまいます。

きちんとした理念なき運動は散発的に終わってしまいます。原則がなければ、運動は長続きしません。

アダム・スミス（Adam Smith 1723-1790）

分業と競争によって社会が進歩すると説き、自由競争経済の父と呼ばれる

用語

ラダイト運動 労働者の失業は機械の導入が原因であるとして、労働者たちが工場の機械を破壊して回った運動。

産業革命期のイギリスで生まれた協同組合が200年近く続いているのは、競争社会の問題点を助け合いによって克服しようという確固たる理念がその原点にあり、それが後世の人々にもしっかりと受け継がれてきたからです。

この理念を最初に総括的に描いたのが、ロバート・オウエンという人です。

自由競争の利点はアダム・スミスによって**経済学**という形で見事に説明されましたが、その欠点を説明し、それに代わる協同社会のあり方を説いたのがオウエンです。彼は「人間の本質は競争ではなく助け合い（協同）にあるのだ」と説き、協同の精神に基づく新社会の建設を訴えました。したがって彼はしばしば「協同組合運動の精神的父」と呼ばれます。

ロバート・オウエンの功績

オウエンは学者でも思想家でもなく、ビジネスマンでした。小さな時から親元を離れて商売の世界に飛び込み、商才を発揮して、**ニューラナーク工場**という英国北部スコットランドの大工場の経営者になります。彼が他の経営者と違ったのは、そこで労働者を尊重する画期的な経営を行ったことです。彼は自分の工場の労働者を個人として尊重し、彼らに規律ある生活や労働倫理を求めると同時に、戦争のために輸入原料が手に入らず工場が操業できなくなった時にも解雇者を出さずに給料を払い続けるという、良心的な経営を実践します。工場村には、働く労働者の子どものための幼稚園や学校も設けられ、義務教育制度がなく無教育であった労働者階級の子どもに教育を施すことによって、「生まれながらに悪い人間はいない」「人は環境によって、よくもなるし、悪くもなる」という自説を証明しました。悪いのは競争社会であって、教育も受けられずに放り出された人々には責任はない、というのがオウエンの考えでした。

ここからオウエンは、新たな社会のあり方を考えるだけでなく、それを実践する活動に全力で取り組むことになります。

用語

経済学
経済の動きから社会を理解することを目指す学問。アダム・スミスが著した『国富論』によって体系化された。

ニューラナーク工場
スコットランドのラナーク州に造られた工場。オウエンによるユニークな経営によって有名となり、現在は世界遺産となっている。

ロバート・オウエン（Robert Owen 1771-1858）

競争ではなく協同が人間の本質だと唱えて、協同組合運動の精神的父といわれる

オウエン派と協同組合

オウエンが構想し、実践した協同体とは、数百人が共同で住み、家事が共同で営まれ、共同で働く場も設けられて、経済的に自立したコミュニティです。成功させることができたならば、それはあっというまに国中、世界中に広がり、競争経済を圧倒するだろうとオウエンは考えます。協同体建設はとてつもなく多額の費用がかかる試みですが、自分の計画は貧困層だけでなく富裕層にも役立つものだから、その計画さえ理解すれば、いくらでも資金を提供してくれる人々が次々に現れるだろうと、オウエンは楽観的でした。

しかし、オウエンの考えに共鳴して集まったオウエン派（オウエン主義者）と呼ばれる人々は違いました。彼らは、富裕層がこんな計画に関心を持つわけがないと客観的に考える人々であり、自分たち自身で資金を用意しなければならないことを理解していました。オウエン派の人々によって、師オウエンの富者からの資金提供による協同体建設計画は、労働者が自分たち自身の手で資金準備から始める段階的な協同体建設計画へと修正されます。そこで考え出されたのが、まず店舗から始めて住宅の確保、工場での生産活動、農業生産と、徐々に協同の試みを広げていき、協同のコミュニティを段階的に作り上げていこうという戦略です。

まず共同で利用する店舗を開店することで、悪徳商人から質の悪い食品を買わされることを回避し、店には徐々に売上金が貯まっていきます。これを元手に、次は共同住宅を建設します。店舗から始める協同体建設計画は、富者の援助ではなく、労働者が自力で資金を賄う運動でした。１８３０年代にはイギリス中で、今日の日本で展開する生協（コープ）や農協の**Aコープ**のような店が２００以上開設されたといわれています。

こうして、「オウエン派初期協同組合運動」と呼ばれる協同店舗建設運動が華々しく展開されていったのです。

オウエンが夢見た協同体のイメージ図

オウエンは自らのコミュニティ構想を実現するため、競争社会に毒されたイギリスを離れて新天地アメリカに渡り、そこで土地を購入して、自分の理想を実現するための村づくりを始めた。ニューハーモニーと名付けられたこのコミュニティは短期間で失敗に終わり、オウエンはイギリスに帰国するが、帰国後もその理想を捨てずにコミュニティ建設を幾度も試みている

用語

Aコープ
農協（農業協同組合／JA）の購買事業を担うスーパーマーケット。かつては「くみあいマーケット」と呼ばれていた。

3 ロッチデールの奇跡と原則

ロッチデール公正先駆者組合の誕生

産業革命による社会の激変によって安定した職と生活を失ったイギリスの人々は「競争」を原理とする新しい社会体制に絶望し、「協同」の原理で営まれる**相互扶助**の社会を建設することを夢見ます。「協同作業所」「共済組織」「共同購入グループ」など、さまざまなタイプの協同組合が設立されますが、最も広がったのが「協同の店舗」です。しかし「オウエン派初期協同組合運動」と今日称される、店舗から始める協同組合運動は、経営的になかなか成功しませんでした。そんな中、奇跡を起こしたのが、産業革命の一大中心地マンチェスターの隣町、ロッチデールで1844年に生まれたロッチデール公正先駆者組合（以下、先駆者組合）です。

ロッチデールの町には1830年代にすでに協同

現在は博物館となっている先駆者組合1号店の建物

3階建ての建物の1階を借りて店をオープンした。左側の円柱型の部分はバリアフリーのエレベーターで、2012国際協同組合年を機に増設されたもの

用語

相互扶助
恵まれた者が恵まれない者に施しをする「慈善」ではなく、平等な立場の人々がお互いに助け合う「相互扶助」が、協同組合の基本である。

組合がつくられ、店舗が開かれていましたが、短期間で失敗に終わっています。他の町でも状況は同様で、協同組合店舗を成功させることは不可能だと運動が下火となり、その灯が消えつつあった１８４４年に、ロッチデールの人々はもう一度挑戦しようと立ち上がりました。今日、「ロッチデールの先駆者たち」と呼ばれる人々は、話し合いを重ね、綿密なルールと計画を策定したうえで、年末の12月21日、土曜日の夕方に小さな店舗をオープンしました。ここから、世界の協同組合運動は始まります。

　イギリスではすでに２００を超える協同組合店舗が設立されていたにもかかわらず、なぜ先駆者組合の設立が世界の協同組合運動の始まりといわれるのかというと、これ以前の協同組合はそのほとんどが失敗に終わり、例外的に長命だったわずかな組合も、他に影響力を発揮することなく、孤立して存在していたからです。それに対して先駆者組合は、小麦粉と砂糖とバターと**オートミール**のわずか4品目だけを扱うという、みすぼらしいスタートだったにもか

ロッチデール先駆者博物館で再現されている創立当時の売り場光景

小麦粉、砂糖、バター、オートミールというわずか4品目だけの品揃えでスタートした

用語

オートミール
エンバク（オート麦）を加工してひきわり状や粉状にしたもの。粥にして食べるのが英国の朝食の定番。

ロッチデールの先駆者たち

先駆者たちの活動は思想家のホリヨークらによって世界へ広められた

かわらず、やがて経営を軌道に乗せ、この協同の店舗の運動を他の町や村に広めるという、文字通り先駆者の役割を果たしました。それが現代協同組合運動の源流はロッチデールにあると評される理由です。

先駆者組合成功の要因

初期協同組合運動の協同組合店舗の多くは、1840年代までに姿を消しています。その要因は、多くの場合、経営のずさんさによるものだと考えられています。特に「**掛け売り**」によって生じた未払い代金の回収は困難で、これがもとで多くの店舗が倒産に追い込まれました。そういう経験を積んだうえで誕生した先駆者組合は、非常に厳格な組織運営を心がけていたようです。草創期の議事録には、加入希望者への審査が厳格に行われていたことや、会議への欠席や遅刻などに関して、規律の維持にきびしい方針が貫かれていたことが示されています。

これは、先駆者組合が事業体としての健全な運営を当初から重視していたことをあらわすとともに、

掛け売り
現金と引き換えに商品を受け渡しが行われるのではなく、商品を先に渡し、支払いはあとから行われるという方法。クレジット販売。

先駆者組合も初期協同組合運動と同様に、当初は店舗運営そのものが目標ではなく、それはあくまでコミュニティ建設の手段だったことをあらわしています。先駆者組合は、店舗を設けて資金を蓄積し、その資金で競争社会に代わる協同コミュニティを建設することを組合の目標としていました。それは、みなが共同で住み、共同で働き、共同で消費する、争いや格差がない協同社会です。そうしたコミュニティのメンバーには、理念や行動に一定の水準が必要だとして厳格な加入審査が実施されたのでしょう。

そうしたメンバーが集まった組合組織についても、個人の恣意的な思いつきではなく、組織のルールに則って運営することが求められ、細かな点まで定めた規約が採択されています。その中にうたわれた組合の基本的な精神と運営規則は、のちに「ロッチデール原則」と呼ばれ、協同組合成功の鍵としてイギリスのみならず全世界の協同組合に規範として広まっていきました。

先駆者組合成功の最大の要因は、こうしたルールに基づく運営の徹底と、そのもととなったルールの先進性にあります。

ロッチデール原則

ロッチデール原則については解釈によって多少の差異がありますが、概ね以下のようにまとめられます。

1　民主主義の原則：組合の意思は、貧富や性に関わりなく、組合員の1人1票で決める。

2　開かれた組合員制の原則：組合員には、加入脱退の自由がある。

3　現金取引の原則：組合員や取引先との取り引きはすべて現金決済で行い、掛け売りや掛け買いは認めない。

4　公正な取引の原則：販売する品物に混ぜ物をしたり、量を誤魔化したりしない。

5　市価販売の原則：組合店舗での売価は、市場での一般価格と同水準とし、安売りはしない。

6　利用高に比例した割り戻しの原則：市価で販売することで組合には剰余金が発生するが、それは組合員の店舗での買い物金額に比例して、組合員に還元される。
7　出資利子制限の原則：出資金に対しては、定められた低率の利子しか支払わない。
8　教育重視の原則：組合員に対する教育を重視し、剰余の2・5％は教育のために使う。
9　政治的・宗教的中立の原則：協同組合は独自の運動であり、宗教や政治の手先とはならず、党派争いに対して中立を保つ。

こうしたよく考えられた原則を実践することで、先駆者組合は史上初めて、協同組合を経営的に大成功させ、同様の組合が世界中に広まりました。

あえて他商店と同水準の価格で純良な品物を現金販売し、あとから買い物金額に応じて剰余金を還元するというのは、今日のポイントカードのようなシステムであり、人々の人気を博しました。組合で買い物するだけで自動的にお金が貯まるという魅力から、組合員となる人々が徐々に増え、1867年には4階建ての威容を誇る中央店舗が建設されます。協同組合という事業体がここで初めて成功を収めたのです。

このロッチデール原則は、その後自分たちの町や村で協同組合をつくろうという人々の導きの糸となり、それぞれの地域における協同組合成功の鍵となります。そして20世紀になると、国際協同組合同盟（ICA）によってロッチデール原則は全世界で統一した解釈がなされ、定式化されます。その後はおよそ30年ごとに見直しが加えられ、「協同組合原則」と名前を変えて今日に至るまで受け継がれているロッチデールの原則は、協同組合の世界における憲法のような存在として、今なお協同組合が常に立ち返る原点なのです。ただし原則を金科玉条の経典として扱うのではなく、それが過去と現在にどのような意味をもつものなのか考えながら学ぶことが、協同組合関係者には求められます。

4 世界に広がった協同組合運動

第1回国際協同組合大会

協同の運動には、本来は国境など関係ありません。そのような人為的な壁や違いを乗り越えて手を結ぶのが、助け合いの運動の本質でしょう。しかし現実的には、国境を越えた運動、すなわち「国際協同組合運動」が誕生するまでには、いささか時間がかかっています。

第1回国際協同組合大会は、ロッチデール公正先駆者組合が誕生してから半世紀後、1895年にロンドンで開かれています。それまでにも、フランスの協同組合関係者が1867年の**パリ万国博覧会**に合わせて協同組合の国際会議を開催しようと努力したりしたのですが、そのような試みは政府の反対や国による協同組合の考え方の違いなどにより、なかなか実現しませんでした。

現在では第1回国際協同組合大会の開催をもって、国際協同組合同盟（ICA）の成立とみなされていますが、この大会も、今日から見れば、協同組合の国際同盟の誕生、各国の協同組合代表の結集というのとは少し違った、特定の目的を追求しようとした協同組合関係者による集会でした。

当時、イギリスの協同組合運動には、協同組合の本質に関して、二つの考え方がありました。

一つは、協同組合は競争社会の中で虐げられている労働者を解放する運動であり、労働者に正当な地位や報酬を与える社会を建設することが協同組合の目標である、とする考え方です。この考え方は、既存宗教を激しく批判して世俗的な協同主義社会の建設を説いたロバート・オウエンやその信奉者たちが展開した運動の論理であるとともに、キリスト教を基礎とする協同経済を追求しようという**キリスト教**

用語

パリ万国博覧会 1867年にフランスの首都パリで開催された万博。日本（江戸幕府、薩摩藩、佐賀藩）が初めて参加した万博である。

キリスト教社会主義者 キリスト教の教えを実現するために、競争経済に替わる経済の建設を構想した人たち。中心人物の一人であるジョン・M・ラドローらは協同組合に大きな期待を寄せた。

社会主義者によっても支持され、推進された理念です。この理念に基づき、まずは協同組合で働く足元の労働者に「**労働者利潤分配制**」で特別報酬を与え、協同組合が労働条件改善の模範となることを運動の目的としなければならないと主張されます。

それに対して、協同組合事業を実際に担っていた関係者によるもう一つの考え方では、協同組合とは組合員のための運動であり、仮に消費者の生協であれば、消費生活の充実を実現することが協同組合の目標なのだと主張します。したがって、彼らは、協同組合で働く労働者に対して、特別な待遇や報酬を与えることに否定的です。組合で生じた剰余金は、すべて組合員に還元すべきものという考え方です。

こうしてイギリスでは協同組合の世界が二つに分かれて論戦を展開します。そして旗色が悪くなった労働者利潤分配推進派が、舞台を国際的な場面に移すことで、その活路を見いだそうとしたのが第1回国際協同組合大会だったのです。したがって、たとえばイギリス協同組合運動の中心的存在だった**CWS（卸売協同組合連合会）**や、イギリスと並んで協同組合運動が盛んだったドイツの協同組合代表は、この大会に出席していないのです。

ドイツの協同組合

ドイツの協同組合運動は、イギリスのオウエンやロッチデールとは異なるルーツをもっています。

ドイツ独自の協同組合運動の指導者として有名なのが、**シュルツェ＝デーリチュ**と**ライファイゼン**です。彼らは、信用組合を基礎として政府と協調しつつ経済後進国ドイツの経済発展を考えました。

シュルツェは、デーリチュの町で苦しむ職人たちのために、職人自身が資金の貸し手であるとともに借り手でもある信用組合の組織を考案し、現在のドイツの地やオーストリアにこの方式を広めます。1859年には、「自助の原則に基づくドイツ産業および経済協同組合総連合」が結成され、「シュルツェ原則」と呼ばれる基本原則も確立されていきました。

労働者利潤分配制
企業で上がった利益は労働者の働きによるものなのだから、すくなくともその一部は労働者に還元されるべきだとする考え方。初期協同組合運動において有力な考えだった。

CWS（卸売協同組合連合会）
各地の協同組合の仕入れを手助けし、商品を卸売りするために設立された機関。やがてイギリス協同組合運動の中心的存在となる。

シュルツェ＝デーリチュ
零細商工業者が協同して庶民銀行を設立し、資本家に対抗することを説き、実践したドイツの協同組合指導者。

ライファイゼン
高利貸しに苦しむ農民を救おうと農村信用協同組合（協同組合銀行）の設立に尽力したドイツの協同組合指導者。

一方、ライファイゼンは農村信用組合の発展に尽くしました。村長として信用組合の発展を指導したライファイゼンの考え方は「ライファイゼン原則」と呼ばれる、農村や農民の状況を反映した協同組合の原則となり、その死後、1930年の「ドイツ・ライファイゼン農業協同組合帝国連盟」の結成へと至ります。

シュルツェ系とライファイゼン系の協同組合は、1972年に統一を果たしますが、こうしたドイツの協同組合運動は、信用組合を主軸に据えた運動であること、そして自立をうたいながらも政府との協調路線による国民経済の発展を企図していることで、消費者中心で政府からの独立を強調するイギリスのロッチデール系協同組合とは異なった伝統に基づく運動であるということができるでしょう。

国際協同組合同盟（ICA）

国際協同組合同盟は、もともと労働者利潤分配制の普及や競争経済の廃絶を、政府から自立した運動として追求する国際組織として企図されたものですから、協同組合運動について全く異なった認識を持ったドイツは、これに参加することに当然否定的でした。しかし、発足した国際協同組合同盟において、労働者利潤分配を主張する勢力は徐々に弱体化していき、ICAは次第に、各国の協同組合陣営を代表する連合組織が集まる国際組織という性格を強めていきます。そしてその立場からまとめられたのが、1937年の「**ロッチデール原則**」でした。

消費者協同組合や信用組合に限らず、今日ではさまざまな協同組合が設立されていますが、それでも最低限の協同組合共通の理念を定めたものとして、ICAは協同組合の「**原則**」や「アイデンティティ」を定めています。2度の世界大戦と、東西両陣営のイデオロギー対決（**冷戦**）をほとんど唯一生き残った国際組織が、国際協同組合同盟です。これは「協同」を理念に掲げる組織・運動であるからこそ可能だったことであり、その伝統を受け継いでいくことが、協同組合関係者には求められています。

用語

ロッチデール原則
→40ページ

協同組合原則
→63ページ

冷戦
第2次世界大戦後の資本主義陣営（アメリカ）と共産主義陣営（ソ連）との激しい対立は、2国間の軍事的衝突には至らなかったため、冷たい戦争と呼ばれた。

5 日本に伝えられた協同組合

日本生まれの「協同」の運動

イギリスには「ロッチデール」以前からさまざまな「協同」の運動がありました。「友愛組合」や「建築組合」といった名称で、疾病や事故、失業、あるいは住宅の購入や修繕などのために人々が共同で少しずつ積み立てて備えようという動きは、もとをたどれば、特に運動の指導者や理念の提唱者がいるわけでもなく、庶民の間で自然発生的に生まれたものだと考えられます。

日本でも事情は同じです。「**結い**」「**もやい**」「**無尽**」「**頼母子講**」などと呼ばれた相互扶助、共同の生活防衛システムが、日本のそれぞれの農村コミュニティに広く、深く、根づいていました。また、二宮尊徳の思想を実践する「**報徳社**」の運動は、思想や理念を明確に掲げ、地域的な広がりを見せているという点で、日本発の協同組合運動の先駆として高く評価されるものです。

しかし、現在われわれが目にする日本の各種協同組合は、そうした土着の動きの延長線上に捉えられるものではなく、明治以降に欧米から移植された運動として理解されるべきものです。文明開化の時代に、協同組合もまた他の社会制度や習俗、機械、技術、文化とともに欧米から移入されたのです。

日本に伝えられた「ロッチデール」

ロッチデールの町を訪れた最初の日本人は、サーカスのような曲芸を見せる人々だったようです。その興行を宣伝する広告が当時の地元紙に載っているのですが、それからまもなくして１８７２年10月14日、野口富蔵と土佐藩士の松井周介が先駆者組合を訪れていることが、訪問者帳のサインから明らかで

用語

結い・もやい・無尽・頼母子講
資本主義が確立する以前から、地域コミュニティにおいては、住民が共同して作業に取り組んだり、不慮の事故に備えて蓄えをしたりする習慣が自然発生的に生まれていた。これらの試みは協同組合の前史として位置づけられる。

報徳社
二宮尊徳の教えである報徳思想を普及するために、全国各地でつくられた組織。

す。さらに馬場武義という、旧佐賀小城藩の士族で、明治初期に馬場学校を開設したり、大蔵省造幣局に出仕したりするなどした人物が、英国留学中の1874年頃に、ロッチデールの組合に直接あるいは間接的に接して、その仕組みをたいへん詳細に把握していきます。

馬場は、その情報をまとめて、日本においても同様の協同組合店舗を設立しようと『郵便報知新聞』に連載した論説（「協力商店創立ノ議」。1878年7月5日～9日）で呼びかけました。それまでも、**フォーセット夫人**が著した子ども向け経済学入門書の翻訳版や、メーソン、レーラーの共著を牧山耕平が翻訳した『初学経済論』などを通してロッチデールの情報は学生や知識人たちに広まっていたのですが、馬場により具体的に協同組合の導入が提唱されたのです。その反響は非常に大きく、翌1879年には東京と大阪で、さらに1880年には神戸で、日本初のロッチデール式協同組合店舗が開設されています。

ロッチデールと富国強兵

しかし、ここで一つ奇妙な事実があります。それらの初期協同組合群に集まったのは、生活が苦しい労働者、庶民層ではなく、社会の中で比較的上層に位置する人々が中心だったということです。

たとえば、最初に創立された「**共立商社**」の資料を見ると、その発起人として上級官吏、指導的経済人、ジャーナリストらが名前を連ねており、仕組みこそロッチデール式の運営を取り入れていますが、その構成員が公正先駆者組合とは明らかに異なるように感じられます。

これは一体どういうことなのでしょうか。

その答えは、設立のきっかけとなった馬場武義の呼びかけを読み込むことで得られます。

馬場は論説「協力商店創立ノ議」において、ロッチデールに代表されるイギリスの協同組合を日本にも導入しようと思った理由を示しています。それは、**ストライキ**が頻発するなど労使の紛争が絶えない当

用語

フォーセット夫人
ミリセント・フォーセット。1847～1929年。イギリスの医師、政治活動家、経済学者。盲目の夫（経済学者ヘンリー・フォーセット）の手助けをしていた彼女は、自分でも子ども向けの入門書を執筆。この翻訳が明治の日本で『宝氏経済学』として爆発的ベストセラーとなった。

共立商社
1879年に東京で設立された協同組合。日本最初のロッチデール式協同組合とされる。

ストライキ
雇用主の指示に従わず、労働をしないで抗議すること。

時のイギリス社会の状況を見て、そのような状態を明治日本に招いてしまってはならないと考えたからです。

資本主義の競争経済を日本に導入して産業を興し、国力を高めることが日本の課題でしたが、その副産物として**労働争議**まで日本に導入するわけにはいかない。そのように考えた彼の目にとまった答えが、資本家と労働者とが対立する関係にある営利企業とは異なり、全員が出資者であり経営者であり利用者でもあるという「三位一体」の事業形態、協同組合でした。

原理的には、協同組合ならばストライキは起こらない。こうした見方は、フォーセット夫人ら経済学者の考え方とある程度共通するものですが、馬場はそれを日本の**富国強兵**政策と結びつけ、その導入の意義を強調します。労使対立がなく、平和に生産力の増進が図れる協同組合経済こそが、欧米を追いかける明治日本が採用すべき道である。これが「協力商店創立ノ議」の主旨だったのです。

つまり共立商社他の日本最初の協同組合群は、はるか極東の地で1870年代にはやくもロッチデール式協同組合導入が図られた例として意義が大きい取り組みですが、それは組合員の切実な生活上の要求から生まれたものではなく、経済組織のあり方を探っていた上流層の国民による実験的な試行でした。しかし数年から10年程度の試行を経て、これらの組合は姿を消しています。

日本における労働者による本格的な協同組合店舗の導入は、それから20年後、世紀の転換期における労働組合による「**共働店**」**運動**の展開を待たなくてはなりません。

1898年に創始された共働店の運動は、鉄工組合などの労働組合組織によって先導された、労働者による生協運動の先駆というべきものでした。しかし、このように労働運動や社会主義運動と協同組合とが結びつくことを警戒した明治政府は、産業組合という国策に沿った協同組合の設立を図り、法律の制定を急ぐこととなります。

労働争議
労働者が労働条件の向上を目指して雇用主に対して行うさまざまな行動。

富国強兵
税制改革、教育制度、徴兵制、産業力育成により、豊かで、軍事力が強大な国家を建設しようという明治政府の政策。

「共働店」運動
鉄工組合などの労働組合を基礎にして、1898年以降日本で初めて展開された労働者による生協運動。

牧山耕平訳『初学経済論』

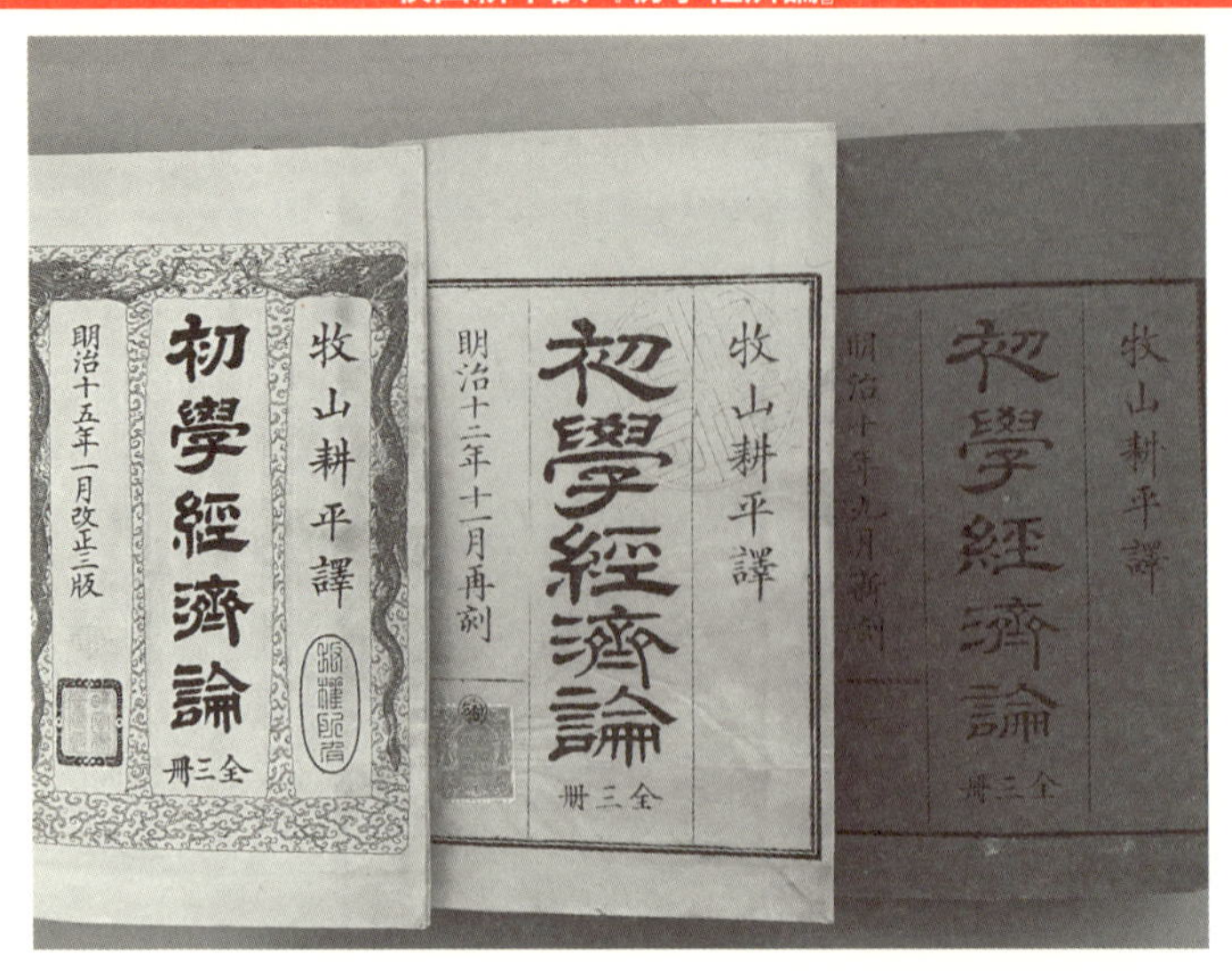

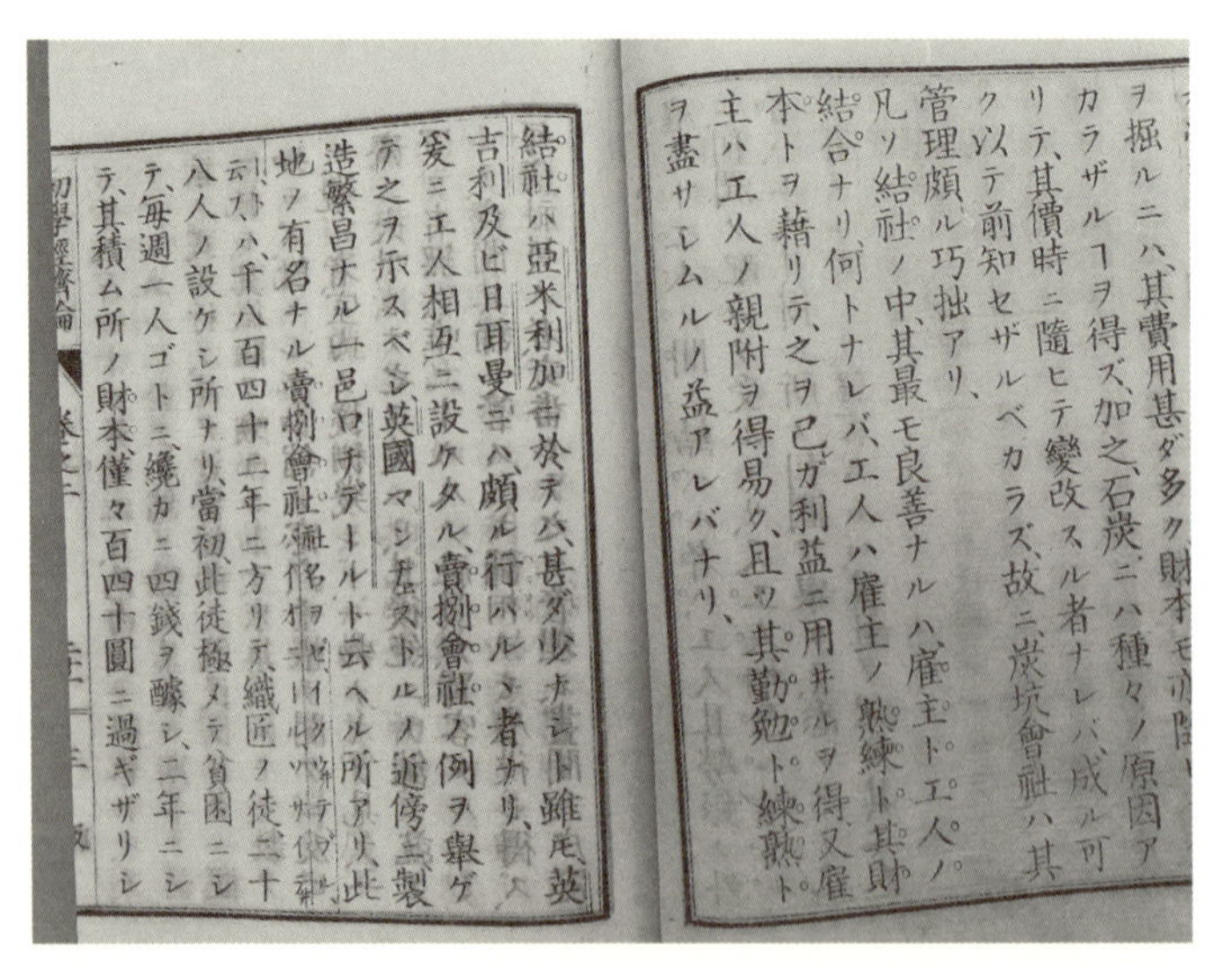
ヲ掘ルニハ、其費用甚ダ多ク、財本モ[illegible]
カラザルコヲ得ズ、加之、石炭ニハ種々ノ原因ア
リテ、其價時ニ隨ヒテ變改スル者ナレバ、成ル可
ク以テ前知セザルベカラズ、故ニ炭坑會社ハ其
管理頗ル巧拙アリ、
凡ソ結社ノ中、其最モ良善ナルハ、雇主ト工人ノ
結合ナリ、何トナレバ、工人ハ雇主ノ熟練ト其財
本トヲ藉リテ、之ヲ己ガ利益ニ用ヰルヲ得、又雇
主ハ工人ノ親附ヲ得易ク、且ツ其勤勉ト練熟ト
ヲ盡サシムルノ益アレバナリ、

結社ハ亞米利加ニ於テハ、甚ダ少ナシト雖モ、英
吉利及ビ日耳曼ニテハ、頗ル行ハルル者ナリ、[illegible]
爰ニ工人相互ニ設ケタル、賣捌會社ノ例ヲ擧ゲ
テ之ヲ示スベシ、英國マンチェストルノ近傍ニ製
造繁昌ナル一邑ロッチデールト云ヘル所アリ、此
地ノ有名ナル賣捌會社[illegible]
[illegible]ハ千八百四十二年ニ方リテ、織匠ノ徒二十
八人ノ設ケシ所ナリ、當初此徒極メテ貧困ニシ
テ、毎週一人ゴトニ纔カニ四錢ヲ醵シ、二年ニシ
テ、其積ム所ノ財本僅々百四十圓ニ過ギザリシ

本書は *The Primer of Political Economy. In Sixteen Definitions and Forty Propositions*, by Alfred Bishop Mason and John Joseph Lalor の翻訳書であるが、ロッチデールなど協同組合についても詳しく記述されている。この本は、フォーセットの入門書と並んで明治初期に最も広く読まれた経済書であり、結果的に明治日本の知識人や学生たちに協同組合についての情報を伝えるという重要な役割を果たしている

6 産業組合

アジア初の協同組合立法

1891年、ドイツ留学の経験がある品川彌二郎（やじろう）と平田東助（とうすけ）によって、シュルツェ式の信用組合を日本にも導入しようと、信用組合法の法案が帝国議会に提出されました。この法案は廃案となってしまいますが、平田は19世紀最後の年、1900年2月に農商務省（現在の農林水産省と経済産業省）よりライファイゼン式協同組合をモデルにした**産業組合法**の法案を提出、アジア初の協同組合法が3月に公布、9月に施行となりました。

日本政府は、イギリスのロッチデールではなく、ドイツのシュルツェやライファイゼンに倣った、信用事業を中核とする協同組合を国内に導入し、資金不足にあえぐ農業者や中小商工業者に資金を供給することで安定的な経済発展を図ろうとしたのです。

法案の名称が示すように、戦前の日本における協同組合の中心は、産業振興のために上から導入・組織された協同組合、「産業組合」でした。

産業組合

産業組合法では、「信用」「購買」「販売」「生産」の四つの事業が定められました。当初は禁止されていた**信用事業**と他の事業との兼営が第1次改正（1906年）によって認められると、信用事業を中核として**購買事業**や**販売事業**にも取り組む産業組合が農村部に続々と誕生するようになります。

また、第2次改正（1909年）によって連合組織として産業組合連合会と産業組合中央会が法的に認められ、第3次改正（1917年）では銀行的な色彩を強めて現在の**信用金庫**の前身となる市街地信用組合が創設されます。

用語

産業組合法
日本初の協同組合に関する法律。強固な農村経済をつくり、富国強兵を手助けするために制定された。

信用事業
→76ページ

購買事業
→77ページ「経済事業」

販売事業
→77ページ「経済事業」

信用金庫
協同組織金融機関の一つ。地域の中小企業・住民等が利用者・会員となって互いに地域の繁栄を図る相互扶助を目的とする。

産業組合法を裁可する、明治天皇による御名御璽

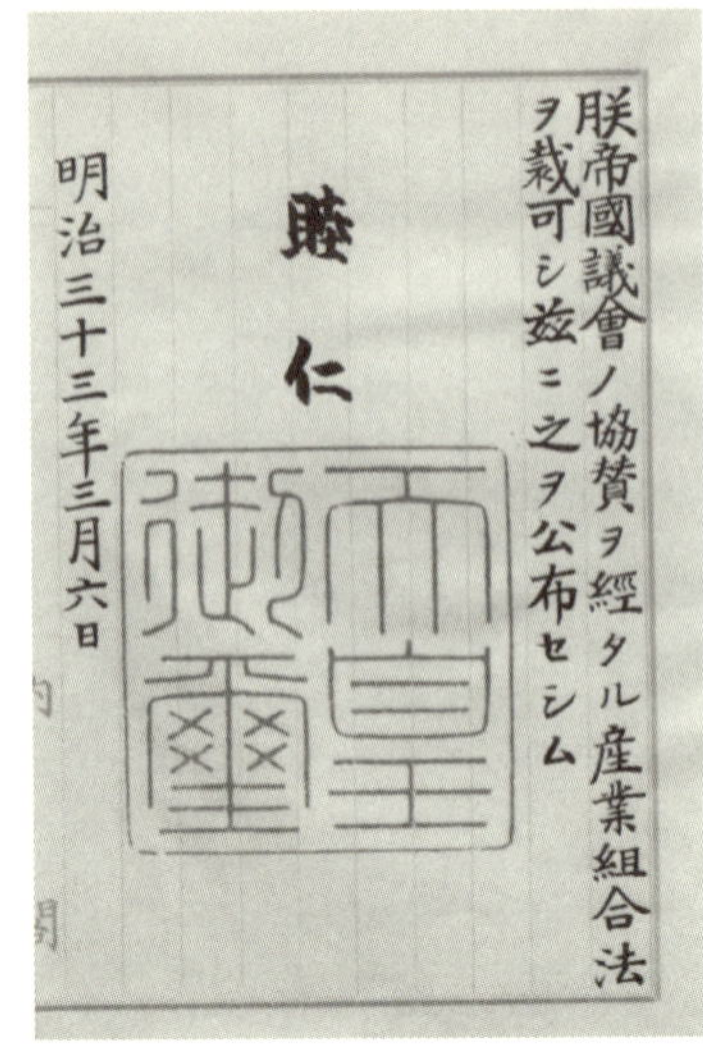
朕帝國議會ノ協賛ヲ經タル産業組合法ヲ裁可シ茲ニ之ヲ公布セシム

睦仁

天皇御璽

明治三十三年三月六日

資料：国立公文書館デジタルアーカイブ

反産運動

こうして産業組合中央会を頂点とする産業組合が、政府からの助成や補助金も得て、巨大な勢力に発展すると、商工業者の中からこれを民業圧迫だとする、反・協同組合の運動「反産運動」が生まれます。世界恐慌の中、購買組合（次ページ）に過当な補助金が投じられる一方で商工業者には何の補助もなく、たとえば肥料商が次々に廃業させられているとして、商工会議所は産業組合への過大な保護をやめるよう要求、**産業組合青年連盟**と激しく対立します。

反産運動は、協同組合という存在・考え方に対する反発というよりも、政府と産業組合との結びつきに対する反発という側面が強いのですが、そこに現在の協同組合の一部に対する批判や反発に通じる要素を見出すこともできるかもしれません。戦前の産業組合に対しては、研究者からも、政策の遂行機関であって自主的な協同組合運動ではないと評価されています。その教訓から学ぶことが必要でしょう。

用語

産業組合青年連盟　産業組合の若手職員や農村の青年たちによって結成され、産業組合の普及や農村文化の建設を進める強力な運動を展開した組織。

7 消費組合

購買組合

産業組合法において、組合に認められた事業の一つが「購買」です。購買事業は、今日の農業協同組合のように、農村の協同組合が農業従事者に対して、農業生産に必要な資材（たとえば肥料や農機具など）や、日常生活に必要な物資を供給することを認めたものです。こうして「購買組合」が産業組合の中に位置づけられ、この規定を根拠にして都市部で消費者に対して購買事業を行う「市街地購買組合」も設立されるようになりました。

消費組合

しかし、政府から独立した自主的な運動として発展してきた消費者の協同組合運動にとって、政府による産業振興、富国強兵政策の一環として立法された産業組合法による購買組合という枠組みは、決して居心地のいいものではなかったでしょう。産業組合法成立の直前に、それとは関係なく生まれた「共働店」の運動はもちろんのこと、それに続く労働者による消費者協同組合においても、あえて産業組合法の認可を受けずに、自主独立した協同組合として法的保護を受けずに設立され、活動を展開した組合が多数存在します。

明治時代の消費組合関連書籍

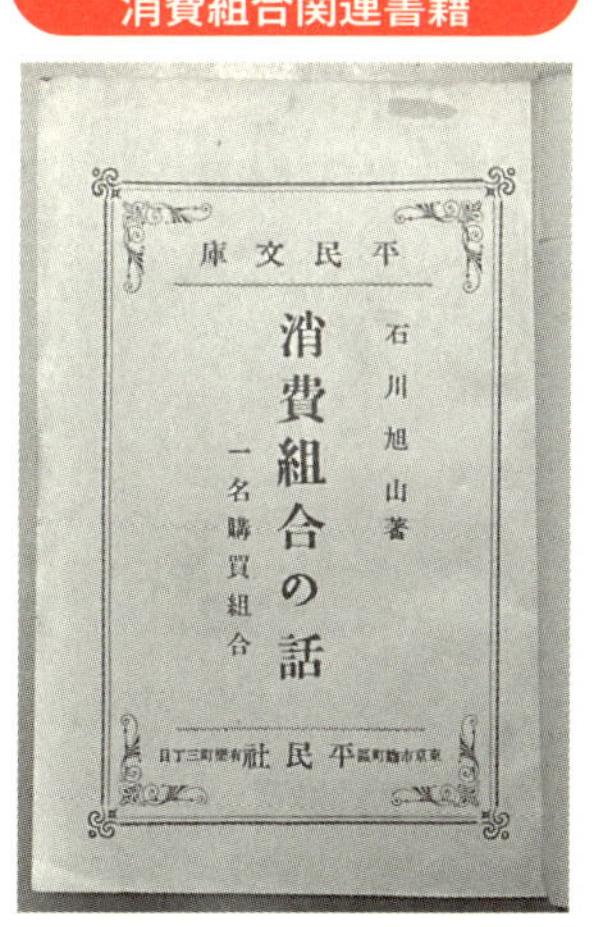
平民文庫
消費組合の話
一名購買組合
石川旭山著
東京市麹町区有楽町三丁目 平民社

平民社から明治37年に発行された石川旭山著『消費組合の話―一名購買組合―』（平民文庫）。生協についての先駆的著作で、当時大きな影響を与えた

それらの多くは、「消費組合」と称しました。消費者の協同組合は、今日では生活協同組合（生協）と呼ばれることが一般的ですが、第2次世界大戦前は、一般には消費組合という名称が普及しています。

賀川豊彦とマルクス主義

戦前の消費組合が最も花開いたのは**大正デモクラシー**の頃です。大正期は戦争もなく、さまざまな社会運動がそれなりに興隆します。

消費組合運動においても、ロッチデールの運動を範とする「市民消費組合」と、**マルクス主義**の影響を受けた「無産者消費組合」が続々と生まれました。キリスト教に基づく社会運動家として有名な賀川豊彦は、前者の指導者として、協同組合運動においても重要な人物です。とくに賀川が推進したのは協同組合保険と消費組合であり、現在のコープこうべの前身である神戸購買組合と灘購買組合はともに賀川の助言によって生まれました。

賀川に代表される市民主体の消費組合と、マルクス主義に感化された労働者主体の消費組合は時には衝突し、時には併走して、消費組合運動の発展を志しましたが、軍国主義の進展とともに姿を消していきます。しかし、**室戸台風**後の地域の復興に地元の市民や労働者、あるいは在日朝鮮人の消費組合が奮闘するなど、戦前の消費組合は消費者の日常の買い物ニーズに応えるだけでなく、今日の生協が果たしている社会的役割を先駆的に担っていましたし、市民消費組合の代表格である神戸消費組合や東京の城西消費組合などが設けた「**家庭会**」に、戦後生協で一世を風靡した共同購入の「班」や組合活動を重ね合わせて見ることもできるでしょう。無産者消費組合の理論的根拠となったマルクス主義の協同組合論は、戦後日本の協同組合研究の中で深められます。

1945年11月、敗戦からまもなくして結成された日本協同組合同盟の初代会長に推されたのも賀川でした。戦争で消えてしまったかのように見える消費組合の灯火は、確かに戦後に受け継がれているのです。

用語

大正デモクラシー
1910年代から20年代、日本で高まった、政治・社会・文化などあらゆる領域において自由主義や民主主義を求める気運・思想。

マルクス主義
カール・マルクスの思想に基づき、資本主義経済を批判的に分析し、その限界を説く思想と運動。協同組合も、その体系中に位置づけられている。

室戸台風
1934年9月、室戸岬に上陸し、死者2700人以上など、京阪神地方に甚大な被害をもたらした台風。

家庭会
1924年に神戸消費組合で結成された組合員女性の組織。他の消費組合にも広まり、今につながる組合員活動の原点とされる。

8 戦争と協同組合

協同組合と平和運動

日本の生活協同組合が掲げるスローガンに、「平和とよりよい生活のために」というものがあります。大学生協ではFor Peace and Better Lifeという英語の標語が、パンフレットや包装にデザインされているのもよく見られます。

消費者の協同組合ですから、「よりよい生活」を目指しているというのは誰にも理解できるでしょう。しかし、生協のことを知らない人々からすると、その前に「平和」という言葉がついていることに、いささか違和感を抱くこともあるかもしれません。これは、〝消費者の生活の大前提として平和がある〟〝平和な世の中がなければ生活の向上も何も意味がない〟という思いからつくられた標語で、その背景には協同組合が経験した、戦争の苦い経験があります。

戦時中の協同組合系雑誌

「我が子　国の子　興亜の子」のスローガンが掲げられている

軍国主義と協同組合

民主主義と平和主義を基本原理とする今の日本社会とは違って、第2次世界大戦前の日本は、何よりも軍事を優先し、**国権**の伸張を対外的に図る、人々の生活よりも帝国の存亡に重きを置いた社会体制でした。そこでの協同組合運動も、「産業組合」の名で富国強兵の一環として展開されたのです。

大正デモクラシーが花開いた一時的な平和の時代が過ぎ、昭和に入ると、中国大陸への軍部の進出を機に、日本社会の軍国主義化が急速に進みます。国内に統制のムードが高まり、主流の産業組合と違って軍国主義に公然と反対するような政治的主張を掲げる協同組合がまず弾圧されます。東京帝国大学や早稲田大学などで運動を展開していた東京学生消費組合や、**プロレタリアート**解放を志向する関東消費組合連盟などは特高警察に目を付けられ、解散に追い込まれました。

一方、国策に協力する協同組合では、**日華事変**への出征兵士の健闘を祈願し、食料の増産にいっそう励むなど、大日本帝国と運命をともにする道をいつのまにか歩むようになりましたが、それは国内に限ったことではありません。植民地政策によって日本が強権的に支配した台湾、朝鮮、満州では、協同組合の設立による植民地経済の運営が図られます。1941年末に英・米との戦争に突入すると、東南アジア地域を占領した日本は、そこでも協同組合をつくらせ、現地経済を管理しようとしました。

大東亜共栄圏と協同組合

これは、ファシスト協同組合によって経済統制を進めようとしたムッソリーニのイタリアや、ナチス協同組合を国家社会主義体制の中に組み込んだヒトラーのドイツと同様に、協同組合を**軍国主義統制経済**の道具として利用しようとした企てです。**大東亜共栄圏**の確立を協同組合の立場から進めようと、東亜協同組合協議会が結成され、イギリスが支配するＩＣＡ（国際協同組合同盟）に対抗してわれわれは

用語

国権　国家の権威や権力。戦前の日本では、国民の権利に優越するものとされた。

プロレタリアート　自分という労働力以外、生産手段を持たない人たち。誰かに雇われて生活せざるを得ない労働者階級の中心的存在。

日華事変　1937年以降の日中戦争のこと。宣戦布告を伴わない戦争であったために、事変と呼ばれた。

軍国主義統制経済　軍事を最優先とする戦争状態においては、市場経済に制限が加えられ、主要食料等の流通は政府によって管理・統制される。

アジア人による、アジア人のための協同組合連盟をつくるのだと宣言します。

しかし、実はこの時点で既に日本国内の協同組合は実質的に壊滅状態にありました。

国策を遂行するための機関としての性格を強めていた産業組合は、1943年、地主の組織として農事改良を推進する「**農会**」との合併を命じられて強制加入制の「農業会」となり、民間自主組織である協同組合としての性格を完全に失います。

統制経済下の配給機関に指定されたことで一時的に業績を伸ばしていた消費組合も、1942年、米の配給制が実施され、その配給機関に指定されなかったことを機に業務を停止します。当時日本人の食事の大半を占めていたのは米であり、消費組合の売り上げの半分以上も米でしたから、それが扱えなくなり、息の根を止められたということです。

1945年夏、協同組合の活動がほぼ消滅した状態で日本は敗戦を迎えます。平和がなければ協同組合もないということを切実に学んだのです。

戦時中の協同組合系書籍

「大東亜戦争の赫々たる戦果は、新しき南方の土を我々の視野のなかに限りなく広げてくれた。…我々は新しき土地に育む協同組合運動の前途にまばゆひばかりの輝かしさを感じるのである…」

資料：東亜協同組合協議会『先駆者の道』（1942年）

大東亜共栄圏
大日本帝国が盟主となり、東アジアと東南アジア地域が共同して樹立すべきと当時の日本政府が主張し、実現を目指した、欧米に対抗する地域経済圏。太平洋戦争時の日本の指導原理。

農会
農事改良と農村振興のために活動した農村組織。地主層が中心で、1943年に産業組合と統合され、農業会となった。

統制経済
資本主義経済でありながら、国家が商品の生産量や価格設定など経済活動のあり方を強力に統制する経済形態。

大東亜戦争完遂に関する決議

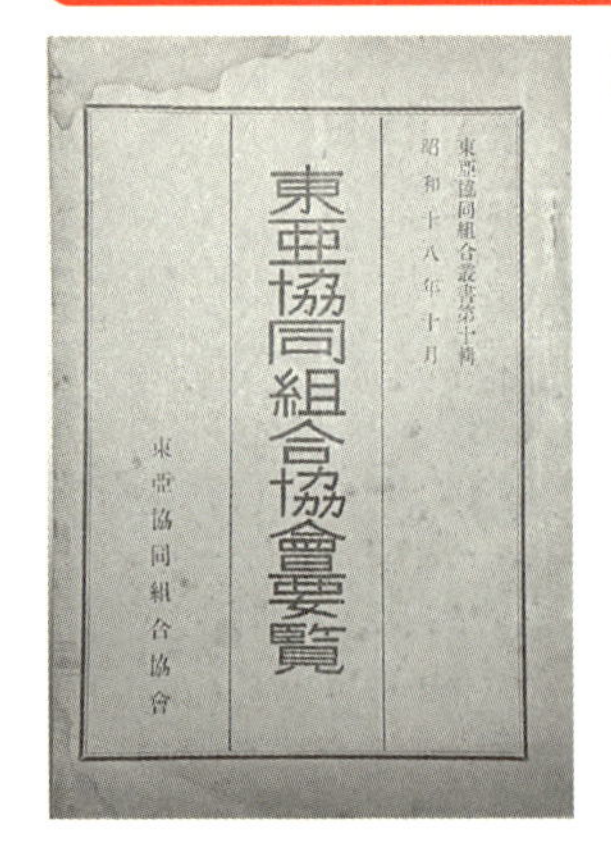

戦時中、日本では太平洋戦争のことを「大東亜戦争」と呼んでいた。日本の傀儡だったといわれる汪兆銘政権の中華民国や満州国の協同組合と、日本の協同組合とが共同して、「聖戦」の目的を完遂することが東亜協同組合協議会によって決議された。開戦以来、破竹の勢いで進撃していた日本軍に対して、ガダルカナル島などでアメリカ軍の本格的な反撃が始まり、太平洋戦争の戦局が徐々に変わりつつあった1942年９月のことである

大東亞戰爭完遂に關する決議

大東亞戰爭開始以來　御稜威の下赫々たる戰果を擧げつゝあるは吾人の感謝感激に堪へざる所なり然りと雖も今次聖戰は曠古の大業にして前途尙多事なるを想はざるべからず

即ち吾人は長期に亘り日滿華一心一體となり其の總力を擧げて目的完遂に努力するを要す我等協同組合の事業に當る者益共存同榮の傳統的精神を發揚し其の精神力、組織力、經濟力の總力を擧げてこの光榮に協力し産業、經濟、社會各方面の實情に應じ日滿華政府と協力して生産、配給、消費金融の全般に亘り就中農林水産物の增産、物資の適正配給、貯蓄奬勵並生産力擴充、資金の供給、民族厚生等に全力を傾倒し聖戰目的貫遂に適進せんことを期す

第二回東亞協同組合協議會年次大會開催に當り滿場一致右決議す

昭和十七年九月七日

東亞協同組合協議會

資料：東亜協同組合協会『東亜協同組合協会要覧』（1943年）

9 戦後民主主義と協同組合の復活・新生

敗戦と占領、民主化の中での協同組合運動の復活

１９４５年８月、日本は**ポツダム宣言**を受け入れ連合国に**無条件降伏**しました。敗戦後、日本は連合国の占領下におかれます。アメリカを中心とする連合国軍最高司令官総司令部（ＧＨＱ）の占領政策の基本方針は軍国主義の排除と徹底した民主化で、**財閥解体**や**農地改革**をはじめ、政治、経済、教育などのあらゆる分野で戦後改革が進められました。１９４６年には国民主権、基本的人権の尊重、戦争放棄などをうたった日本国憲法が公布されます。

戦後改革は日本社会に好意的に迎えられ、労働運動をはじめさまざまな分野の社会運動が活発に展開されていきますが、そうした中で戦時下の経済統制に組み込まれ、あるいは窒息させられていた農協や生協などの協同組合運動も再生していきます。

生協運動の再生——雨後の筍のように

しかし、市民生活は悲惨な状況にありました。敗戦後の混乱の中、モノ不足、食料不足は戦時中以上に深刻で、人々は食料の入手に懸命にならざるをえませんでした。インフレも激しく、物価は急速に上昇しました。このような中、生活を守ろうとする人々のいわば自然発生的な動きの中で多くの生協がつくられていきました。戦時中の配給機能を担っていた町内会単位で設立された生協も多く、それらの生協は「町内会生協」や「買い出し組合」といわれ、都市周辺の農家などから食料を買い求めたり、ヤミ市で物資を入手して組合員に分配したりしました。職域でも同様に新たな生協が多く設立されています。

こうした新しい生協が「雨後の筍」のように設立され、１９４７年には全国で６５０３組合、組合員

用語

ポツダム宣言 第2次世界大戦末期、アメリカ、イギリス、中国の政府首脳の連名（のちにソ連も参加）で発表された、日本の降伏を勧告する文書。

無条件降伏 国家が一切の条件なしに、軍事的抵抗を停止すること。

財閥解体 持ち株の放出や、会社役員からの追放によって、一族の企業支配力を奪い、同族出資による企業集団である財閥を解体した政策。

農地改革 地主が所有する農地を政府が強制的に安値で買い上げ、実際に耕作していた小作人に売り渡した。

町内会生協の一つ、東京の高円寺六丁目生協（写真は後年のもの）

写真：日本生協連資料室

数297万人を数えました。ただしその多くは小規模かつ経営も未熟で、経済の安定化に伴い解散していきました。生協の本格的な発展は1970年代以降のことになります。

戦前、「購買組合」や「消費組合」といわれていた組織が「生活協同組合」という名称を使うようになったのもこの時期のことです。1945年12月16日、東京の西部で「東京西部生活協同組合連合会」が設立されましたが、このグループが戦禍で大きな被害を被った状況を受けて「消費だけでなく生活全般の協同」を掲げ「生活協同組合」の名称を初めて使用しました。

日協同盟の創立と生協法の制定

こうした動きと並行して、戦争の終結と同時に、戦前からの生協運動のリーダーたちも、生協運動再建への道をさぐり始めました。1945年11月、生協運動の再生・発展を目指して、賀川豊彦を会長に日本協同組合同盟（日協同盟）が創立されます。

用語

日協同盟はその名の通り、農協や漁協なども含む各種の協同組合全体を対象とする組織という構想をもって出発しましたが、中心メンバーが生協関係者であったことや法律が個別の協同組合ごとに整備されつつあったこともあって、生協の連合会として活動して行くことになります。しかし、さまざまな組織がバラバラに活動していた戦前と異なり、生協の全国的統一組織がつくられたことは大きな意義を持つものでした。日協同盟の諸活動は1951年に創立される現在の**日本生活協同組合連合会**（日本生協連）へと引き継がれていきました。

日協同盟はさまざまな活動を展開しましたが、特に課題となっていたのが産業組合法に代わる新しい協同組合法の制定でした。生協だけではなく農協や漁協なども対象に含む、包括的な協同組合法を求める見解もありましたが、すでに農協法や水産業協同組合法などがそれぞれ準備されており、日協同盟は個別法として生協法（消費生活協同組合法）の制定に向けた取り組みを進めました。日協同盟は2度に

日協同盟による生協法草案

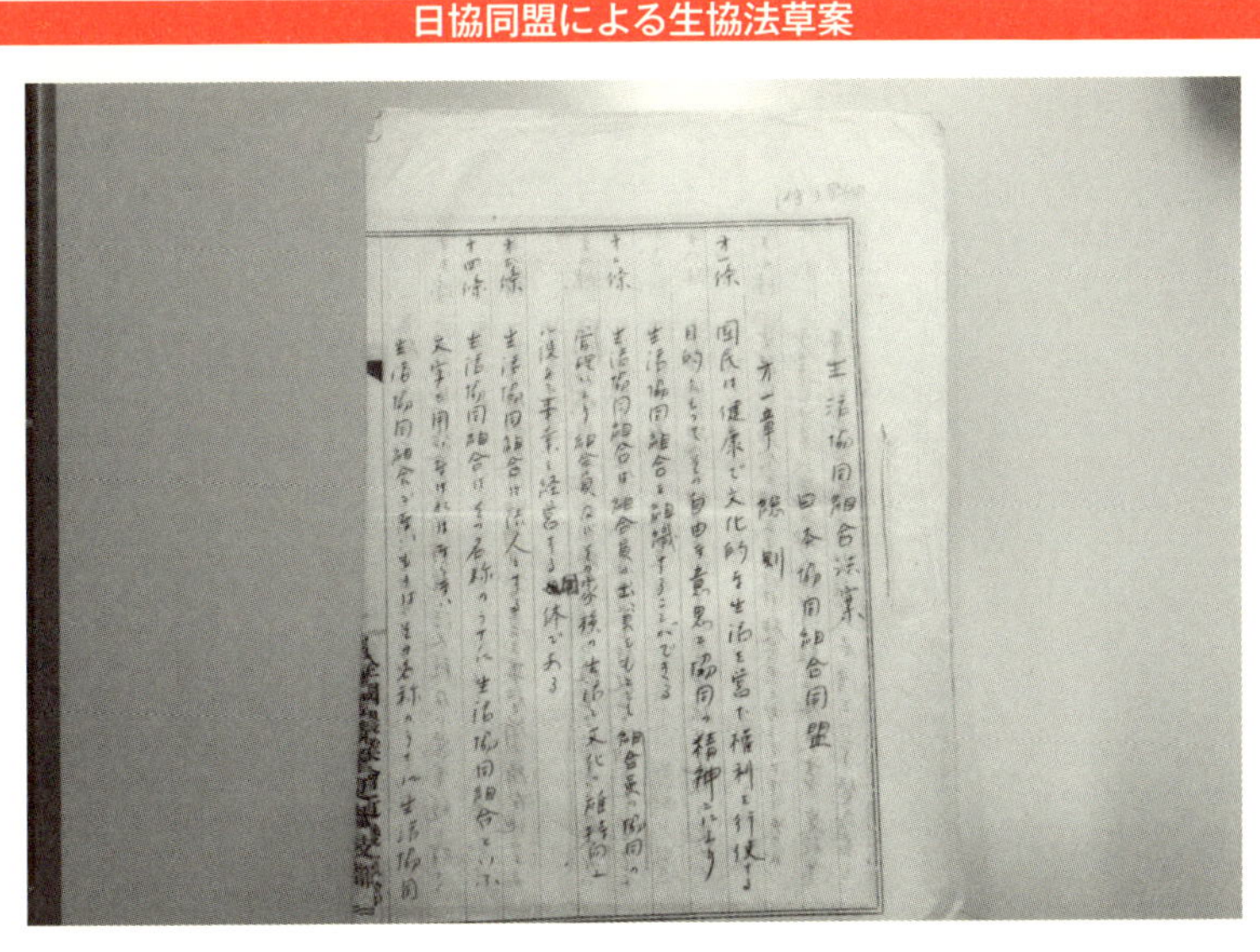
生活協同組合法案
日本協同組合同盟
第一章 総則

写真：日本生協連資料室

日本生活協同組合連合会
略称、日本生協連。各地の生協が加入する、生協の全国連合会。

わたって生協法案を準備しGHQとの折衝や各政党への働きかけを行いましたが、政治の混乱などもあり、生協法制定の主導権は徐々にその手を離れていきました。国会審議を経て１９４８年7月に生協法は成立しましたが、最終的な法案が厚生省（当時）でつくられたこともあって、内容面では規制の多い法律となりました。その中には、**県域規制**や**員外利用規制**のように、その後の法改正で緩和されてはいるものの、現在まで続く課題も含まれます。

農協法の制定と戦後農協の確立

農村に目を転じると、戦後改革の主要な項目であった経済の民主化の中で農地改革が進められました。これにより約１９３万町歩が解放され、多くの**自作農**が生まれました。総耕地面積のうち46・３%を占めていた小作地は10・３%に減少し、自作農の割合も56・５%から87%に増えました。

マッカーサー連合国軍最高司令官がこの農地改革を指令した「農民解放指令」は関連施策として「非農民的勢力からの支配を脱し、日本農民の経済的、文化的向上に資する農業協同組合運動を助長し奨励する計画」を日本政府に求めていました。これを受け、農林省（当時）は農業協同組合法の制定に着手します。上述した食料不足などもあり、当初の法案は戦時下の組織であった農業会の統制機能を農協に引き継ごうとする方針が色濃いものでしたが、自由かつ民主的な農協を求めるGHQの考え方とは相違があり、農林省の提案は8次案にまで及びました。

農協法は１９４７年11月に成立します。GHQにより解体が進められていた農業会に代わる農村の経済組織が必要とされたことや政府の奨励などもあって、農協法の制定とともに、農協と連合会の設立は急速に進みました。１９５０年3月までに設立された総合農協は1万７０９７組合ですが、そのうち1万５１５４組合が農協法成立から半年足らずの１９４８年2月までに設立されています。しかし、大挙してつくられた農協でしたが、設立直後から経済環境の悪化に役職員の協同組合理念の理解不足、経営

用語

県域規制
生協は都道府県の区域を越えて設立できないとする規制。２００７年の法改正で隣接する都府県までは拡大することが可能になった。

員外利用規制
組合員以外の生協の事業の利用は原則禁止とする規制。

自作農
自ら所有する農地を耕す農民。これに対し、地主から土地を借りて耕作を行う農民を小作農という。

全国農業協同組合中央会の設立総会

初代会長は「米の神様」とも呼ばれた元農林次官の荷見安（はすみ・やすし）

能力の欠如などが重なって、経営不振に陥り、国の援助を受ける形で再建を図ることになりました。

一方、農協全体の推進役である指導組織をどうつくるべきかという議論も活発に行われていました。1948年10月には全国指導農業協同組合連合会が設立され、1954年には農協法の大幅な改正にともない、**農業協同組合中央会**が都道府県及び全国段階に設立されます。中央会は農協全体を代表するとともに、**単位農協**に対して経営指導や監査等を行う機能を持ち、農協の健全な発達を図ることを目的として事業を展開していきます。また組合に関する事項について、「行政庁に建議することができる」とも明記されました。こうした一連の経緯により戦後農協の原型が形成されました。

各種協同組合法の制定

ここまで、生協と農協を中心に戦後直後の時期の協同組合運動の状況と法制度の制定過程を見てきましたが、この時期には他の協同組合についても法制

農業協同組合中央会
単位農協が会員となって組織する団体。代表、経営相談、調整などの機能を持つ。

単位農協
→218ページ

度が整えられていきました。上述した通り、1947年には農協法が、1948年には生協法が制定されていますが、同じ1948年の12月には漁業協同組合の根拠法となる水産業協同組合法が制定されたほか、1951年の森林法改正によって、森林組合の制度が整えられました。なお、森林組合に関する条文は森林法の一部でしたが、1978年には独立した森林組合法が制定されています。

1949年4月には事業協同組合や企業組合のほか、信用組合の根拠法となる中小企業等協同組合法が成立しました。しかし、同法はそれまで活動してきた都市部の信用組合の事業内容を制約するものでした。もともと、信用組合や信用金庫は1900年に制定された産業組合法に基づいてつくられていましたが、組合員以外からの預金が認められないなど、都市部の中小商工業者にとっては制約が多いものでした。そのため、1917年に産業組合法が一部改正されて**市街地信用組合**という別個の仕組みがつくられ、1943年には単独法の市街地信用組合法が制定されていました。中小企業等協同組合法はそれまでの市街地信用組合への制約を再び強くするものであったことから、協同組織による中小企業者や勤労者のための金融機関の設立を望む声が高まりました。これを受けて、1951年6月に信用金庫法が制定され、**信用金庫**が誕生しました。

この頃、生活費に困った労働者は、金融機関からお金を借りることができないため、高利貸しや質屋などから高い金利で借りるしか方法がなく、利息の負担や過酷な取り立てに苦しんでいました。こうした中、1950年に岡山県と兵庫県で生協や労働組合の呼びかけから、労働者のための金融機関として**労働金庫**が設立されます。この岡山と兵庫の労働金庫は、中小企業等協同組合法による信用組合として設立されましたが、1953年には労働金庫法が制定され、以後、同法に基づく労働金庫が各県に設立されていきました。このようにして、戦後の各種協同組合の活動基盤となる法制度が整えられていきました。

用語

市街地信用組合
産業組合法に基づいてつくられた信用事業を行う協同組合のうち、都市部でつくられた組合をいう。

信用金庫
→49ページ

労働金庫
労働者が相互に助け合うために、労働組合や生協などが資金を出し合ってつくった、協同組織の金融機関。

10 協同組合原則の制定と変遷

ICAの成立と協同組合原則の確定（37年原則）

先駆者組合の誕生も含めて、イギリスをはじめとするヨーロッパで広がっていった協同組合運動は、その後ヨーロッパ以外の地域でも広がりつつありました。１８９５年にはイギリスのロンドンにおいて第1回の国際協同組合大会が開催され、ＩＣＡ（国際協同組合同盟）が成立して、世界的なレベルで協同組合運動が行われるようになったのです。

ＩＣＡの重要な任務の一つは、ロッチデール原則をもとにしながら、世界共通の協同組合原則を確定することにあり、そのための検討作業が精力的に行われました。その結果、１９３７年、パリで開催された第15回ＩＣＡ大会において、以下のような世界共通の協同組合原則（37年原則）としてまとめられました。

①開かれた組合員制
②民主的運営（1人1票の議決権）
③購買高に応じた配当

新旧のＩＣＡのマーク

（新）

（旧）

④資本に対する利子制限
⑤政治的、宗教的中立
⑥現金取引
⑦教育の促進

　このうち①②③④は基本的な原則とされ、これを実行することがＩＣＡ加入の条件とされました。

ボノウの構造改革路線と66年原則

　ＩＣＡは、第2次世界大戦中には一時活動を中断していましたが、戦後になって活動を再開しました。しかし、特に当時のヨーロッパの流通・小売関連の事業を営む協同組合は、戦後の経済復興によって著しく発展しつつあった民間企業との激しい競争にさらされていました。

　こうした状況のもとで、１９６０年、ＩＣＡの会長を務めていた**M・ボノウ**は『変化する世界における協同組合』を著し、協同組合といえども生産や流通を効率的に行いながら合理化を進める規模の経済（スケールメリット）を追求することの重要性を説きました。また、協同組合の水平的・垂直的統合（インテグレーション）を勧告するなど、競合する企業の攻勢に対して協同組合陣営も積極的に構造改革を行うことで、競争に対応していくべきであると主張しました。

　その結果、１９６６年にウィーンで開催された第23回ＩＣＡ大会において、次のような内容の協同組合原則（66年原則）が採択されました。

①加入自由の原則（公開の原則）
②民主的運営の原則
③出資金に対する利子制限の原則
④剰余金処分の原則
・協同組合の事業の発展のための準備金
・共同のサービス施設の提供
・組合利用高に比例しての組合員への配分
⑤教育促進の原則
⑥**協同組合間協同**の原則

66年原則では、37年原則と比較すると現実性が薄らいだとされる「政治的、宗教的中立」と「現金取

用語

M・ボノウ
Bonow, Mauritz（1905～82）スウェーデン出身。15年間、ICA会長を務める。1960年、ローザンヌで開催された第21回ICA大会において「変化する世界における協同組合」と題した基調報告を行い、企業との競争に直面している協同組合が、構造改革や協同組合間の協同を進めることの重要性を説いた。

協同組合間協同
単協どうしや単協と連合組織等が連携して事業・活動を推進する取り組み。「95年原則」では、農協・漁協・生協など異種の協同組合間協同に加えて、日本とアジア・ヨーロッパといった国際的な協同の重要性も強調された。近年では、協同組合間連携と呼ばれることも多い。

引」が削除される一方で、新たに「協同組合間協同の原則」が定められました。これは上述したように、ボノウが協同組合の水平的・垂直的統合を主張したことから、協同組合同士の協力・連携を推進することを積極的に位置づけたものです。また、剰余金処分の方法として三つの具体的な内容を示したことも66年原則の特徴です。

しかし残念ながら、ボノウが主張した協同組合における一連の構造改革路線は、決して成功したとはいえませんでした。特にヨーロッパの協同組合では、市場競争への積極的対応を企業と同じ土俵で行うことが重視された結果、協同組合の特性である民主性の確保が損なわれる事態を引き起こしたのです。そのために、経営危機に瀕するケースや株式会社に転換する協同組合も少なからず見られました。

レイドロー報告

1980年、第27回ICAモスクワ大会において、**A・F・レイドロー**が中心となって取りまとめた「西暦2000年における協同組合」（レイドロー報告）が採択されました。

そこでは、協同組合が今、危機的状況に陥っているとして警鐘を鳴らし、これからの協同組合が取り組むべき優先分野として、①世界の飢えを満たす協同組合、②生産的労働のための協同組合、③**保全者社会**のための協同組合、④協同組合地域社会の建設、という四つを示して、それまでの構造改革路線の限界を指摘すると同時に、ヨーロッパで主流であった消費者協同組合だけではなく、多種にわたる協同組合を重視してその設立・発展を促しました。その結果、新しい協同組合原則の策定に向けた議論がいっそう加速することになったのです。

協同組合の定義や価値を定めた95年原則

1980年代以降、改めて協同組合の価値や協同組合が取り組むべき優先分野の議論が盛んに行われ、1992年には第30回ICA大会が初めてヨーロッパ以外の地である東京で開催されました。東京大会

A・F・レイドロー
Laidlaw, Alexander Fraser（1907～80）カナダ出身。1960年代にICAの執行委員などを務める。レイドローが中心となって取りまとめ、1980年、第27回ICA大会で報告された「西暦2000年における協同組合」は、世界が狂気じみた方向に進んでいるとして、協同組合こそ「正気の島」であるべきだと強調した。

保全者社会
資源節約や環境保全、健康維持、よりよい生活を目指す社会。

では協同組合原則改定を目指した最終的な議論が熱心に行われ、その結果、1995年イギリスのマンチェスターで開催されたICA創立100周年記念大会である第31回ICA大会において、「協同組合のアイデンティティに関するICA声明」（95年原則）が策定されました。

そこではまず、協同組合とは「人びとの自治的な組織であり、自発的に手を結んだ人びとが、共同で所有し民主的に管理する事業体をつうじて、共通の経済的、社会的、文化的ニーズと願いをかなえることを目的とする」組織であると定義しました。そして「自助、自己責任、民主主義、平等、公正、連帯」という基本的価値、ならびに「正直、寛大(*)、社会的責任、他人への配慮」という倫理的価値を大切にすると定めました。こうした定義と価値を受けて、以下の七つの原則が示されました。

第1原則 自発的で開かれた組合員制

協同組合は、自発的な組織であり、性による差別、社会的、人種的、政治的、宗教的な差別を行わない。協同組合は、そのサービスを利用することができ、組合員としての責任を受け入れる意思のあるすべての人びとに開かれている。

第2原則 組合員による民主的管理

協同組合は、組合員が管理する民主的な組織であり、組合員は、その政策立案と意思決定に積極的に参加する。選出された役員として活動する男女は、すべての組合員に対して責任を負う。単位協同組合の段階では、組合員は平等の議決権（1人1票）をもっている。他の段階の協同組合も、民主的方法によって組織される。

第3原則 組合員の経済的参加

組合員は、協同組合に公正に出資し、その資本を民主的に管理する。

少なくともその資本の一部は、通常、協同組合の共同の財産とする。

組合員は、組合員になる条件として払い込まれた出資金に対して、利子がある場合でも、通常、制限

用語

* 既存の日本語訳のほとんどはこの部分を「公開」としているが、原語はopennessである。これは「素直」「寛大」「偏見を持たずに新しいものを広く受け入れる態度」の意であるため、本書では「寛大」とした。

された利率で受け取る。組合員は、剰余金を次のいずれか、またはすべての目的のために配分する。
・準備金を積み立てて、協同組合の発展に資するため―その準備金の少なくとも一部は分割不能なものとする―
・協同組合の利用高に応じて組合員に還元するため
・組合員の承認により他の活動を支援するため

第4原則 自治と自立

協同組合は、組合員が管理する自治的な**自助組織**である。協同組合は、政府を含む他の組織と取り決めを行う場合、または外部から資本を調達する場合には、組合員による民主的管理を保証し、協同組合の自治を保持する条件のもとで行なう。

第5原則 教育、研修および広報

協同組合は、組合員、選出された役員、マネージャー、職員がその発展に効果的に貢献できるように、教育と研修を実施する。協同組合は、一般の人びと、特に若い人びとやオピニオンリーダーに、協同することの本質と利点を知らせる。

第6原則 協同組合間の協同

協同組合は、地域的、全国的、（国を超えた）広域的、国際的な組織をつうじて協同することにより、組合員にもっとも効果的にサービスを提供し、協同組合運動を強化する。

第7原則 コミュニティ（地域社会）への関与

協同組合は、組合員が承認する政策にしたがって、コミュニティの持続可能な発展のために活動する。

特に第7原則は、これからの協同組合は「協同組合地域社会の建設」のために積極的な役割を果たすべきであるという考えに立って、95年原則で新たに定められたものです。

協同組合は、組合員を対象にした事業・運営を行うだけではなく、地域社会と密接に結びつき、経済的・社会的・文化的な地域の発展に積極的に関与していくことの重要性が、協同組合原則の中にはっきりと示されたのです。

自助組織
同じような問題やつらさを抱えた者同士が、互いに支え励まし合いながら、問題の克服を図る組織。福祉分野においては、自助（自ら行うことや民間サービス）、互助（ボランティアなどの活動）、共助（介護保険など該当者の負担による制度）、公助（国民の税負担による公的支援）として区別されることがある。

チャヤーノフの協同組合

歴史学者
藤原辰史

一九世紀末から二〇世紀の最初の四半世紀にかけて活躍したロシアの農業経済学者アレクサンドル・ヴァシリエヴィッチ・チャヤーノフは、大規模な農業ではなく、小規模な家族農業経営の資本主義社会の中での強靭さを主張した人物として知られている。家族経営であれば、無理せず、家の構成員の数や、気象や市場の変動にあわせて臨機応変に対応できる、という考えだ。二〇世紀の世界の人類学や社会学に与えた影響は大きい。

大規模経営では、結局移動費用などが高くつき費用も嵩む。小規模なら小回りが利く。ただ、家族経営単体ではどうしても世界市場に呑み込まれやすい。そこで、彼は、協同組合によって共同購入共同販売をし、家族経営の連帯によって資本主義に対抗する道を考えた。もともと社会革命党の中心人物だった彼は、ボリシェヴィキ革命後に、レーニンによって全国

『中学生から知りたいパレスチナのこと』（共著。ミシマ社、2024年）など時事問題にも積極的に発言をしている。『分解の哲学』（青土社、2019年）でサントリー学芸賞、『給食の歴史』（岩波新書、2018年）で辻静雄食文化賞、『ナチスのキッチン』（共和国、2016年）で河合隼雄学芸賞、また、ナチスの食研究全般に対して日本学術振興会賞を受賞。他にも、『カブラの冬』『食べるとはどういうことか』『歴史の屑拾い』『植物考』など著書多数。

協同組合中央会議の議長に就任する。

一九二七年に農業集団化の方向が決定されるまで、目指されるべき農業は集団化や大規模化ではなかった。土地改革を行ない、土地を得た農民たちが協同組合によって連帯するヴィジョンが存在していた時代は、まだチャヤーノフが活躍できた時代であった。

一九二三年にベルリンで刊行されたチャヤーノフの主著『小農経済の原理』にも協同組合のありうべき姿が書かれている(日本の初翻訳は一九二七年)。

この本で、チャヤーノフは協同組合についてだいたい以下のようなことを述べた——金融資本や商業資本が農作物の流通過程を支配している以上は、農民は賃金労働者に落ちぶれるだけだ。それはまるでイギリス東インド会社によって搾取されたインドの農民のようなものである。農民の自立性を確保するためには「協同組合によって、商品および資本に対する広大な世界市場へ到る一切の道程をその支配の下に置き、農民大衆に役立つ商業および信用の全機構を獲得するにある」(一九五七年に刊行された増訂版の一四四ページ)。

自立とは支え合いである、という一見矛盾する協同組合の本懐を彼はさらりと言い退けている。流通過程が誰かに支配されているかぎり、一経営体で自立することはできない。流通過程そのものを自分たちのものにしなければ、家族経営の強みはいかされない。いうまでもなく、この言葉は協同組合の原点である。

ところが、チャヤーノフの悲劇はここから始まる。レーニンの死去後、彼は協同組合思想

藤原辰史(ふじはら・たつし)
1976年生まれ。京都大学人文科学研究所准教授。専門は農業史、食の思想史。生態系の中に組み込まれた人間の在り方から、現代史を再構築する試みを続けている。また、新聞・雑誌のコラムの連載や、「パンデミックを生きる指針」(ウェブサイト「B面の岩波新書」、2020年)や『中学生から知りたいウクライナのこと』(共著。ミシマ社、2022年)、

から離れる。金融資本や商業資本による流通過程の支配を否定しながら、国家による流通過程の支配を支持するようになったのだ。スターリンの独裁が固められていくなかで、最後には農業の廃止を訴え、農業は工場で可能になると言ってしまうあたりは、さすがのチャヤーノフ・ファンを自認する私も直視できないほど無惨である。そして、これだけ権力にすりよったにもかかわらず、結局彼はスターリンによって粛清される。

私はここで、チャヤーノフが時代に抗えなかったことを問いたいのではない。協同組合の資本主義に対抗する豊かな可能性とうらはらの危険性を問いたいのである。実は、彼は、協同組合であっても、流通過程を握れば、権力化するという可能性に気づいていた。彼が1920年に刊行したSF小説『農民ユートピア国旅行記』（平凡社ライブラリー）には、協同組合中心主義的国家がファシズムへと堕していく様子が描かれていく。

問題はここだ。チャヤーノフは、協同組合は個々の経営の柔軟性とボトムアップの組織力のうえにようやく成り立つものである。トップダウンでは、のちにソ連を支配する中央集権的思想とつながることを理解していた。それを知ったうえで協同組合に人生を賭けたチャヤーノフの緊張に、私は震える。

＊なお、この問題について詳しくは、拙著『農の原理の史的研究』（創元社）で論じた。

第3章

さまざまな人々の願いを実現する協同組合

1 消費者と協同組合

生協とは何か

生協とは消費生活協同組合の略で、消費者によって組織された協同組合です。生協を含む協同組合を英語でCo-operativeということから、名称として「コープ●●」「●●コープ」といった呼び方を用いる生協も少なくありません。

日本には904の生協があり、組合員は延べ数で6929万人を数えます（2023年度）。世帯加入率は39・5％（2023年度）に達しており、日本に暮らす人々にとって、最も身近な協同組合の一つです。

生協には、同じ地域に住む人々が組合員となって組織する**地域生協**と、同じ職場に勤務する人々が組織する**職域生協**があります。また、事業の内容や組合員の属性によって区別されることもあります。組合員数は地域生協が9割近くを占めていますが、目的はいずれも組合員の生活の安定と生活文化の向上を図ることであり、そのためにさまざまな事業を展開しています。

生協の事業

生協の事業は、消費生活協同組合法（生協法）第10条によって定められており、組合員の生活に必要な物資の供給事業や共済事業、福祉・介護事業、医療事業などを行っています。

生協の中心事業は供給事業（購買事業と呼ぶこともあります）であり、事業規模は3兆2665億円（2023年度）に達します。地域生協による供給事業は、店舗事業と宅配事業の二つによって構成されており、特に宅配事業は、日本の生協において特徴的な事業とされてきました。その代表的な事業モ

用語

地域生協　各地域に暮らす住民を組合員とする生協。市民生協と称する場合もある。

職域生協　同じ職場に勤務する職員・従業員を組合員とする生協。

デルが「班別共同購入」です。班別共同購入は、組合員が数名で「班」を作り、この班を注文単位に、1週間に一度、商品を宅配する仕組みです。班別共同購入は商品の予約販売であるため、在庫リスクや廃棄ロスを減らすことができます。さらに仕分けという流通労働を、班に届いた商品を組合員が自分たちで仕分けすることで代替できます。加えて、組合員同士の口コミを通じて、マーケティングに必要なコストも削減できます。

このように事業モデルとして非常に優れた班別共同購入が、本格的に全国各地の地域生協で展開されるようになった1970年代以降、地域生協の組合員数と供給高は急拡大することになりました。

1990年代になると、新たに「個配」という組合員個別に宅配する事業モデルが導入されます。予約販売等に基づくコスト優位を維持しつつ、利用もしやすい個配は生協の更なる成長を促しました。2022年度の地域生協の宅配事業では、個配78%・班別共同購入22%という割合になっています。

なお、班別共同購入が広がった背景には、生協法による事業活動への制限も影響していました。生協法は、「組合は、組合員以外の者にその事業を利用させることができない」として、生協の事業利用を原則、組合員に限っています。これを員外利用規制といいます。また、地域生協は、「都道府県の区域を越えて設立することができない」として、事業エリアを各都道府県内に限りました。これを県域規制と呼びます。競合である小売企業が自由に事業を行って、規模の拡大を追求できるのに対して、生協は利用者や事業エリアを制限されていたわけです。こうした制限を克服し、組合員に必要な物資を供給するために、宅配事業、ひいては班別共同購入が広がっていったのです。

なお、生協法は2007年に、制定からほぼ60年ぶりに改正され、生協の現状に合わせて員外利用規制と県域規制も一部緩和されました。現在では、複数の都道府県にまたがって事業を行う生協も増えています。

日本の生協の歴史

日本では、1870年代末にロッチデール公正先駆者組合の実践が紹介されたことで、現在の生協にあたる消費組合が東京、大阪、神戸といった都市部で設立されました。しかし、戦時経済体制へと移行する過程で、ほとんどの消費組合は解散や活動休止に追い込まれてしまいます。

戦後、生協の設立は再度増えていきます。1960年代、日本では薬害や公害、**不当表示**等の消費者被害等を背景にして、消費者運動が広範に展開しました。そうした潮流の中で、安全・安心な食品を求める主婦層を中心とした消費者が自ら地域生協を設立していくことになったのです。

生協は主体的に運営に参加する組合員に支えられて、有害あるいは不要な食品添加物を排したプライベート・ブランドである「コープ商品」や、生産者との信頼関係に基づく「産直」等、安全・安心にこだわった商品の供給に取り組むことで支持を広げます。また、1970年代からは班別共同購入によって存在感を高め、日本社会で広く認知されるようになっていきました。

生協の組織

全国には、さまざまな地域生協や職域生協がありますが、それらはそれぞれが独立した法人として事業を行っています。こうした生協のことを単位生協と呼びます。

しかし、事業面においては商品開発や仕入れ、物流や情報システムの整備など、スケールメリットを活かす必要がある分野があり、活動面でも生協としてまとまって社会に向けた渉外活動を行う必要もあります。こうした面で、複数の生協が協力するための組織が**事業連合**と連合会です。複数の生協が共同で事業を進めるための組織が事業連合で、連合会は生協の事業領域別、あるいは都道府県などの地域でまとまり、事業・活動の支援や渉外的活動を行う組織です。

用語

不当表示
一般消費者に対して、その商品やサービスが、実際のもの、あるいは競合よりも著しく優良または有利であると誤認を与える表示のこと。主にパッケージや広告等での表示が該当する。

事業連合
→218ページ

生協が行うことができる事業

1	組合員の生活に必要な物資を購入し、これに加工し若しくは加工しないで、又は生産して組合員に供給する事業
2	組合員の生活に有用な協同施設を設置し、組合員に利用させる事業（第六号及び第七号の事業を除く。）
3	組合員の生活の改善及び文化の向上を図る事業
4	組合員の生活の共済を図る事業
5	組合員及び組合従業員の組合事業に関する知識の向上を図る事業
6	組合員に対する医療に関する事業
7	高齢者、障害者等の福祉に関する事業であつて組合員に利用させるもの
8	前各号の事業に附帯する事業

資料：生協法第10条

生協の概要

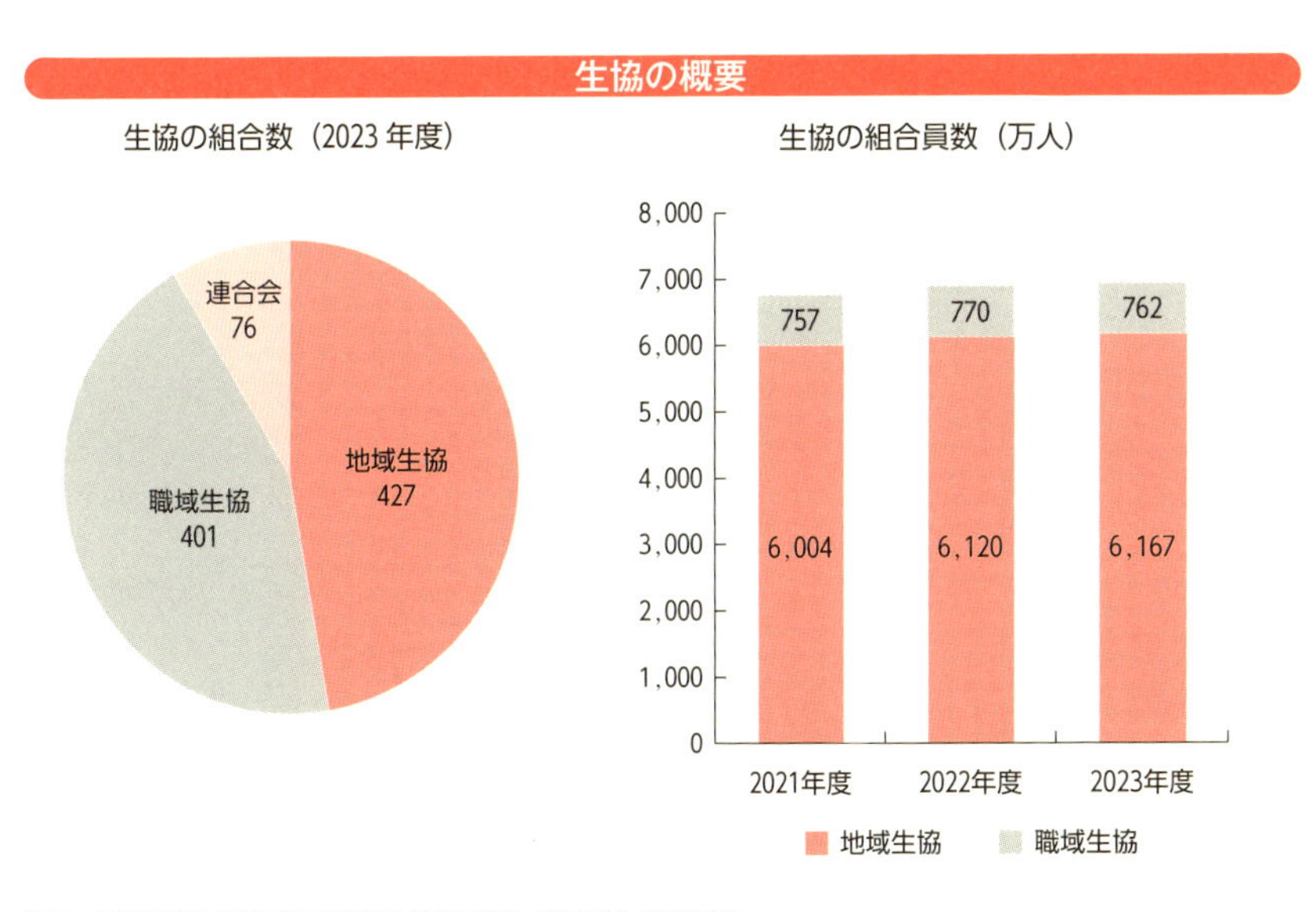

資料：厚生労働省「令和５年度消費生活協同組合（連合会）実態調査」

専門農協と総合農協

農業者の協同組合である農業協同組合（農協）には、専門農協と総合農協があります。専門農協は、酪農、畜産、果樹など作目別の生産者によって作られるもので、営農指導や農産物の販売など営農に関連した事業のみを行っており、ヨーロッパでは主流を占めています。

一方、総合農協は、営農にかかわる事業だけではなく、**信用事業**や**共済事業**、生活関連事業や福祉事業など、多くの事業を営みます。わが国でも専門農協は重要な役割を果たしていますが、当該の作目が盛んな産地など地域が限定されているのに対して、総合農協は全国各地に存在し、ほとんどの農家は総合農協の組合員となっています。以下、総合農協（ＪＡ）の特徴について見ていきます。

さまざまな事業を営む総合農協

総合農協が多くの事業を営む理由は、日本の大部分の農家が、家族を基盤とした家族農業経営であることと関係しています（77ページ図）。

家族農業経営は、生産部門と家計部門が未分離であるところに特徴があり、自らが所有する農地や機械、家族の労働力などを使って農業生産を行い、収穫・飼養した農産物を販売して現金収入を獲得します。そして、生産部門で得た収入を家計部門に回して生活に必要な商品を購入したり、将来に備えて貯蓄や共済に加入します。さらに、農業や生活のために必要な資金の借り入れや、家族の介護のためにサービスを利用することもあります。

協同組合である農協の存在目的は、営農のみならず組合員の暮らしを守り豊かにすることであり、そ

用語

信用事業
組合が、組合員が開設した口座を通じてお金を預かり、それを原資として資金を必要とする組合員や地域の人たち・団体等に貸し出す事業。

共済事業
組合員（利用者）が組合と共済契約を結ぶことで掛金を出し合い、病気、火災や自然災害、交通事故など、経済的損失を受けた組合員に保障する事業。ＪＡグループのほかに、漁業協同組合（ＪＦ、ＪＦ共水連）、全国労働者共済生活協同組合連合会（こくみん共済coop）、日本コープ共済生活協同組合連合会（コープ共済連）なども共済事業を行っている。

のためにさまざまな事業を行います。

農協は家族を単位とした農業生産や生活にかかわる部分を事業として応援し、組合員はその事業を利用することで農業所得を向上し暮らしを豊かにするわけです。

このように農協は、農業や組合員の暮らしにかかわる多くの事業を営んでいますが、地域の農協だけではできないこともあります。そこで、都道府県や全国単位で事業を展開して優位性を発揮することや、地域で暮らす組合員の声を都道府県、全国単位で集めて反映することを目的とする連合組織が存在し、地域の農協と連合組織や関連団体を合わせてＪＡグループと呼んでいます（78ページ図）。農協の事業は、以前は地域の農協、都道府県別単位の連合会、全国段階という三段階制でした。しかし近年では、図からわかるように、共済事業は完全に二段階に、**経済事業**や信用事業でも二段階になっているところがあります。

家族経営の営みと農協の事業

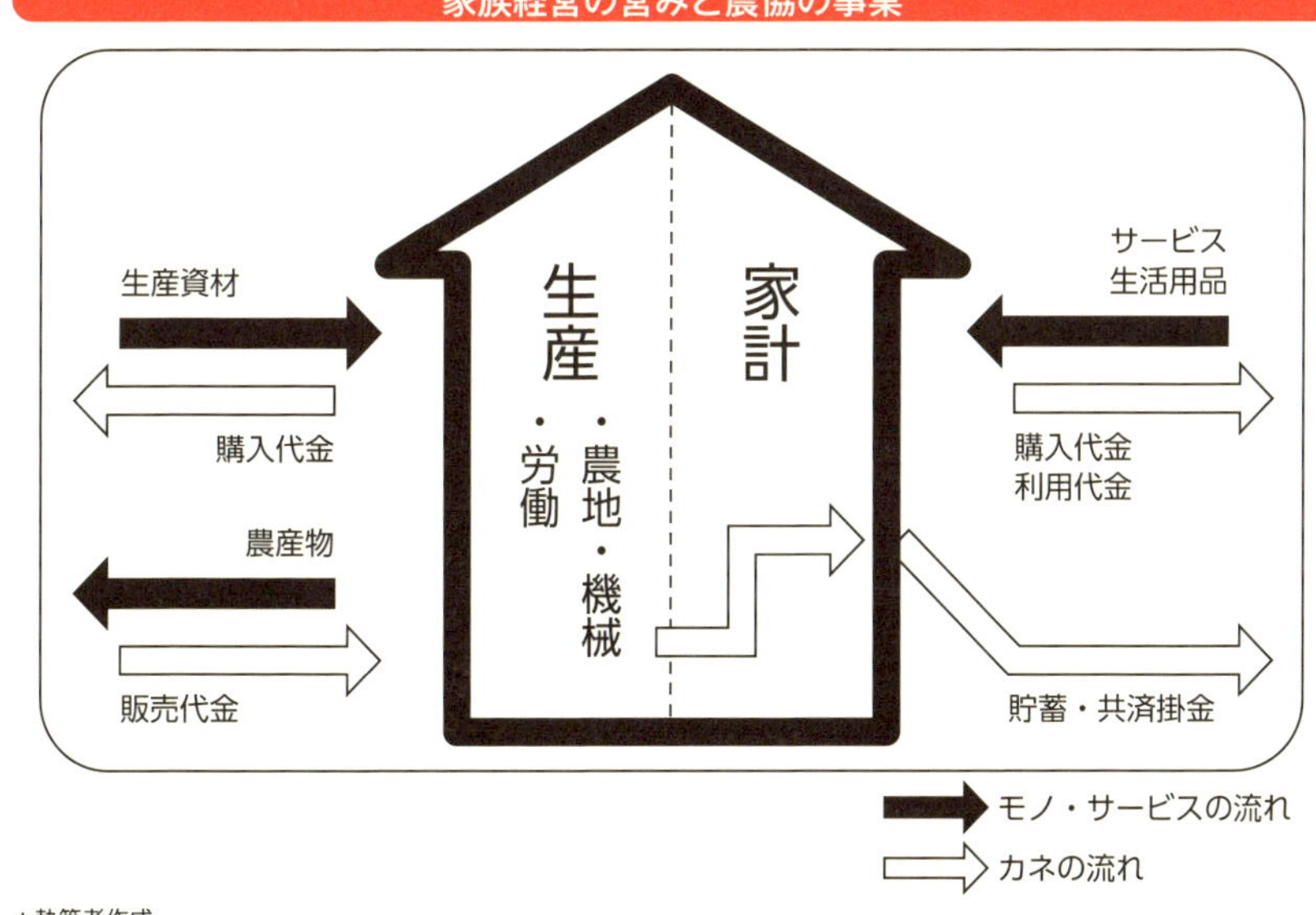

＊執筆者作成

経済事業
販売事業は、組合員（生産者）が出荷した農畜産物を、卸売市場や量販店・小売店に販売する事業。購買事業は、肥料や飼料などの生産資材、食品や日用品などの生活資材を組合員に供給する事業。農協では、販売事業と購買事業とを合わせて経済事業と呼ぶことが多い。

JA グループの組織

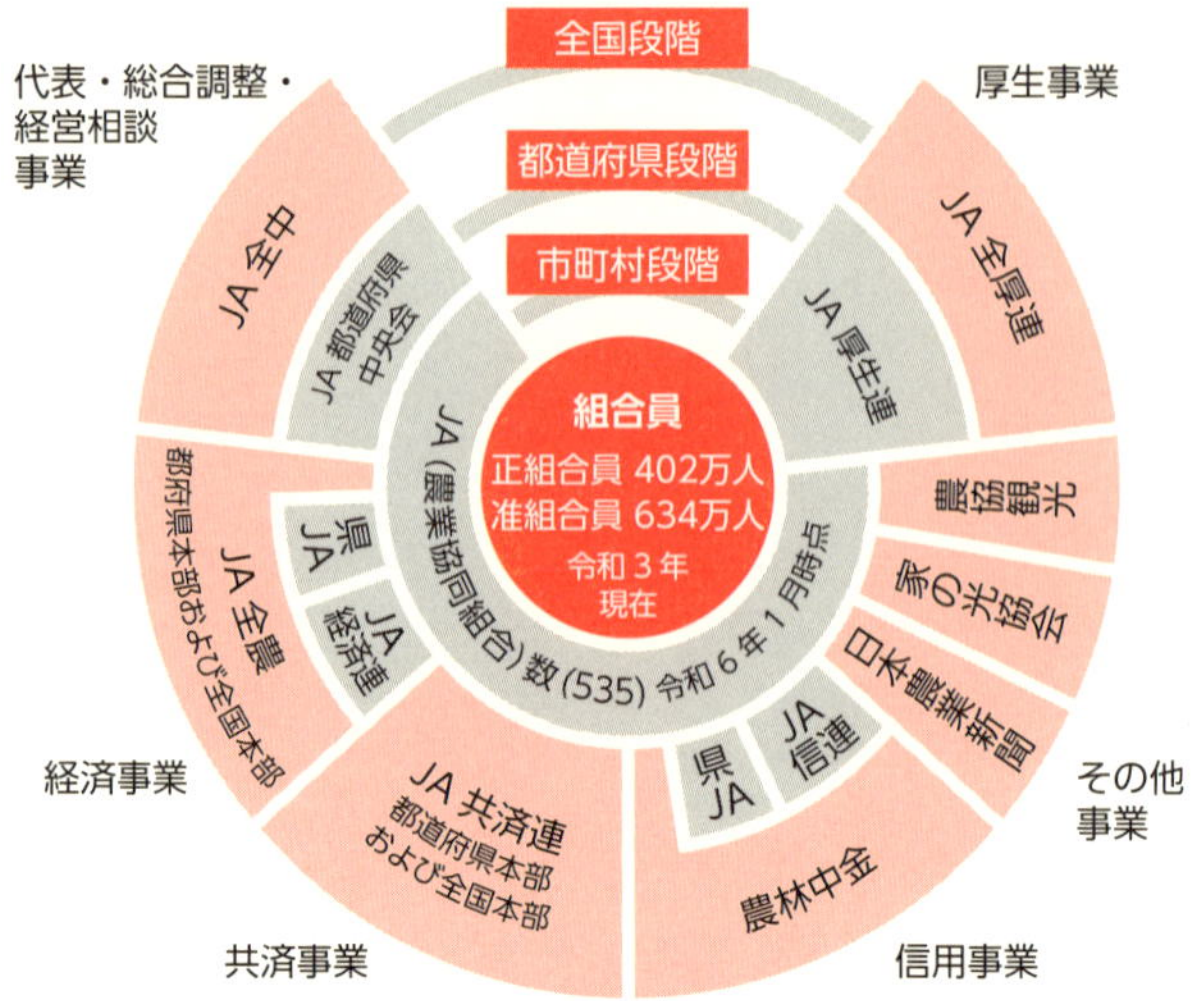

全国段階
都道府県段階
市町村段階

組合員
正組合員 402万人
准組合員 634万人
令和３年現在

JA（農業協同組合）数（535）令和６年１月時点

代表・総合調整・経営相談事業
JA 全中
JA 都道府県中央会

厚生事業
JA 全厚連
JA 厚生連

経済事業
JA 全農 都府県本部および全国本部
県JA
JA 経済連

共済事業
JA 共済連 都道府県本部および全国本部

信用事業
農林中金
JA 信連
県JA

その他事業
農協観光
家の光協会
日本農業新聞

資料：JA 全中作成

ＪＡ綱領

１９９７年、新しいＪＡ綱領がつくられました。そもそも綱領とは、「物事の大切なところ、組織や団体の目的・運動の方法などをまとめたもの」ですが、ＪＡ綱領には農協が大切にしていることや、そこにかかわる人たちの願いが集約され、組合員、役職員が共有して組織の内外に示しているものです。

ＪＡ綱領は、前文と五つの主文から成り立っており、前文には、次のように述べられています。

「わたしたちＪＡの組合員・役職員は、協同組合運動の基本的な定義・価値・原則（自主、自立、参加、民主的運営、公正、連帯等）に基づき行動します。…（中略）…このため、わたしたちは次のことを通じ、農業と地域社会に根ざした組織としての社会的役割を誠実に果たします。」

農協が農に根ざした事業や活動を展開するのは当然のこととして、農業も含めて農協の事業は、地域社会と密接な関係がある営みです。たとえば、農地が適正に管理されているかどうかは、地域の社会や経済に重要な意味を持ち、地域の農地を活用して、食・農・環境の大切さ、かけがえのなさを、広く地域に住む人たちにアピールしていくこともできます。そこで前文では、農協が農業と地域社会に根ざしながら、地域社会の中でしっかりと認知され、地域社会とともに歩む存在であると示されています。

さらに、前文に続く主文には次のように示されています。

わたしたちは、

一、地域の農業を振興し、わが国の食と緑と水を守ろう。

一、環境・文化・福祉への貢献を通じて、安心して暮らせる豊かな地域社会を築こう。

一、JAへの積極的な参加と連帯によって、協同の成果を実現しよう。

一、自主・自立と民主的運営の基本に立ち、JAを健全に経営し信頼を高めよう。

一、協同の理念を学び実践を通じて、共に生きがいを追求しよう。

最初の二つは農協がこれから優先的に取り組むべき領域を、あとの三つは「参加と連帯」、「民主的運営」、「学び」など、協同組合として尊重すべき運営の方法・手段が示されています。

特に最初の二つに注目すると、第一の主文では、「地域の農業」「食と緑」とあるように、農業を単に所得を獲得する営みとしてのみ捉えるのではなく、地域の経済や食料問題、自然や環境と結びついた存在であることを示しています。つまり、農業が食品産業などと密接に結びついて地域の経済を支えていることや、洪水の防止、水資源の涵養、生態系や環境の保全など、農業・農村が多面的な役割を有すると考えています。また第二の主文は、農協が環境、文化、福祉などの領域にも積極的に取り組むことによって、豊かな地域社会を築くことに貢献することを示しており、95年原則の第7原則（地域社会への関与）の内容をJAグループの課題として置き換えたものといえます。

3 漁業者と協同組合

「磯は地付き、沖は入会（いりあい）」

日本の漁業における資源利用の基本理念は「磯は地付き、沖は入会」です。これは地域資源の持続可能な管理を象徴する考え方です。「磯は地付き」は、沿岸の磯場を地元漁民が優先的に管理する仕組みを指し、「沖は入会」は沖合の漁場を広く共有資源（**コモンズ**）として共同活用する原則を示します。この慣行は、江戸時代以前から漁村社会で育まれ、１９４９年制定の漁業法にも反映されました。漁業法では、この理念を基に以下のような利用区分が規定されています。

共同漁業権：地元漁民や漁業協同組合（以下、漁協）が磯場で貝類や海藻を共同で利用する権利。

区画漁業権：真珠や藻類や魚の養殖業を一定の区域において営む権利。

定置漁業権：大型定置網固定漁具を用いた漁業を営む権利。

この仕組みは、地域ごとの資源管理や自主的なルール作りを支え、資源の枯渇防止と地域社会の連帯感を促進しています。

日本は漁網の網目調整や禁漁期の設定などを通じて、持続可能な地域漁業管理モデルを発展途上国へ提供し、地域の水産資源の枯渇を防止し持続的なタンパク源供給を行う仕組みを構築することで飢餓や貧困の解消に貢献しています。「磯は地付き、沖は入会」は、地域と資源の調和を追求する日本漁業の核心的な理念であり、国内外で持続可能な漁業の模範となっています。

漁業協同組合の概要

漁協は、日本の漁業者が共同で運営する協同組織

用語

コモンズ
特定の人や組織が所有せず、誰もが利用できる場所・空間。

であり、1948年に制定された「水産業協同組合法」に基づいて設立されました。その目的は、漁業者の経済的・社会的地位を向上させ、水産業全体の生産力を高めることにあります。

2022年度の統計によれば、全国の正組合員は約10・9万人、准組合員は約14・1万人で、合計約25万人に達しています。しかし、正組合員数は年々減少傾向にあり、過去30年間で約3分の1に縮小しています。

漁業協同組合系統の階層構造

漁協は全国規模で統一された組織ネットワークを持ち、次のような3段階構造で運営されています。

地域漁協：各地域で活動する基礎的な組織で、漁業者と密接に連携しながら漁場の管理、共同漁業、資源保全活動などを行います。2023年時点で全国に864の漁協が存在し、それぞれが地域漁業を支える中核的役割を担っています。

都道府県漁連（**都道府県漁業協同組合連合会**）：各地

沿海地区漁協数、合併参加漁協数の推移

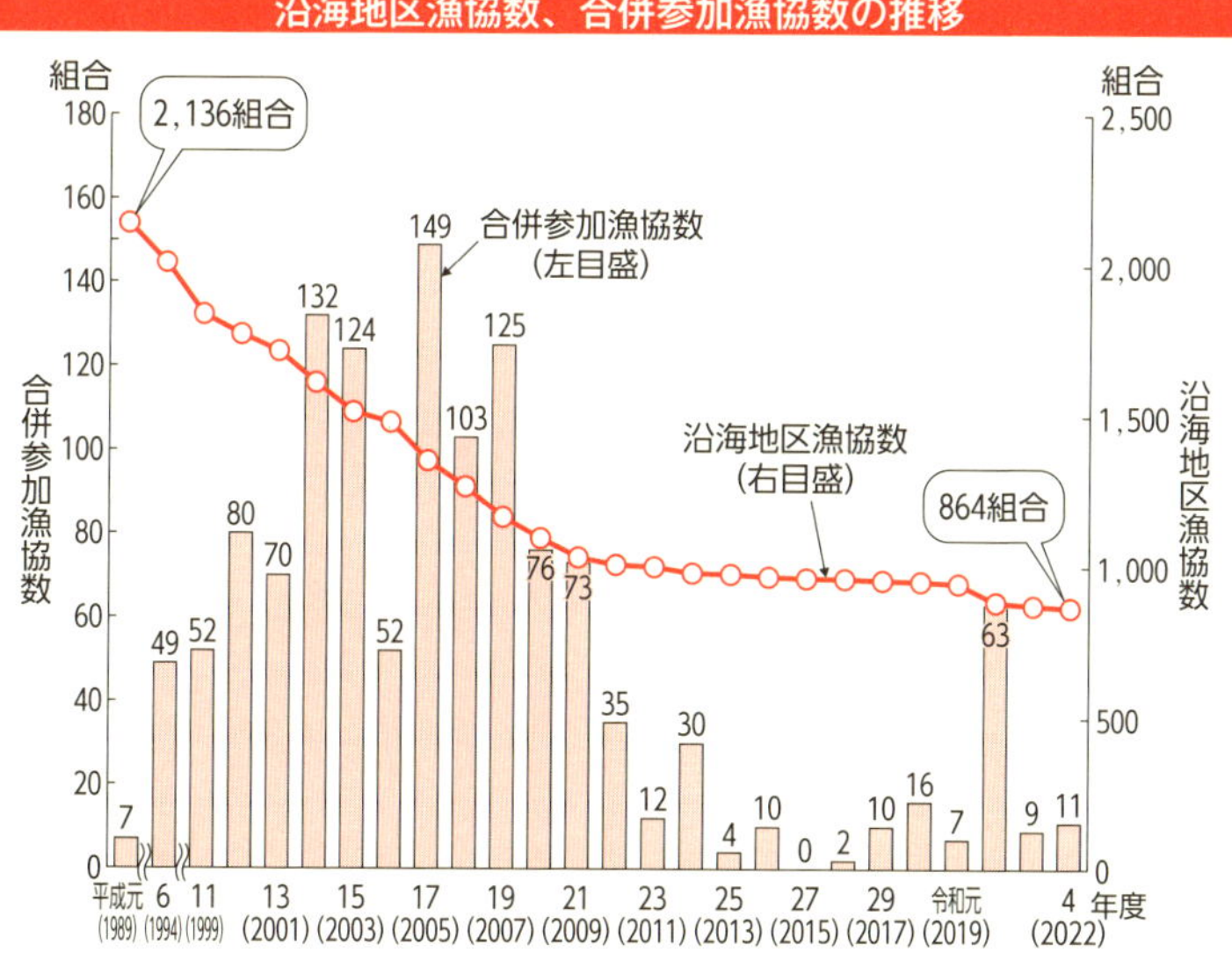

資料：水産庁「水産業協同組合年次報告」（沿海地区漁協数）及び JF 全漁連調べ（合併参加漁協数）
執筆者注：沿海地区漁協数は内水面漁協や業種別漁協も含む

域の漁協を支援する組織で、漁業技術の普及や事業運営の指導、広域的な問題への対応を行います。

全漁連（**全国漁業協同組合連合会**）：全国レベルでの統括機関であり、漁業政策の提言や情報発信、全国的な事業の調整を行います。また、「JF（Japan Fisheries Co-operative）」という統一ブランドのもと、全国の漁協が連携を深め、漁業者の利益を守る活動を展開しています。

漁業協同組合の財務構造と主要事業

漁業者の経済活動を支えるため、漁協は幅広い事業を展開しています。その財務基盤は、販売事業や購買事業からの手数料収入に加え、信用事業（融資）や共済事業（保険）による利益により成り立っています。これらの収益は、漁協の運営資金として活用されるだけでなく、組合員への利益還元にも用いられています。漁協の主要事業は次の通りです。

指導事業：漁業資源の持続可能な利用を目指し、漁場でのルール作りや資源保全活動を行います。たとえば、ヒラメやナマコの放流事業や、**漁礁**（ぎょしょう）の設置、**オニヒトデ**駆除などの活動が実施されています。また、漁具の使用や漁期の調整など、地域の漁業資源に対応した特有の慣行を反映した管理が行われています。

販売事業：漁師が獲得した魚介類を市場で流通させる役割を果たします。**セリ**や入札を通じて販売を行い、その際に得られる販売手数料が漁協の収入源となります。近年では、魚のブランド化や高鮮度流通技術を活用した付加価値の向上にも力を入れています。

購買事業：燃料や漁具、養殖用のエサなどの購入をまとめ、漁業者に低価格で供給します。特に、漁業に特化した資材の共同購入は、漁業者にとって重要なコスト削減手段となっています。

信用事業：一般の金融機関は万が一のリスクから漁業者への貸し付けに慎重になりがちです。そこで、漁協が船舶購入のための資金などを融資します。

共済事業：漁業者の生命や財産を守るための共済を

用語

漁礁
魚が集まる、岩などの海底の隆起部。人工的に設けた漁礁は人工漁礁ともいう。

オニヒトデ
全身が棘に覆われた大型のヒトデ。生体はサンゴをエサとする。大発生するとサンゴを壊滅させる。

セリ
市場における取引方法の一つ。売り主が買い手に競争する形で値を付けさせ、いちばん高い値をつけた人に売る。

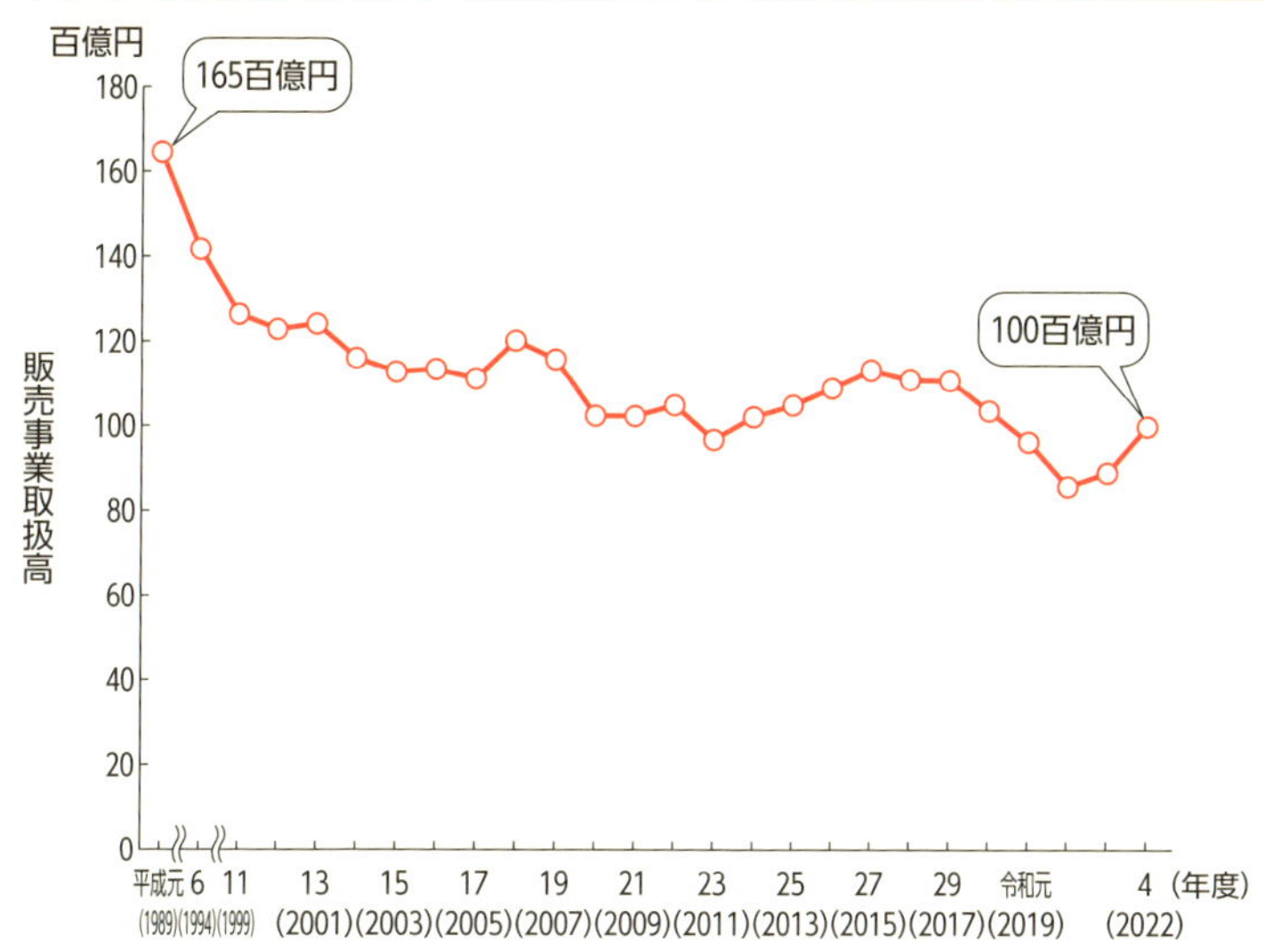

資料：農林水産省「水産業協同組合統計表」

提供しています。これには、漁業事故や養殖業での損害に備える共済も含まれます。

漁業協同組合の課題と対応

気候変動と資源減少：温暖化に伴う水温の上昇や生態系の変化が漁業に影響を与えています。たとえば、魚種の北上や漁場環境の劣化により、従来の漁業モデルが通用しないケースが増えています。漁協は、新たな魚種への適応や環境保全活動を強化することで対応を図っています。

労働力不足：高齢化や若年層の漁業離れが進む中、後継者育成や新規参入者への支援が急務となっています。また、外国人技能実習生の受け入れも課題解決の一助として進められています。

経営基盤の強化：合併による規模拡大が進行中ですが、地域特性を無視した統合は、逆に漁業者や地域住民の不満を生む可能性があります。効率化と地域性の維持を両立するバランスが求められています。

地域社会と漁業協同組合

漁協は地域の漁業活動だけでなく、水産業を中心とする地域全体の活性化に貢献しています。

環境保全活動：森林保全や植樹活動を通じて、川から海への栄養供給を促進し、豊かな漁場環境を守る取り組みを実施しています。これにより、持続可能な水産資源の確保が可能となります。

行政や研究機関との連携：地域の特性に応じたルール作りや新技術の導入に関し、行政や大学・研究機関と協力して取り組んでいます。

未来の漁業協同組合

ＡＩや**IoT**技術を活用した漁業の効率化や、消費者ニーズに即した商品開発、海外市場への進出、新たな流通網の構築などが期待されます。

持続可能な水産業への国際的貢献

海外には資源管理の重要性が十分に認識されていない地域が多く存在します。たとえば、冷蔵や冷凍輸送、保冷設備などが整っていない状況で市場に出せないほどの魚を水揚げしたり、魚網の網目が小さいために幼魚まで獲ってしまったりする事例が見られます。こういった行為は、結果として資源の枯渇や漁業の持続可能性を脅かしています。日本の漁協は、全漁連や**国際協力機構（JICA）**、水産庁の外郭団体等を通じて、これらの問題に対処するための技術支援を行っています。

ノウハウの移転：漁網の網目サイズを適切に調整する日本の技術が、未成熟魚を保護し水産資源を守る重要な手法として導入されています。また、冷凍設備や保冷技術の普及により、水産物の鮮度を保ち付加価値を高める取り組みが行われています。さらに、ウニに野菜を食べさせる養殖技術や、船上での「**神経締め**」による品質保持技術についても、日本から途上国へ広がりつつあります。

視察や現地指導：海外の漁業関係者を日本に招き、先進的な漁協運営や資源管理の現場を視察してもら

用語

IoT
→162ページ

国際協力機構（JICA）
途上国への日本の政府開発援助（ODA）を一元的に行う独立行政法人。

神経締め
魚の締め方の一つ。神経束を専用器具で破壊することで、鮮度をより長く保てる。

インドネシアの漁業者に向けて開催されたセミナー

写真：執筆者撮影

う取り組みが行われています。たとえば、日本の漁協が運営する市場や加工施設を訪問することで、効率的かつ持続可能な水産業のあり方を学んでもらいます。また、日本の専門家が現地を訪問し、直接指導するケースも多々あります。

持続可能な漁業モデルの普及：資源管理の考え方を啓蒙し、長期的な利益を視野に入れた漁業モデルの普及を推進しています。この中で、漁獲量の制限といったルールの導入に加え、地域社会で共有される新しい慣行を確立するための支援を行っています。

これらの取り組みは、単に技術支援にとどまらず、地域の漁業者やその家族が安心して暮らせる経済基盤を構築することにもつながっています。また、SDGs（持続可能な開発目標）における「貧困をなくそう」や「海の豊かさを守ろう」といった目標達成にも資するものです。

日本の漁協の国際的な貢献は、単なる技術移転にとどまらず、持続可能な漁業と地域社会の繁栄を目指した包括的な支援として高く評価されています。

4 森林所有者と協同組合

森林組合の歴史と役割

日本の森林は国土の約3分の2を占め、生活や産業を支える重要な資源です。しかし、個人が所有する森林は小規模なものが多いこと等により管理が難しく、適切に整備されないまま放置されるケースが少なくありません。こうした課題に対応し、森林資源の有効活用と保全を目的に設立されたのが森林組合です。

森林組合は1907年の森林法改正により制度化され、戦後1951年の法改正により、森林所有者の経済的安定を図り、林業の生産性を高めることを目的とする協同組合としての法的基盤を確立しました。その後1978年に森林法から分離独立して森林組合法が制定されました。この法律のもとで、森林所有者が共同で運営し、相互に協力しながら植林や間伐といった森林整備を行い、木材生産を進める仕組みが整えられました。森林組合は、地域の森林資源を守り、次世代へ引き継ぐための「共同体」としての役割を担っています。

森林組合の活動は、森林整備や木材販売などの直接的な支援だけでなく、災害防止や環境保全にも及んでいます。また、森林が持つ二酸化炭素吸収や**水源涵養**、景観形成といった「多面的機能」が最大限に発揮されるよう森林整備等を行うことで、組合員の利益を確保すると同時に、地域社会全体の生活環境の向上にも貢献しています。

こうして長年にわたり、森林組合は地域に根ざし、日本の森林を守る中核的な存在として、その役割を果たし続けてきました。

森林組合系統の階層構造と現状

用語

水源涵養
森林の土壌が、雨水を貯え、川へ流れ込む水の量を平準化することで、大雨のさいに洪水を緩和し、川の流量を安定させること。

森林組合の三つの階層

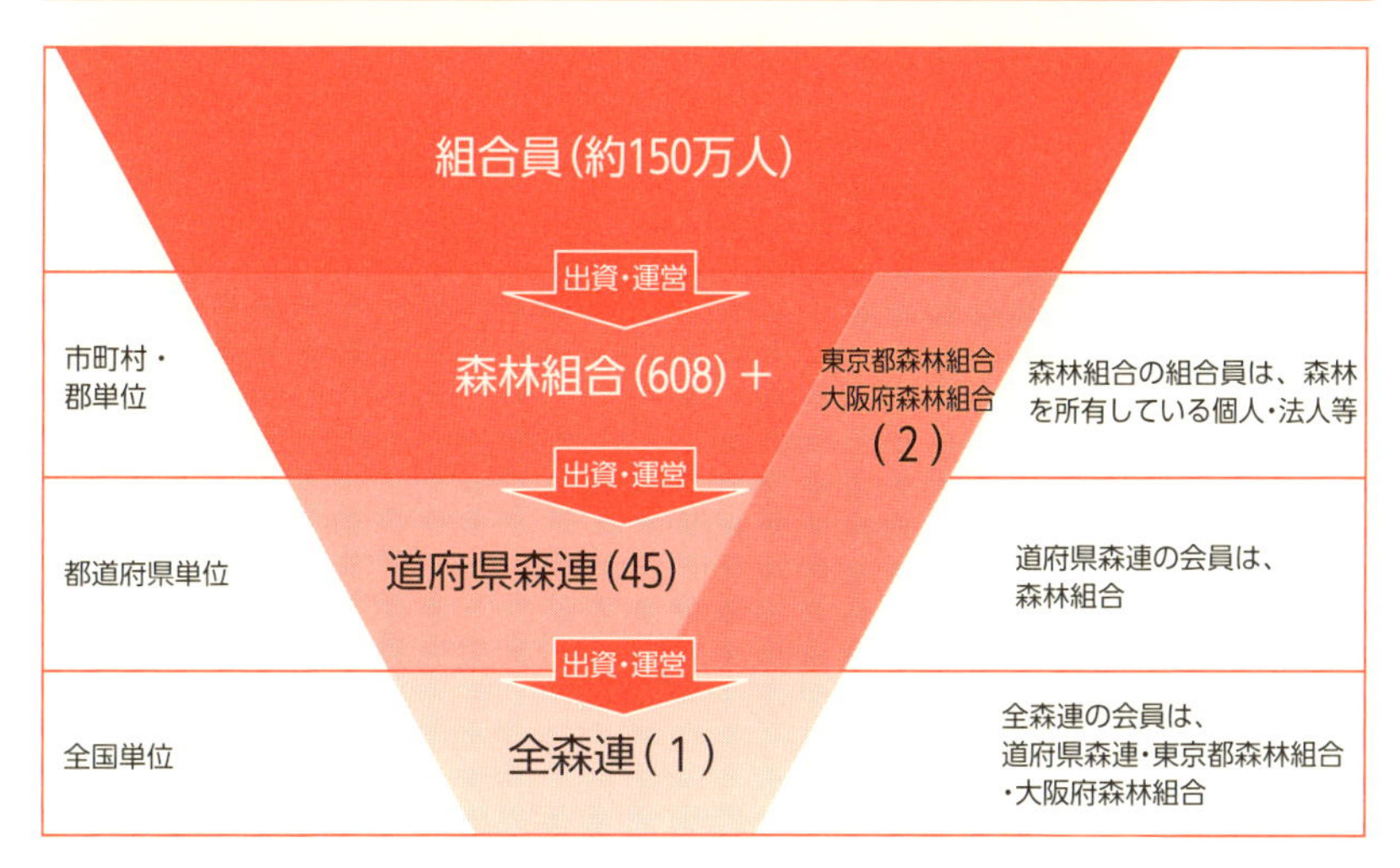

※組合員数は平成30年度調査。組合数は令和４年４月現在。
資料：全森連業務資料

森林組合は、日本全国に広がる多層的なネットワークを持つ組織です。その仕組みは、農協や漁協と同様に全国、都道府県、地域の三つの階層で構成されており、それぞれが異なる役割を担いながら連携し、日本の森林を支えています。

最も基礎的な単位である地域の森林組合は、森林所有者と直接連携し、森林整備や木材販売など、具体的な事業を進めています。

中間組織としての道府県森林組合連合会は、地域内の森林組合と連帯して製材・加工工場や**バイオマス発電**所等の需要者に木材を供給するとともに、研修による人材育成や、事業運営の支援を行っています。

また、全国森林組合連合会（全森連）は、全国の森林組合を代表し、政策提言や情報発信を通じて、森林組合全体の活動を支援する役割を担っています。

現在、日本には約６００の森林組合があり、１０００万ヘクタール以上の森林を管理しています（２０２３年時点）。これらの組合は、約１５０万人の

バイオマス発電
バイオマスは動植物などから生まれた生物資源の総称。バイオマス発電では、この生物資源を直接燃焼したりガス化するなどして発電する。

森林組合における事業取扱高の割合

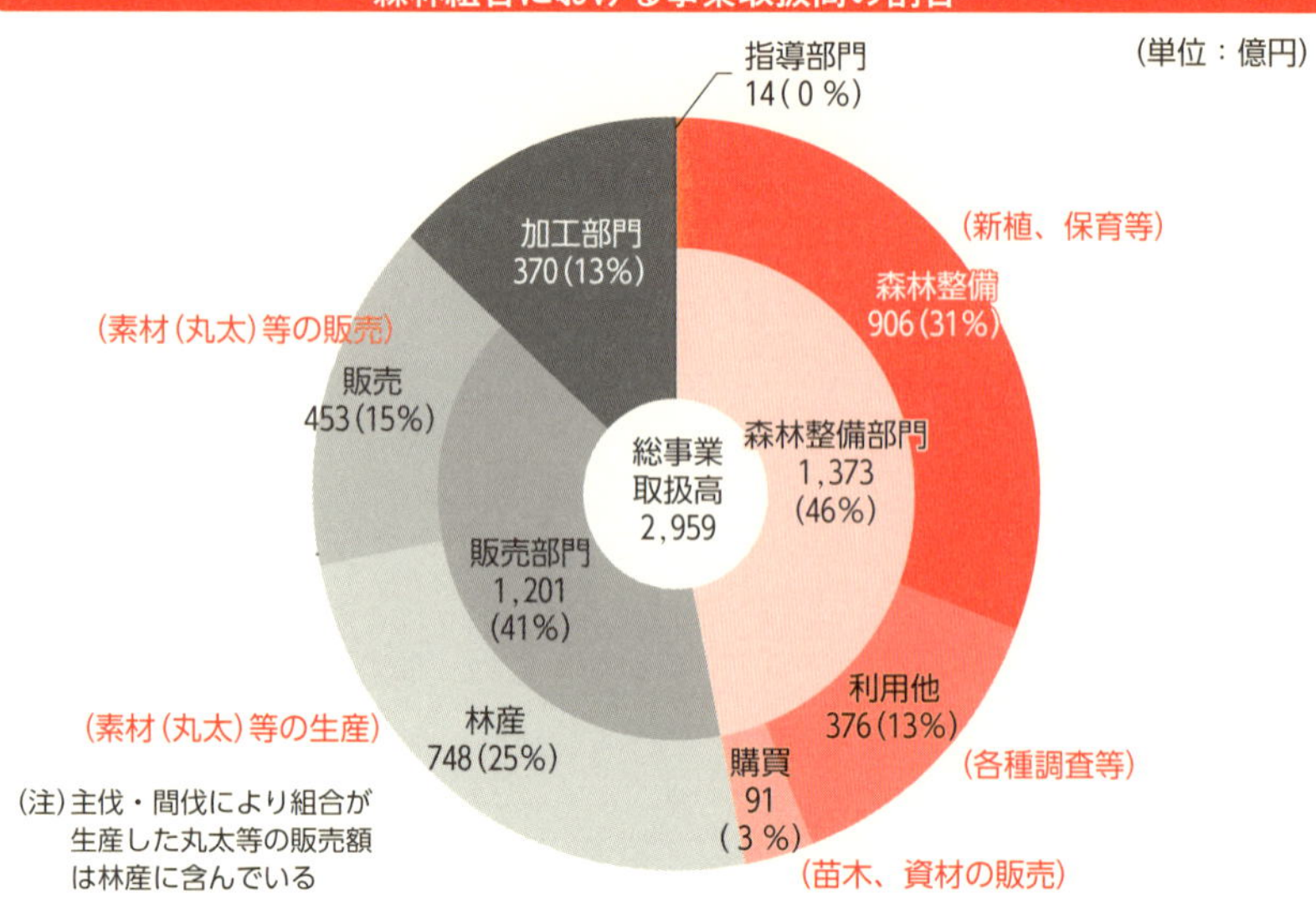

資料：林野庁「令和3年度森林組合統計」

組合員を支えながら、国土の半分以上に及ぶ広大な森林面積を効率的かつ持続可能な形で利用する取り組みを進めています。

こうした全国規模のネットワークを通じて、森林組合は日本の森林資源を守るだけでなく、地域経済の活性化や環境保全にも大きく貢献しています。

森林組合の財務基盤と収益構造

森林組合の運営を支える財務基盤は、主に組合員からの出資金と事業収益です。事業収益の主な基盤は、森林整備や木材販売などであり、具体的には森林管理に伴う手数料や木材の売り上げが含まれます。また、森林組合は地域社会における公益的な役割も担っているため、政府や自治体からの補助金を活用し、森林整備や災害復旧支援などに努めています。しかし、小規模な組合は事業収益が限られるため、財務基盤の脆弱さが課題となっています。

そのため、近年では森林組合の合併が進められています。小規模組合の統合による事業規模の拡大や運営効率の向上が期待されます。また、合併によって専門的技能や知識を有する人材や高性能林業機械等の設備などを共有できるようになり、新たな事業の開拓や収益性の向上が可能となります。ただし、合併するさいに地域ごとの事情や組合員の意見の考慮が不十分だった場合、統合後に地域特性が失われたり、組合と組合員との心理的距離が広がるリスクもあります。

森林組合の主要事業と課題

森林組合は、地域の森林を守り、持続可能な形で活用するため、さまざまな事業を展開しています。その中心となるのが森林整備事業で、組合員・**森林組合作業班**・役職員が植林や間伐、林道整備を通じて森林の健全な管理を進めています。これら活動は、災害防止や環境保全の観点から公共事業としても重要な役割を担っています。

木材流通・販売事業では、森林から生産された木材を市場に供給するとともに、加工やブランド化を通じて付加価値の向上を図っています。

また、森林所有者向けの災害保険を提供する**森林保険**の取り扱いや、苗木や資材等を共同購入して組合員に販売する購売事業も展開しており、組合員の経済的な活動を支えています。

一方で、森林組合は複数の課題に直面しています。組合員の高齢化や後継者不足、境界・所有者不明の森林の増加、手入れ不足の森林の増加等です。

これらの課題に対応するため、若年層や女性理事の登用、「**緑の雇用**」事業等による現場技能者の採用増や人材育成の推進、**GIS**、GPS、ドローン等による森林情報のデジタル化、高性能林業機械による生産性向上等の取り組みを進めています。

森林の公益的機能と森林組合の役割

先にも述べたように森林は、私たちの生活や環境において、多面的な役割を果たしています。その一つが、大気中の二酸化炭素を吸収する能力です。森林は地球温暖化を抑制する重要な存在であり、気候

森林組合作業班
森林組合が事業を行うために組織する作業員の集団。

森林保険
森林が火災にあったときなどに損失を補填する公的保険制度。1937年に「森林火災国営保険」として創設された。

緑の雇用
林業への就業を希望する人への雇用支援制度の総称。雇用する森林組合などの人材育成等に要する費用を国が支援する。

GIS
地理情報システム（Geographic Information System）の略。人工衛星や現地踏査などから得られたデータを空間・時間の面から分析・編集でき、土地、施設や道路といった地理情報の管理や都市計画などに利用される。

変動対策として期待が寄せられています。また、水源涵養機能を通じて雨水を蓄え浄化し、安定した水の供給を可能にすることで、農業・漁業、そして生活用水の確保を支えています。

さらに、森林は土壌を保全し、土砂崩れや洪水を防ぐ自然の防波堤としての役割も担っています。このため、適切な森林整備は災害リスクの軽減に大きく寄与します。また、美しい景観を作り出す森林は、地域文化や観光資源としての価値を持ち、人々に癒しと豊かさをもたらしています。

そうした森林の公益的な機能を守り活用するため、森林組合は小規模分散して管理が行き届いていない組合員の森林を集約し、適切な資源管理を実現しています。さらに、環境教育プログラム（**木育**（もくいく））を推進し、次世代に森林の価値を共有し意識を高めることにも力を注いでいます。

森林組合の未来

森林組合は、持続可能な林業と地域社会の発展を目指し、新たな挑戦を続けています。その一例が、**カーボンクレジット**を活用した森林資源の価値向上です。これにより、森林が吸収する二酸化炭素量をクレジットとして取引することで、環境保全と収益確保を同時に実現することができます。また、**森林セラピー**など森林空間を活用した体験サービス等を提供することで人々の健康や心豊かな生活を支え、山村地域に新たな雇用と所得機会を生み出す取り組みも進められています。

さらに、森林組合は地域社会との連携を強化しています。地域資源を活用し、自治体や他の協同組合、住民や企業と協働することで、新たな事業を創出し、地域全体の活性化に貢献しています。これらの取り組みを通じて、森林組合は単に森林を管理する組織にとどまらず、地域の持続可能な発展を支える中核的な存在を目指しています。

森林組合のこうした挑戦は、未来の環境保全と地域社会の発展に向けた重要な基盤を築くものとなるでしょう。

用語

木育　北海道で生まれた教育概念・教育用語。市民や児童が、木材や加工品にふれることで、木材に親しみ、木の文化への理解を深め、木材の良さや利用の意義を学ぶ活動。

カーボンクレジット　太陽光発電の導入などを行った際、温室効果ガスの排出削減量などを認証し、国や企業間での取引を可能にしたもの。

森林セラピー　森林由来の刺激でリラックスし、心身の健康増進を図ること。科学的エビデンスをもった森林浴。

森林整備を行う様子

伸縮型の長尺の定規で木の高さを測る

活躍する高性能林業機械

伐採した木を架線集材する
写真：全森連

5 中小企業と協同組合

中小企業協同組合の歴史的背景と日本への導入

中小企業協同組合（以下、中小企業組合）の理念は、ヨーロッパの職能組織にその源流を見いだせます。8～9世紀の西ヨーロッパでは、商人が相互扶助を目的としてギルドを設立し、品質管理や取引の規制を通じて経済活動の安定を図りました。12世紀以降、ギルドを模倣して手工業者がツンフトを組織し、教育や共同運営を通じて職能の保護と発展を進めました。一方、19世紀のフランスではサンディカと呼ばれる職能互助組織が誕生し、共同購買や販売、農産物の加工・流通を通じて中小規模事業者の課題解決に寄与しました。これらの組織は、現代の中小企業組合に連なる相互扶助と共同運営の精神を形成しました。

協同組織金融の起源は、19世紀プロイセン王国で**シュルツェ＝デーリチュ**が設立した「市街地信用組合（フォルクスバンク）」にさかのぼります。シュルツェは、零細手工業者や小売業者が資金調達で苦境に立たされていた現状を打開するため、1850年に協同組織金融機関を設立。「自助」を理念とし、返済能力を厳密に審査する仕組みを導入することで持続可能な運営を実現しました。後のライファイゼンによる農村信用組合とともに、ドイツの協同組合思想の基盤を築きました（43ページ）。

日本では明治維新後、ドイツの協同組織金融思想が大きな影響を与えました。**品川彌二郎**と**平田東助**が制度を研究し、1891年に「信用組合法案」が帝国議会に提出されましたが、議会解散により成立には至りませんでした。しかし、両氏の尽力により1900年に「産業組合法」が成立し、日本の協同組織金融制度の礎となりました（49ページ）。この

用語

シュルツェ＝デーリチュ
→43ページ

品川彌二郎
1843～1900。明治期の官僚・政治家。駐独公使や内務大臣を務め、農林業の育成にも努めた。後年には信用組合や産業組合の設立に貢献した。

平田東助
1849～1925。明治～大正期の政治家・産業組合運動の指導者。農商務大臣や内大臣を歴任する一方、ドイツに留学して学んだ信用組合を基に地方改良運動、産業組合運動、貧民救済事業に尽力した。

日本における大企業と中小企業の企業数割合

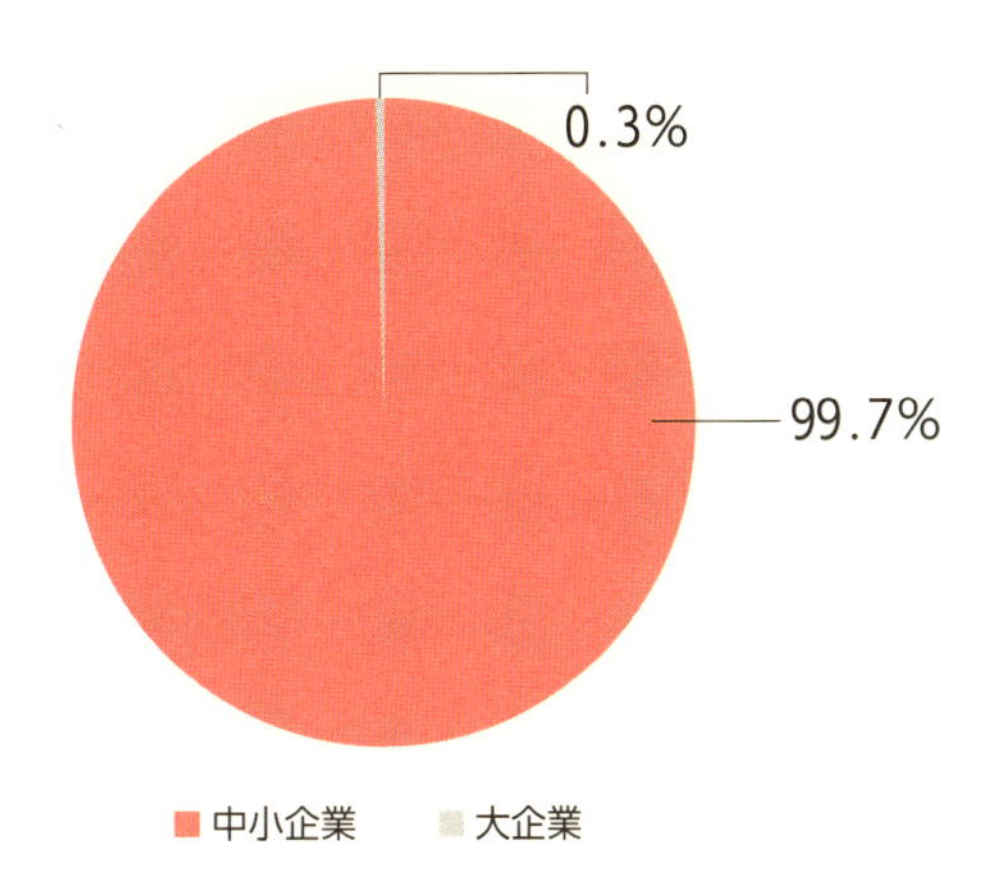

資料：経済産業省「令和3年経済センサス」

法律は小規模事業者や農民の資金調達を支援する仕組みを提供し、地域経済や中小企業を支える重要な制度として機能しました。

シュルツェ＝デーリチュが提唱した「自助」の理念は、日本の協同組織金融にも受け継がれ、信用組合や信用金庫の活動に影響を与え続けています。これらの制度は、中小企業や地域社会の経済基盤を支える重要な存在となっています。

中小企業と協同組合の基本構造

中小企業（＊）は、日本経済を支える重要な基盤であり、全企業数の約99％、全就業者の約70％を占めています。これらの企業は地域社会の活性化や雇用の創出に大きく貢献していますが、資金不足や人材確保の困難、経営基盤の脆弱さといった課題に直面しています。中小企業の数は、1986年に533万社を記録した後、少子高齢化や産業構造の変化、企業合併の進展などを背景に減少傾向をたどり、2016年には358万社にまで減少しました。この

＊中小企業とは、経営規模が小さな企業を指し、その定義は業種により異なる。中小企業基本法では原則として次のように定義している。

製造業その他
資本金の額又は出資の総額が3億円以下の会社又は常時使用する従業員の数が300人以下の会社及び個人

卸売業
資本金の額又は出資の総額が1億円以下の会社又は常時使用する従業員の数が100人以下の会社及び個人

小売業
資本金の額又は出資の総額が5千万円以下の会社又は常時使用する従業員の数が50人以下の会社及び個人

サービス業
資本金の額又は出資の総額が5千万円以下の会社又は常時使用する従業員の数が100人以下の会社及び個人

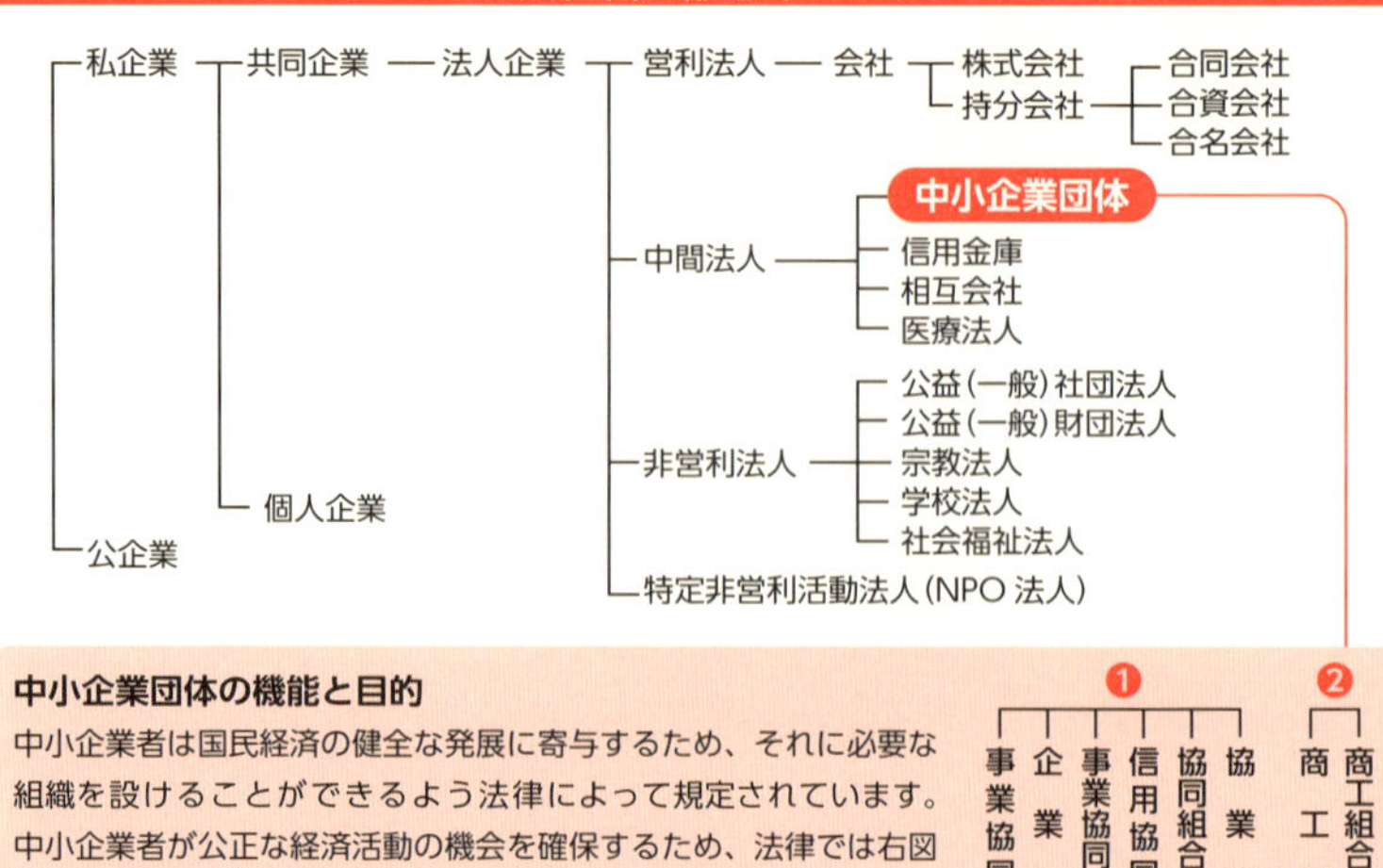

資料：中小企業団体中央会（2024-2025中小企業組合ガイドブック）

ような状況下で、中小企業の課題解決を支えるのが中小企業組合です。

中小企業組合の法制度

日本の中小企業組合は、二つの法律に基づき設立されています。１９４９年に制定された「中小企業等協同組合法」と、１９５７年に制定された「中小企業団体の組織に関する法律」です。これらの法律は、それぞれ異なる目的と運営形態を持ちながら、中小企業の成長と地域経済の発展を支える枠組みを提供しています。

「中小企業等協同組合法」は、協同組合の理念を基盤としています。この法律に基づく組織は、相互扶助の精神に基づき、中小企業が共同で経済活動を行う場を提供します。具体的には、共同購買や共同販売、新技術の研究開発、共同施設の利用などを通じて、スケールメリットを生かした効率的な事業運営を目指しています。

一方、「中小企業団体の組織に関する法律」は、

用語

戦後復興期における産業合理化を目的に設計されました。この法律に基づく**協業組合**は、簡易な**合弁**を可能にする仕組みが特徴であり、平等な議決権を必要としない柔軟な運営が可能です。そのため、協同組合的な理念とは異なる一面も持ち、特定の事業や地域の効率化を重視する設計となっています。

中小企業組合の種類と役割

中小企業組合には、以下の組織があり、それぞれが中小企業の課題解決や成長支援に寄与しています。

●事業協同組合

共同購買や共同販売、共同研究開発、共同施設利用を通じて、中小企業にスケールメリットを提供します。これにより、資材調達コストの削減や販路拡大、新技術の開発が可能となります。

●信用協同組合（信用組合）

地域密着型の金融機関として、小規模事業者や地域住民への柔軟な資金調達支援を実施します。一般金融機関では対応が難しい分野での融資を通じて、地域経済を支えています。

●商工組合

特定業種の中小企業が連携し、業界全体の品質向上や競争力強化を目指します。業界基準の策定や共通課題への対応を進め、産業の発展に貢献します。

●商店街振興組合

地域商店街の活性化を目的とし、イベントやセールの共同開催、広報活動、街並み整備といった取り組みを通じて、地域経済の振興に寄与します。

●協同組合連合会

複数の協同組合が連携し、共通の課題解決や目的達成に向けて活動する組織です。政策提言や情報共有、組合員への研修提供を通じて、業界や地域全体の発展を支えています。

中小企業団体中央会の役割

中小企業団体中央会（以下「中央会」）は、中小

協業組合
組合の一種。中小企業が互いの事業を統合して、生産性の向上を図ることを目的とする。

合弁
複数の企業が共同で出資して経営すること。

各種組合の違い

組織の種類／組織の内容	事業協同組合（事業協同小組合）	信用協同組合（信用組合）	商工組合	商店街振興組合
目的	組合員の経営の近代化・合理化・経済活動の機会の確保	資金の貸付、預金の受入れ	組合員の事業の改善発達	商店街地域の環境整備
事業	組合員の事業を支える共同事業	組合員に対する資金の貸付、預金・定期積金の受入れ、その他	指導教育、調査研究、共同経済事業（出資組合のみ）	商店街の環境整備、共同経済事業
性格	人的結合体	人的結合体	人的結合体	人的結合体
1組合員の出資限度	100分の25（合併・脱退の場合100分の35）	100分の10	100分の25（合併・脱退の場合100分の35）	100分の25
議決権	出資額に拠らず平等（1人1票）	出資額に拠らず平等（1人1票）	出資額に拠らず平等（1人1票）	出資額に拠らず平等（1人1票）
配当	利用分量配当及び1割までの出資配当	利用分量配当及び1割までの出資配当	利用分量配当及び1割までの出資配当	利用分量配当及び1割までの出資配当
設立要件	4人以上の事業者が発起人となる	300人以上が加入すること、出資金が1,000万円以上（東京都ほか金融庁長官が指定する人口50万人以上の市は2,000万円以上）であること	1都道府県以上の区域を地区として地区内で資格事業を行う者の2分の1以上が加入すること	1都道府県以内の区域を地区として小売商業又はサービス業を営む事業者の30人以上が近接してその事業を営むこと
設立要件：行政の認可	必要	必要	必要	必要
加入資格	自由加入（定款に定める地区内で事業を行う小規模事業者（概ね中小企業者））	自由加入（地区内の小規模事業者（概ね中小企業者）又は地区内居住所を有する者、勤労者）	自由加入（地区内において資格事業を営む中小企業者及び定款に定めたときは3分の1未満の中小企業者以外の者）	自由加入（地区内で小売商業又はサービス業を営む者及び定款で定めたときはこれ以外の者）
責任	有限責任	有限責任	有限責任	有限責任
任意脱退	自由	自由	自由	自由
員外利用限度	原則として組合員の利用分量の100分の20まで（特例あり）	資金の貸付・預金の受入れは、貸出総額・預金の総額の100分の20まで	共同経済事業のみ適用され、原則として組合員の利用分量の100分の20まで（特例あり）	組合員の利用分量の100分の20まで
根拠法	中小企業等協同組合法（制定：昭和24年）	中小企業等協同組合法（制定：昭和24年）	中小企業団体の組織に関する法律（制定：昭和32年）	商店街振興組合法（制定：昭和37年）

資料：中小企業団体中央会「2024-2025中小企業組合ガイドブック」

企業の連携組織を支援する専門機関として、日本全国で活動しています。中央会は「中小企業等協同組合法」および「中小企業団体の組織に関する法律」に基づいて設立されており、全国に47の都道府県中央会と一つの全国中央会が存在します。これらの中央会には、約2万6798の組合が加盟し、約222万人の組合員を擁しています（2023年時点）。

中央会は、事業協同組合や信用組合、商工組合、商店街振興組合といった多様な会員組織を支援するとともに、全国的な連携を通じて中小企業の競争力向上に取り組んでいます。その主な活動には、政策提言、研修や情報提供、会員組織への経営支援が含まれます。また、行政からの補助金を活用した事業を展開し、地域経済の振興にも貢献しています。

協同組織金融と中小企業の支援

信用金庫や信用組合などの協同組織金融機関は、地域密着型金融を通じて地域経済の活性化に貢献し、中小企業を支える重要な役割を果たしています。信用金庫は「信用金庫法」、信用組合は「中小企業等協同組合法」に基づいて設立され、それぞれ地域内で資金を循環させる仕組みを提供しています。

これらの金融機関は、日常的な事業運営に必要な資金提供だけでなく、事業承継や地域振興プロジェクトの資金支援を行っています。また、経営課題の解決に向けたコンサルティングや市場動向に関する情報提供を通じて、中小企業の競争力を高める取り組みを進めています。このように、信用金庫や信用組合は単なる金融サービスの提供者を超えて、地域経済の中核的存在として機能しています。

戦後の存続危機と再確認された意義

戦後、日本の協同組織金融機関は、3度にわたる存続の危機に直面しました。1960年代後半、高度経済成長期において、政府は信用金庫を株式会社化し、大銀行との統合を推進する構想を掲げました。しかし、「**裾野金融論**」に基づく全国信用金庫協会の反対運動により、信用金庫の存続が守られました。

裾野金融論
「信用金庫の神様」とも呼ばれた小原鐵五郎（1899～1989）が提唱した言葉。日本経済を山と見なしたさい、中小企業が支える裾野があってこそ成り立つとする考え方。

1980年代末には、**金融自由化**の進展に伴い、協同組織金融機関の意義が再検討されましたが、中小企業専門金融機関としての独自性が再評価され、存続が確保されました。

2000年代後半には、税制優遇撤廃が議論されるなどの圧力がありましたが、協同組織金融機関の地域経済や中小企業への支援機能が再認識され、重要性が改めて確認されました。

リレバンの導入と協同組織金融の課題

1990年代の**バブル経済崩壊**は、多くの金融機関に莫大な**不良債権**をもたらし、日本の金融システム全体に深刻な影響を及ぼしました。この状況を受け、金融庁は地域金融機関に対して「リレーションシップ・バンキング（リレバン）」の導入を推進しました。リレバンは、中小企業との長期的な信頼関係を基盤とし、担保や保証に過度に依存しない柔軟な融資方針を重視するものです。

特に2015年以降、「事業性評価」の概念が導入され、中小企業の技術力や将来性を総合的に評価する融資が進められました。これにより、金融機関は中小企業の潜在的な価値を引き出し、地域経済の活性化に寄与する役割を果たしています。ただ、この取り組みは、まだ十分に浸透しているとはいい難く、多くの協同組織金融機関では担保や保証に依存する従来の融資体質が依然として残っているのが現状です。

さらに、**低金利政策**や競争激化が金融機関の経営基盤を弱体化させる中、リレバンの実施は一部の先進的な機関に限定されており、全体的な普及には至っていません。このような課題を克服するためには、協同組織金融機関自体の経営改革や、独自性を活かした新たな価値創出が求められます。

協同組織金融機関は、中小企業の経営を支え、地域経済を活性化する不可欠な存在です。今後はリレバンの本格的な展開を通じて、地域社会や中小企業への支援の質をいっそう高め、その役割をより強固なものとすることが期待されています。

用語

金融自由化 金融機関に対する規制を緩和・撤廃して、業務の自由度を上げること。

バブル経済崩壊 株式や不動産が投機によって高騰し、その後、急落すること。日本では1990年初頭にバブルが崩壊し、長期にわたる不況に突入した（失われた30年）。

不良債権 →116ページ

低金利政策 景気を刺激するために、金利を引き下げること。個人や企業にとっては金融機関から借り入れるさいの金利が下がるため、消費や設備投資が伸びやすくなる。逆に金融機関は収益が圧迫される。

6 働く人々と協同組合

働く人々による協同組合とは

日本では、最近になって協同組合に関する新しい法律が成立しました。それが「労働者協同組合法」です。労働者協同組合法は2020年12月に議員立法として全会一致で成立し、これに基づいて、2022年10月から「労働者協同組合」という協同組合法人制度が始まりました。制度開始から2年余りで新たに108以上の法人が設立されるなど、労働者協同組合は徐々に広がりを見せています。

労働者協同組合とは、その名前の通り、労働者が組合員として組織する協同組合です。労働者協同組合法では、労働者協同組合は、①組合員が出資すること、②その事業を行うに当たり組合員の意見が適切に反映されること、③組合員が組合の行う事業に従事すること、の三つを基本原理として、持続可能で活力ある地域社会に資する事業を行うことを目的とするよう定めています。

現在、各地域においてさまざまな分野で多様なニーズが生まれています。こうしたニーズに応えるべく、法人格を持った**NPO法人**や、法人格を持たない**任意団体**など、さまざまな組織が事業・活動に取り組んでいます。しかし、既存の法人格や任意団体は、法制度上の制約などから、必ずしも使い勝手がよくない部分がありました。そこで多様な働き方のもとで、地域のニーズに応えるための枠組みとして、労働者自身が出資し、労働者の意見を反映して事業を行い、労働者がその事業に従事する労働者協同組合という枠組みが、新たに設けられることになったのです。労働者協同組合は、地域社会における課題解決のための選択肢を広げ、既存の法人や任意団体と共存しながら、こうした活動を推進してい

用語

NPO法人
特定非営利活動促進法によって、法人格を付与された特定非営利活動を行う団体。

任意団体
人びとが集まってつくる普通の団体であり、団体としての人格「法人格」を持たない。

くためのものだということができるでしょう。

労働者協同組合の歴史

労働者協同組合の歴史は、19世紀の協同組合運動にまでさかのぼることができます。当時、多くの協同組合は生産事業に乗り出しましたが、そのほとんどが短命に終わります。その理由は資本不足・販路不足・経営能力不足であり、協同組合による生産事業（生産協同組合）は必ず失敗すると結論付けられるほどでした。

ところが、1956年、スペイン・バスク地方の小さな工場から始まった**モンドラゴン協同組合**が、労働者協同組合を基本原理とした各種協同組合の連合体として成長を遂げていきます。また、1970年代に入ると、世界経済の低成長が顕著になり、各国で失業問題が深刻化していきます。こうした失業問題に対して、労働者が自ら解決に向き合う運動として、世界各地で労働者協同組合が増加していきました。1980年に開催されたICA大会の基調報告、通称『レイドロー報告』でも、協同組合が取り組むべき四つの優先分野の一つとして生産的労働のための協同組合があげられ、労働者協同組合の活性化を求められました（65ページ）。

もちろん日本でも、法制化以前から、労働者協同組合はさまざまな分野で活動していました。日本における主な事例としては、ワーカーズコープとワーカーズ・コレクティブがあげられます。前者は、戦後の失業対策事業就労者を中心とした労働組合の全日本自由労働組合から派生し、中高年の失業者が自ら就労機会創出に取り組んだ運動が出発点です。後者は、地域生協である生活クラブ生協の組合員が中心になって発足した運動です。

さまざまな分野に広がる労働者協同組合

労働者協同組合は、協同組合としての特徴を持つとともに、地域の多様なニーズに応じた事業を実施できる点が大きな特徴だとされています。たとえば、介護・福祉関連や子育て関連、地域づくり関連など、

用語
モンドラゴン協同組合
スペイン北部のバスク地方に本部を置く、工業生産を中心とする労働者協同組合の集合体。

その地域が必要とするニーズに応じた事業を展開できます。ただし、労働者派遣事業は禁じられており、また許認可等が必要な事業についてはその規制を受けることになります。

法制化以降、多彩な労働者協同組合が立ち上がり、実際にいろいろな分野で活動していますが、多いのは福祉や教育の分野です（146ページ）。地域づくりという点では、森林・田畑・水などの自然資源や、空き家・遊休施設の活用を地域活性化につなげる取り組みも広がっています。また、地域組織や協同組合の組合員活動の事業化や、労働者や退職者が自らのスキルを発揮する形での事業化も見られます。

このように多彩な分野に広がりつつある日本の労働者協同組合ですが、一部を除けば事業規模は小さく、就労条件のいっそうの改善も必要ですし、労働者の運営参加もこれからです。しかし、そうした課題があったうえでなお、地域課題の解決のための仕組みとして、労働者協同組合にかかる期待は大きいでしょう。

労働者協同組合と既存の法人制度の比較

	目的事業	設立手続	議決権	主な資金調達方法	配当
労働者協同組合	持続可能で活力ある地域社会の実現に資する事業（労働者派遣事業以外の事業であれば可）	準則主義	1人1票	組合員による出資	従事分量配当
企業組合	組合員の働く場の確保、経営の合理化	認可主義	1人1票	組合員による出資	・従事分量配当 ・年2割までの出資配当
株式会社	定款に掲げる事業による営利の追求	準則主義	出資比率による	株主による出資	出資配当
合同会社（LLC）	定款に掲げる事業による営利の追求	準則主義	1人1票	社員による出資	定款の定めに応じた利益の配当
NPO法人	特定非営利活動（20分野）	認証主義	原則1人1票	会費、寄付	できない
一般社団法人	目的や事業に制約はない（公益・共益・収益事業も可）	準則主義	原則1人1票	会費、寄付	できない
農事組合法人	(1)農業に係る共同利用施設の設置又は農作業の共同化に関する事業 (2)農業の経営 (3) (1)及び(2)に附帯する事業	準則主義	1人1票	組合員による出資	・利用分量配当（(1)の事業を行う場合に限る） ・従事分量配当・年7分までの出資配当

資料：厚生労働省「労働者協同組合の概要資料」

7 障害者と協同組合

日本の障害者の状況

内閣府の『障害者白書』では、2023年の障害のある概数を、身体障害436万人、知的障害109万4千人、精神障害614万8千人と推計しています。複数の障害がある場合などもありますが、日本に暮らす人々のおよそ9・2％が何らかの障害を有していることになります。

2016年には「障害を理由とする差別の解消の推進に関する法律」、いわゆる「障害者差別解消法」が施行されました。障害のある状態は、生きていくうちに誰もが体験する可能性があり、誰もがそうしたリスクを抱えています。しかし、現在の社会では、障害による機能制限が、即座に生きづらさにつながってしまう状況が多々あります。障害のある人が一定数いるにもかかわらず、また、誰もが障害のある状態となるリスクを抱えているにもかかわらず、社会における無配慮が障壁（バリア）になって、生きづらさを、そして障害を生んでいるというのが「**障害の社会モデル**」という考え方です。障害者差別解消法は、それを踏まえた法律です。同法は2021年に改正されて、2024年6月からは行政機関等だけでなく、事業者による障害のある人への**合理的配慮**の提供が義務化されました。

利用者としての障害者と協同組合

自分たちの生活や仕事を守り、豊かにする仕組みである協同組合に集う人々には、障害のある人々も含まれます。そのため、以前から協同組合ではさまざまな取り組みが進められています。たとえば、地域生協では、宅配事業において視覚障害のある人に向けた注文サポートを展開しています。これは、注

用語

障害の社会モデル
障害は個人の心身機能の問題だけでなく社会環境があいまって作り出されるものであり、障害による障壁を取り除くことは社会の責務・社会全体の問題であるとする考え方。

合理的配慮
障害のある人が「社会的なバリア」を取り除いて欲しいという意思を示した時、過重な負担ではない範囲で、バリアを取り除くために必要かつ合理的な対応をすること。

文の際に利用する商品カタログを読み上げた音声を録音した媒体を、「声の商品案内」として視覚障害のある組合員へ配付する仕組みです。最近では、画像や動画を用いず、文字のみの注文サイトを設けて、パソコンの音声読み上げソフトを使用して、容易に操作できる仕組みも始まっています。

組合員活動と障害者

また、協同組合の大きな特徴である組合員の自主的活動においても、障害のある人を支え、さらに巻き込んだ活動が行われています。前述の「声の商品案内」の読み上げを行う組合員活動や、アレルギーを持つ子どもたちでも気軽に利用できるカフェを立ち上げるといった活動、福祉活動を実践するサークル活動など、組合員の暮らしのニーズに向き合った活動に取り組んでいます。

働き手としての障害者と協同組合

障害のある人たちにとっての課題の一つが働く機会の確保です。障害者の就労については、障害者雇用促進法において、「従業員が一定数以上の規模の事業主は、従業員に占める身体障害者・知的障害者・精神障害者の割合を**法定雇用率**以上にする義務がある」と定められており、協同組合でも取り組みが進んでいます。たとえば、生協では障害福祉サービス事業を行うための**就労継続支援A型事業所**や、障害者雇用を目的に設立する特例子会社の開設、障害者等が農業分野を通じて社会参画を実現していく取り組みである農福連携を目指した農業法人との連携が進んでいます。

さらに、障害のある人たちが協同して自分たちの働く場をつくろうという運動も以前から続いています。1970年代初頭、「障害者と健常者が共働で働き」、「障害者の労働権の確立を目指す」事業所が全国各地で設立されます。それらの事業所が集まって、1984年に結成されたのが「差別とたたかう共同体全国連合」（共同連）です。共同連は、事業体として社会的・経済的自立を目指した「共働事業所」を、そして現在では「社会的事業所」づくりを方針に活動を続けています。

法定雇用率
障害者雇用促進法によって定められた全従業員に占める障害者の割合。2024年現在、民間企業2．5％、特殊法人等2．8％、国・地方自治体2．8％となっている。

就労継続支援A型事業所
一般企業に雇用されることが難しい障害のある人などが、雇用契約を結び、適切な支援を受けながら就労する機会を得る障害福祉サービスの一つ。

8 高齢者と協同組合

高齢者生協とその事業内容

2023年10月時点での日本の65歳以上人口は3623万人、総人口に占める割合（高齢化率）は29・1%となっています。日本の高齢化率は、世界で最も高い水準だといわれ、高齢化率が21%を超えた社会を指す「超高齢社会」にも、世界で最初に突入したとされています。4人に1人が65歳以上の高齢者になった日本では、高齢者の生活を支え豊かにしていくための取り組みが欠かせません。そうした取り組みを支える仕組みの一つが、高齢者生協（高齢協）です。

高齢者生協は、消費生活協同組合法に基づいて設立された生協で、主に各地域に暮らす高齢者によって組織されています。なお、高齢者生協といいますが、実際には年齢に制限はありません。

高齢者生協の連合会である日本高齢者生活協同組合連合会には17の高齢者生協が加盟しており、組合員数は約5万人を数えます。これらの高齢者生協は、「生きがい・福祉・仕事おこし」を活動の柱として、多岐にわたる事業や活動に取り組んでいます。たとえば、福祉の方面では、**地域包括支援センター**事業や通所介護（デイサービス・小規模多機能ホーム等）、訪問介護（ケアプランセンター・訪問介護ステーション等）といった介護事業があります。介護保険では対応できない暮らしの困りごとをサポートする生活支援や相談事業、一人での移動が困難な高齢者や障害者を対象にした福祉送迎などもあります。

また、剪定・除草・清掃作業や介護保険外サービスを高齢者が担う形での就労機会の創出、さらに絵画や詩吟、短歌などのサークル活動や旅行企画などの組合員活動を通じた高齢者の生きがい作りにも熱心に取り組んでいます。

用語

地域包括支援センター
市町村が設置主体として、介護・医療・保健・福祉などの側面から高齢者を支える施設。保健師・社会福祉士・主任介護支援専門員等、専門知識を持った職員が、高齢者が住み慣れた地域で生活できるよう各種相談に応じている。

高齢者生協の展開

高齢者生協の誕生のきっかけは、日本労働者協同組合（ワーカーズコープ）連合会の呼びかけでした。「寝たきりにならない・しない」「元気な高齢者が、もっと元気に」をスローガンに掲げ、高齢者が自分たちで豊かな暮らしを実現することを目指して、1995年に三重県で最初の高齢者協同組合が設立されたのを皮切りに、全国各地に設立運動が広がりました。

当初の高齢者生協は、生協法人格は取得せずに、任意団体として立ち上げられていました。しかし、2000年の介護保険制度施行を契機に、多くの高齢者協同組合は消費生活協同組合の法人格を取得して、介護保険事業へ参入します。現在では、介護保険事業は高齢者生協の中心的な事業になっています。近年では、高齢者の生活全般を支えるために、サービス付き高齢者向け住宅事業や成年後見事業など、高齢者生協の活動領域も広がりを見せています。

日本の高齢化率の推移と将来推計

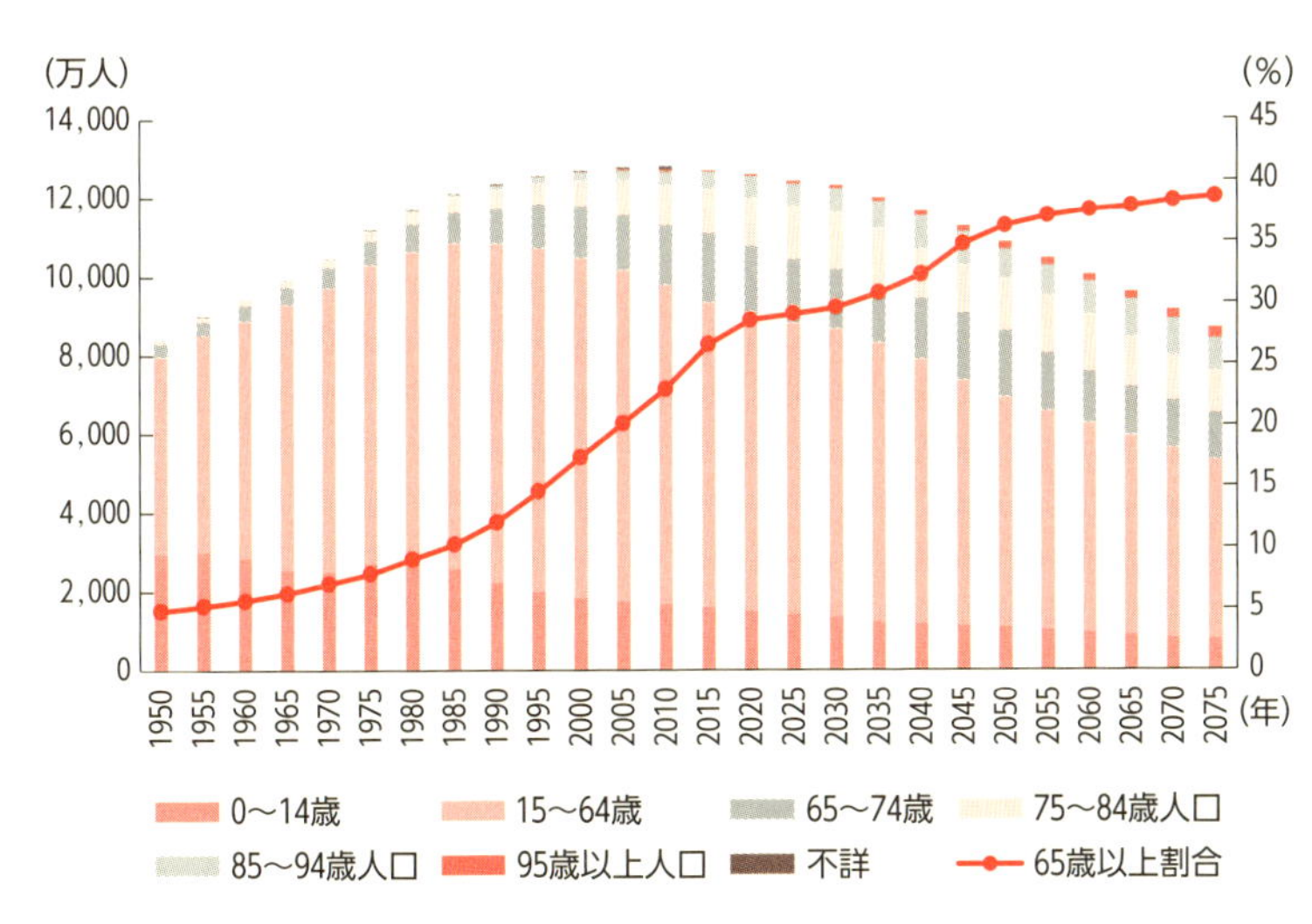

資料：内閣府「令和６年版高齢社会白書」　※2025年以降は推計

9 患者・医療従事者と協同組合

現代の日本における医療と協同組合

厚生労働省によれば、2023年に医療機関に支払われた医療費の概算は総額47・3兆円となり、2021年度、2022年度に引き続いて、3年連続で過去最高を更新しました。団塊の世代が75歳以上の後期高齢者になったことで、医療費支出の全体が押し上げられたこと、また若年層でもインフルエンザなどの新型コロナ以外の感染症が流行した影響が出たと考えられています。老若男女を問わず、私たちが生活していくうえで、医療や福祉は避けて通れない問題ですが、この分野でも協同組合は大きな力を発揮しています。病院や診療所での医療活動、地域における健康増進を目指した保健活動、介護保険事業などの福祉サービス活動を行っている協同組合としては、医療生協と厚生連が広く知られています。

医療に携わる協同組合 (1)厚生連

厚生連は厚生農業協同組合連合会の略称で、各都道府県・郡単位において、農協（JA）の厚生事業を担う協同組合（連合会）です。厚生事業とは、組合員や地域住民の健康を守るために、病院や診療所などを運営し、医療・保健・福祉サービスを提供する事業を指しています。

農協の厚生事業の歴史は、今から100年以上前の1919年、窮乏する農村における**無医地区**の解消と低廉な医療供給を目的として、島根県鹿足（かのあし）郡青原村の信用購買販売生産組合が医療事業を兼営したのが始まりです。無医村も多かったこの時代、「病院がなければ自分たちで病院をつくる」という運動は全国に広がり、戦後は農協法のもとで厚生連がその事業を引き継ぎました。1951年には、都道

用語

無医地区
一定数の住民が居住しているが、地域内に医療機関が存在せず、容易に医療機関を利用することができない地区。

国民医療費の推移

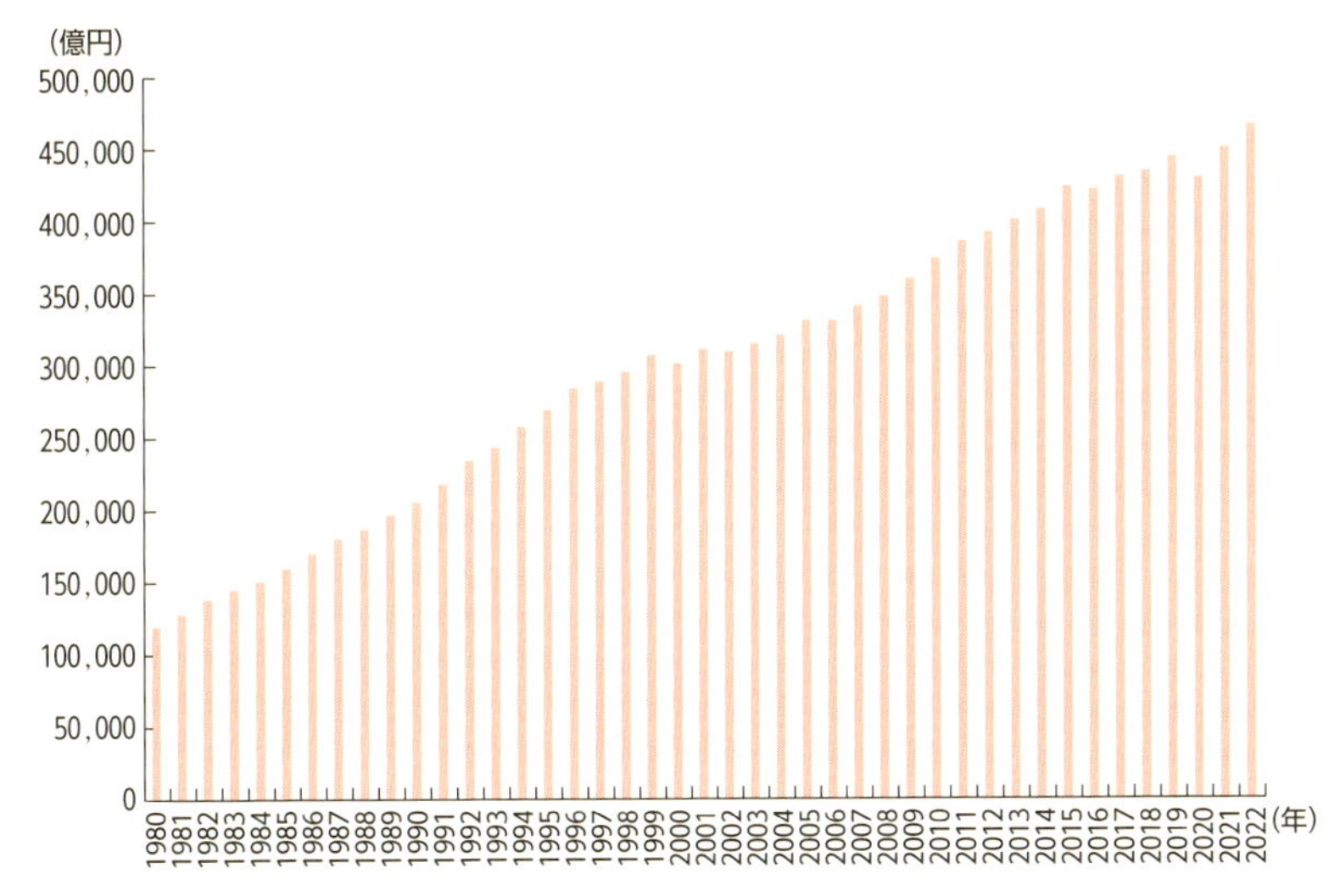

資料：厚生労働省「国民医療費」

県・郡の厚生連が、医療法第31条が定める公的医療機関の開設者として指定を受けて、運動の源流である、比較的人口の少ない農山村地域において保健・医療・高齢者福祉事業を積極的に展開してきました。

2023年時点で厚生連の病院は全国に103ありますが、47病院（45・6%）が人口5万人以下の市町村にあります。さらに、そのうちの20病院については、同一市町村内に他の病院がないという立地にあり、まさに厚生連の病院は、地域医療を支える最後の砦となっています。

医療に携わる協同組合 ⑵医療生協

医療生協とは生協の中で、主として医療・福祉事業を行う組織を指し、正式には医療生活協同組合といいます。医療生協の歴史も戦前までさかのぼれます。当時は産業組合法に基づいて、医療事業を行う医療利用組合（医療組合）が全国各地に設立されていました。戦後は生協法のもとで、地域住民が出資して、医療生協の創立と診療所の開設が始まります。

こうした運動の背景には、衛生状態の改善や、貧しさを理由に差別されない医療を求める地域住民の要望がありました。現在では全国に104の医療生協があり、75の病院を開設しています。

日本の医療生協の特徴として、医療提供者である医療従事者と患者である地域住民が、ともに組合員として出資をしている点があげられます。また、医療生協では組合員が数人で集まって作る班会など、日本の生協に独自の仕組みを活用しながら、組合員自身による健康増進活動、さらには地域全体を健康にするために、まちづくりにまで活動の幅を広げている点も特徴だとされています。実際、医療生協の班会に参加することが、参加者の健康度を上げているという調査結果もあります。班会ではさまざまな疾病についての勉強会や、認知症予防のためのゲーム、運動などの健康増進活動が行われています。さらに、医療従事者から情報提供や助言もなされます。医療の提供者である医療従事者と、医療の利用者である患者との間には溝ができてしまいがちですが、医療生協では組合員として患者と医療従事者が協同しながら健康増進に取り組んでいるのです。

協同組合が行う医療事業の意味と特徴

日本では農協法や生協法により、協同組合の事業を利用できるのは原則として組合員に限られます（員外利用規制）。しかし、公共性の高い医療・福祉事業を行う医療生協や厚生連では、組合員以外へのサービス提供である員外利用が、ほぼ無制限に許容されています。ただし、医療法では利益の分配を禁止しているため、医療生協では地域生協とは異なり、**剰余金の割り戻し**は禁止という、また別の制約が課されています。

日本では今後も高齢化が進行し、それに伴い医療費もさらに増加していくと考えられています。そうした中、「予防は治療にまさる」の考えのもと、組合員が主体となって進められる保健活動と医療・福祉事業を総合的に展開する厚生連や医療生協の役割は、決して小さいものではないでしょう。

用語

剰余金の割り戻し
事業によって生じた剰余（利益）を、利用分量もしくは出資金額に応じて、組合員に還元すること。

10 学生と協同組合

日本の大学と大学生協

1960年代を境にして、日本では大学が増え続けてきました。1970年に約400校だった大学は、現在約800校へと倍増し、短期大学と合わせると1110校になっています。大学の増加は大学進学率の上昇をもたらし、同時に18歳人口の減少が進んだことで、2009年頃には大学入学希望者総数が入学定員総数を下回る、いわゆる大学全入時代に突入したといわれています。今後、少子化が進むことで、大学進学者数の減少、および大学間での学生獲得競争の激化が見込まれています。競争の波は、学生食堂などの大学の福利厚生分野にも及び、学び場としてのキャンパスの魅力を総合的に高めることが、現在の大学には求められています。

日本において、大学の福利厚生を支えてきた協同組合が、学生や教職員によって組織される大学生協です。現在、全国大学生活協同組合連合会（以下、全国大学生協連）に加盟する大学生協は200を超え、各大学生協の組合員数の合計は150万人に達します。日本の大学・短期大学生の総数は約300万人ですので、大学生の半分以上が、大学生協の組合員ということになります。全国大学生協連に加盟していない大学生協も含めると、日本の大学・短期大学の約5分の1には大学生協があり、現代の大学生にとっては、大学生協はキャンパスにあって当たり前の存在になっていると言えるでしょう。

大学生協の歴史

現在の大学生協の前身は、戦前、大学構内に設立された消費組合です。日本では、1898年に同志社大学で設立された消費組合が最初です。その後、複数の大学で消費組合の設立が進みますが、特に大きかったのが東京学生消費組合（東京学消）でした。東京学消は学内にとどまらず、労働者や地域市民それぞれの組合と相互に連携して、日本における消費組合運動を推し進めていきます。しかし、これらの消費組合は、日本が戦争へと向かって突き進む過程で、政府や大学側によって解散へと追い込まれてしまいました。

１９４５年、日本が敗戦すると、食料や教科書といった生活必需品や教育用品の不足を解決するために、大学生協の設立が模索されます。１９４６年には東京大学・早稲田大学・慶應義塾大学・同志社大学で大学生協が設立され、翌１９４７年には全国大学生協連の前身である全国学校協同組合連合会が発足します。１９４９年にはノートの共同仕入れ事業が始まり、大学生協間の連帯事業もスタートしました。１９５０年代に入っても、全国各地で大学生協の設立運動が進み、１９６０年には全国大学生協連の加盟生協は63にまで拡大しました。

しかし、１９６０年代半ばから、**大学紛争**が激しさを増し、大学構内で活動する大学生協においても、理念や運営方法をめぐる議論が巻き起こります。その後、１９７７年に全国大学生協連の総会で「学園に広く深く根ざした生協づくり」が決議されると、以降は大学との協力関係を重視して活動を展開していくことになります。現在も大学生協の設立は続いており、２０００年代以降も、複数の大学生協が創設されています。

学びの場における大学生協

大学生協は学内の福利厚生にかかわるさまざまな事業を行っています。具体的には、戦後の食料難の時期に「学ぶことは食らうこと」を掛け声に取り組まれた食堂事業、ノート等の文房具や研究用品、生活用品を扱う購買事業、教科書や専門書を中心とした書籍事業、そして学生同士の助け合いの仕組みである共済事業などがあげられます。こうした学生や教職員が必要とするさまざまな事業を、総合的に営

用語

大学紛争
１９６０年代に全国各地の大学内で発生した学生運動。学費値上げや教育内容など、大学内の問題が焦点となり、学生と大学当局が激しく対立する事態となった。

大学・短期大学数の推移

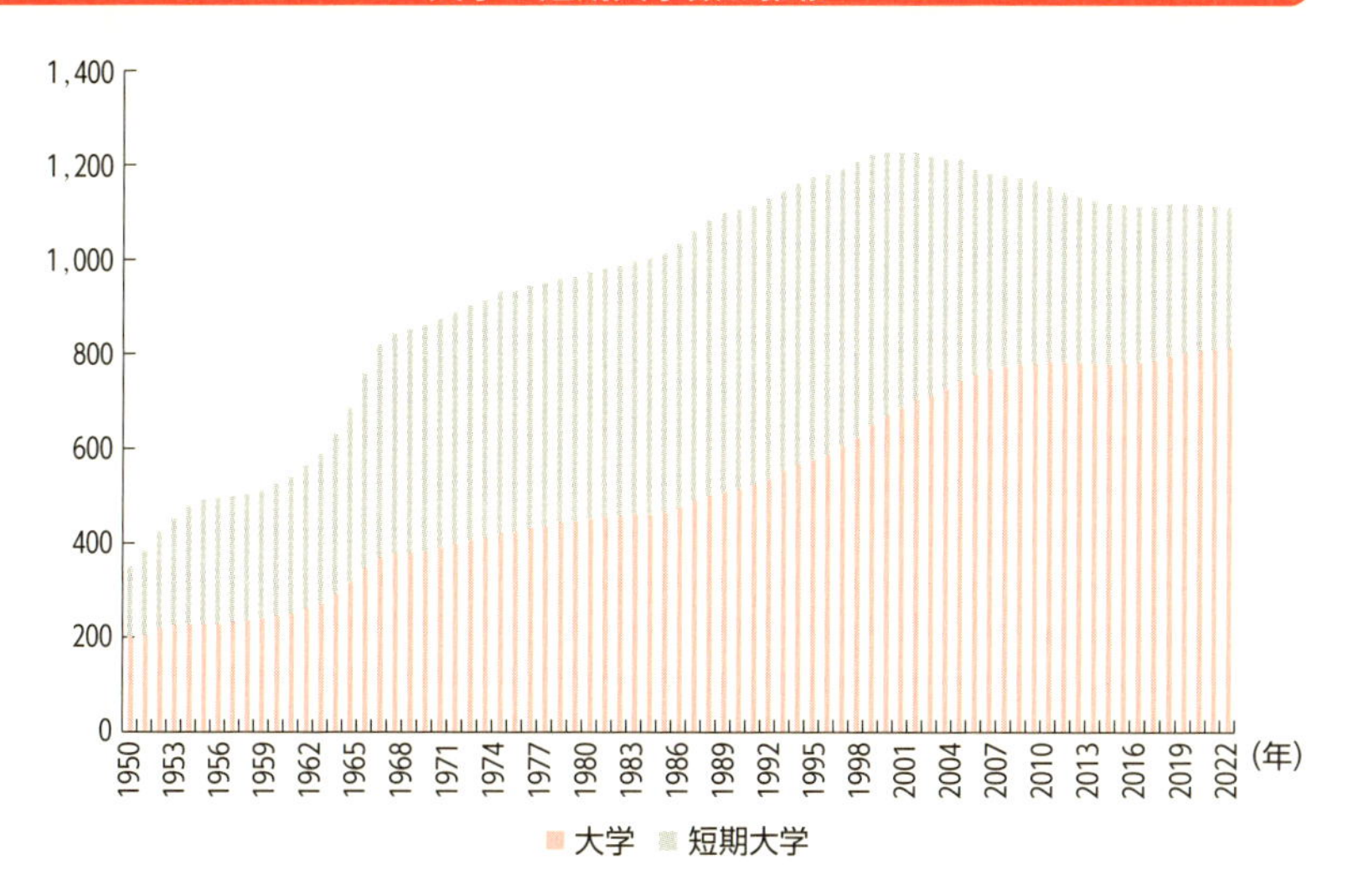

資料：文部科学省「学校基本調査」

大学・短期大学在籍者数の推移

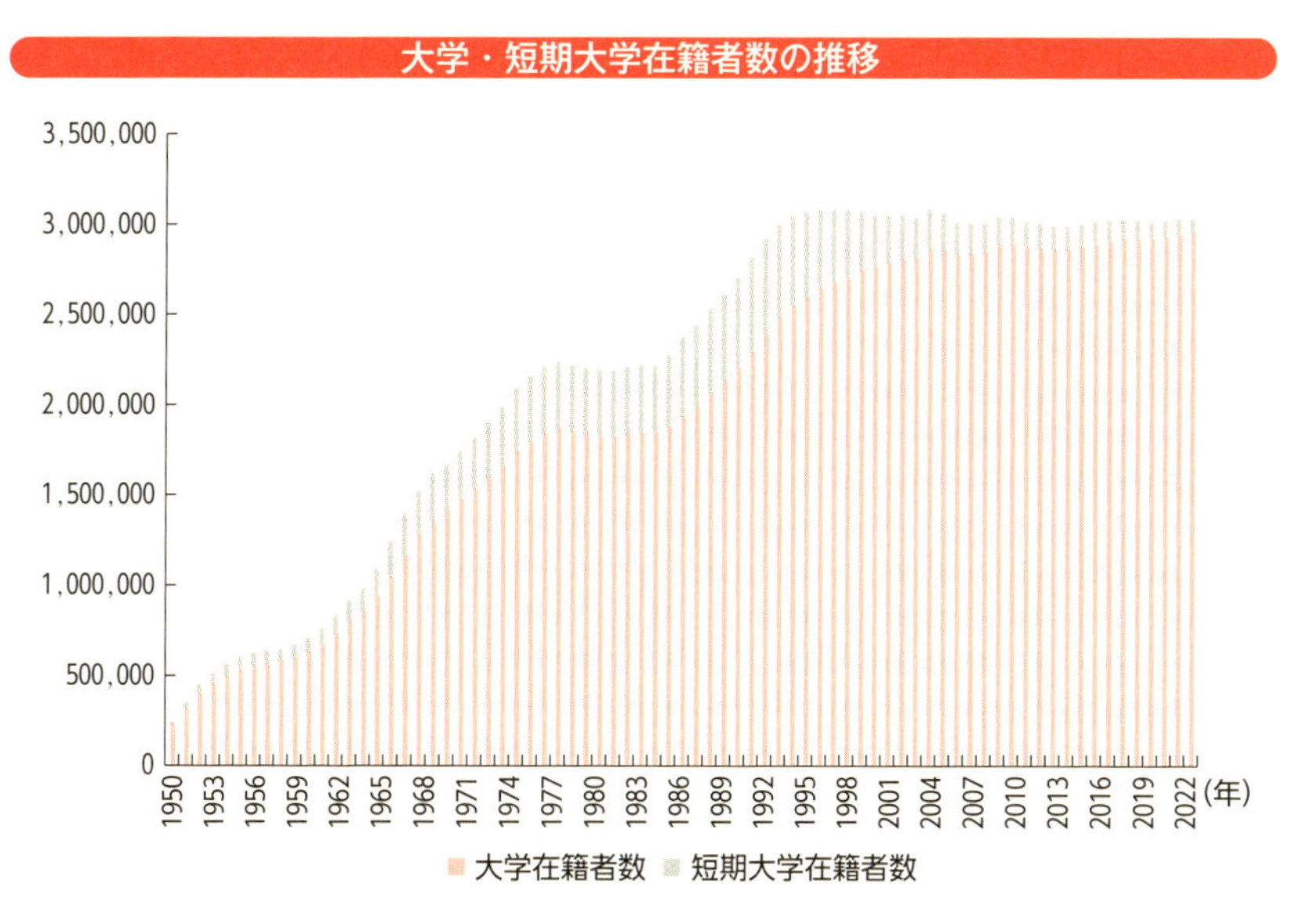

資料：文部科学省「学校基本調査」

んでいる点が、日本の大学生協の大きな特徴です。

大学生協は生協法上、学生と教職員で組織される職域生協に分類されますが、組合員の9割以上は学生です。学生が大部分を占める構造は、大学生協の活動に一種の制約を生んでいます。まず、勤労者中心の職域生協に比べると、学生主体の大学生協では組合員の購買力は総じて低くなります。また、地域生協と異なり、組合員を広く拡大することができません。しかも、学生は卒業と同時に大学生協を離れてしまうため、その他の生協と違い、時間をかけて生協への愛着を築きながら、活動に長期間かかわってもらうことは困難です。こうした制約を乗り越えることが、大学生協の運営には求められています。

独特の難しさがある一方で、大学生協の組合員は18歳から20代前半までの若者たちがほとんどであり、彼らと関係を築ける点は特長といえるでしょう。たとえば、大学生協では学生委員会が作られており、全国で1万人以上の学生が活動しています。新入生の歓迎企画や店舗での販促企画、共済の学習、**平和活動**等、その活動は学生らしく実に多岐にわたります。こうした取り組みは、現在の大学では減ってきた大学らしい・学生らしい活動であり、正課とは異なる学びの機会を提供することで、キャンパスの中でユニークな立ち位置を獲得しています。

組合員組織であるがゆえに、協同組合では組合員が固定化・高齢化しがちですが、大学生協では、卒業・入学によって組合員が入れ替わり、常に新しい世代に触れることができるというのも特長です。加えて、常に新しい組合員を迎えるため、「なぜ協同組合が必要なのか」ということを考え続ける必要があります。こうした協同組合としてのアイデンティティを問いかける存在としても、大学生協は貴重な存在といえるでしょう。

さらに、前述の通り、大学生協の組合員は150万人を超えています。彼らが協同組合に触れる機会を創出し、将来のさまざまな協同組合への入り口となることも、協同組合としての大学生協に期待される一つの役割かもしれません。

用語

平和活動
戦地に学生を送った過去を反省し、平和な社会を自らつくろうという、大学生協の柱となる運動の一つ。現在、国際署名活動やNPT再検討会議への代表派遣、広島・長崎・沖縄を訪問して平和を学ぶPeace Now!等が代表的な取り組みである。

第4章

社会問題に立ち向かう協同組合

1 新自由主義と協同組合

新自由主義とその課題

新自由主義について、辞書では「古典的な**自由放任主義**や、**ケインズ**的な政府による計画的な介入に基礎を置くのではなく、市場の競争原理を利用し、価格の自由な動きに根本的な信頼を置こうとする考え方」などと説明されています。第2次大戦後のアメリカや西ドイツで台頭し、1970年代にこの考えを支持する経済学者が増えました。**IMF**や世界銀行、**OECD**等の国際機関、1980年代のアメリカのレーガン政権やイギリスのサッチャー政権が大きな影響を受けたとされています。

日本でもレーガン大統領やサッチャー首相と同時期の中曽根政権で新自由主義的な政策がいくつか打ち出された後、1996年の橋本政権で本格的に取り入れられました。それ以降、改革の名のもとに、市場や株主を重視し、競争を促進するための規制緩和や民営化が推進されました。

しかし2023年に岸田政権は、新自由主義的な資本主義によって行き過ぎた部分を是正するとして、「新しい資本主義の実現」を打ち出しました。行き過ぎた部分とは具体的に何なのかについて、少し長いですが政府広報オンラインの特集サイトから引用します。

「市場に依存し過ぎたことで、公平な分配が行われず生じた、格差や貧困の拡大。市場や競争の効率性を重視し過ぎたことによる、中長期的投資の不足、そして持続可能性の喪失。行き過ぎた集中によって生じた、都市と地方の格差。自然に負荷をかけ過ぎたことによって深刻化した、気候変動問題。分厚い中間層の衰退がもたらした、健全な民主主義の危機」とあります。

用語

自由放任主義
政府は企業や個人の経済活動に干渉せず、市場の自由な競争に任せる考え方。

ケインズ
イギリスの経済学者で、自由放任主義の欠陥を指摘した。

IMF
国際通貨基金。金融の安定と国際通貨協力を促す経済政策を支援する国際機関。

OECD
経済協力開発機構。日本などの先進国が加盟している国際機関で、国際マクロ経済動向、貿易、開発援助等の分野を扱う。

新しい資本主義のイメージ図

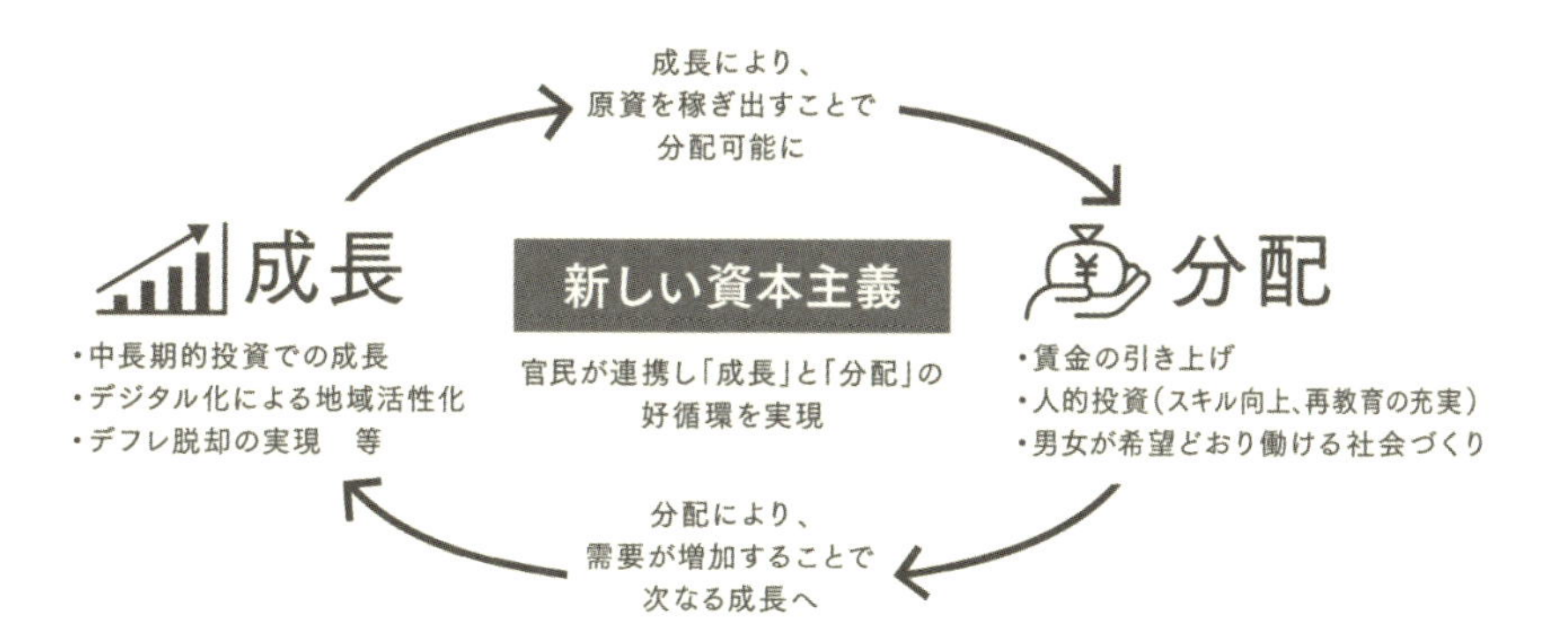

出典：政府広報オンライン（https://www.gov-online.go.jp/tokusyu/newcapitalism/）

社会的連帯経済への注目

こうした問題に直面しているのは日本だけではありません。そして世界中で同様の問題をもたらしている新自由主義に対抗するものとして、注目を集めるようになったのが「社会的連帯経済」です。

ＩＬＯによれば、社会的連帯経済とは「集団的かつ／または一般的な利益に資するために経済的、社会的、環境的な活動に携わる企業、団体、その他の主体を包含」します。具体的には、「各国の状況に応じて、協同組合、アソシエーション、共済組織、財団、社会的企業、自助グループに加え、社会的連帯経済の価値と原則に従って活動するその他の主体など」が含まれます。これらの組織は、「自発的な協同と相互扶助、民主的かつ／または参加型のガバナンス、自治と自立、そして資産に加えて剰余金かつ／また利益の分配と使用において資本に対し人間と社会的目的を優先させる原則に基づいて」います。

先に新自由主義の行き過ぎた部分の例として、市場に依存し過ぎて公平な分配が行われず格差が拡大したことがあげられていましたが、社会的連帯経済では利益の分配や使用において人間と社会的目的を優先させるという特徴を持っているのです。

このような特徴を持つ社会的連帯経済を促進しようという動きは、持続可能な開発目標（ＳＤＧｓ）が打ち出された後に国際社会で加速してきています。**欧州委員会**やＩＬＯ、ＯＥＣＤが社会的連帯経済を促進する勧告や行動計画を打ち出し、２０２５年が２度目の国際協同組合年となりました。

世界金融危機での経験

ここで具体的な例として、新自由主義的な経済政策の結果発生した世界金融危機と、社会的連帯経済の代表的な組織である協同組合の金融事業について見てみましょう。

２００７年に顕在化したアメリカのサブプライム住宅ローン問題は、翌年には大手投資銀行リーマン・ブラザーズの破綻を引き起こし、それを機に株価下落、金融不安、不況が世界中に広がりました。サブプライムローンは信用力の低い借り手向けで、本来は融資が難しい相手に対し、住宅価格の上昇を背景に銀行は住宅を担保として、競うように融資をしていました。同時に同ローンを組み込んだ**住宅ローン担保証券**等の金融商品を、世界中の金融機関が購入していました。そのためアメリカの地価が下落に転じると証券の価格が暴落し、世界中の金融機関の経営に影響が及びました。**不良債権**を増やさないように企業への貸出を渋る銀行もあり、資金繰りに窮した企業の倒産が相次ぎました。経営が困難になった銀行の国有化が各国で行われ、その後金融機関への規制は強化されました。

こうした時期に、国際的に評価を高めたのが協同組合銀行でした。協同組合銀行は一定の地域において、地元の個人や事業体を中心に取引を行っています。信用力の低い相手に無理な融資をしたり、信用力がある相手に資金を貸し渋ったりすれば地元での評判に傷がつきます。

用語

欧州委員会
→171ページ

住宅ローン担保証券
住宅ローンの元本や利子の返済資金を裏付けとして発行される債券型の証券化商品で、一般的には比較的信用力が高いとされる。

不良債権
貸出金などの債権のうち回収が困難になったもの。

高額な報酬を得た経営者が短期的な利益を追求することもある商業銀行や投資銀行とは異なり、協同組合銀行では、一般的に地元の組合員が選出にかかわった経営者が長期的な観点で経営を行っています。そもそも組合員の出資への配当には上限が定められているため、大きな利益を上げることが第一の目標にはなりません。

以上のようなことから、協同組合銀行は金融危機においても、商業銀行や投資銀行に比べると損失額が少なく、経営が安定していました。そして、地域に密着して業務を行っていることが利用者の信頼につながり、預金や貸出金の残高が大幅に増加したり、組合員が増加したケースもありました。こうした状況を報告するレポートが国際機関から相次いで刊行されました。

過度の競争による弊害に協同の力で対抗したともいえる経験は、協同組合を含む社会的連帯経済への評価や期待にもつながっていると考えられます。

ILOのレポート「危機の時期における協同組合ビジネスモデルの強さ」

このレポートでは、金融危機とそれに続く経済危機において、世界中の協同組合企業は危機に対して回復力を示していることを実証的に示している。たとえば、金融協同組合は財政的に健全な状態を保っており、消費者協同組合の売上高は増加し、労働者協同組合も成長したことなどである。また、現在の危機に対処し、将来の危機を回避する手段として、ILOが協同組合の促進活動を強化する方法も示唆している

資料：ILO「Resilience of the Cooperative Business Model in Times of Crisis」(2009年6月)

2 ライフプランと協同組合

ライフプランとは

金融庁の資料によれば、ライフプランとは、「人生の希望や計画を具体的に時系列で描くこと」です。どのような仕事をしたいか、結婚や子どもはどうするか、どこに住むか、何歳まで働きたいか、どのような暮らしをしたいかなどがポイントになります。こうした項目について希望する内容を入力すると、おおよその収入や支出条件をもとに、将来の収支や暮らし向きなどについてシミュレーションができるウェブサイトやアプリのサービスも多く提供されています。

一般的に、教育、住宅、老後費用が人生の三大費用といわれており、ライフプランを立てることで、いつどのぐらいの資金が必要になるかを見通し、計画的に準備することができるようになります。また、経済情勢の変化や、各家庭における家族構成などの前提条件の変化に伴って家計の見直しを行うことも重要です。

預貯金や借入等での備え

大きなライフイベントに資金を準備する手段としては、預貯金があります。国内で預貯金の受入れを行う協同組織金融機関としては、信用金庫、信用組合、労働金庫、農業協同組合、漁業協同組合があります。特に目的を指定せずに預貯金をすることもできますし、金融機関によっては「子育て応援定期」といった商品を提供し金利上乗せ等の優遇を行っていることもあり、そうした商品を利用することも可能です。

ただ、預貯金をしていても、一時的に大きな資金が必要になる場合、特に住宅を購入する場合などは、

用語

不足の資金を補うための借入が必要になります。

金融機関は、教育ローン、自動車ローン、住宅ローンなど資金使途に応じた商品を提供していますが、借入をするにあたっては、借入者の返済能力について審査が行われます。

近年、「**老後二千万円問題**」が話題になったように、老後資金を準備するための資産形成の重要性が認識されています。国がｉＤｅＣｏ（個人型確定拠出年金）やＮＩＳＡ（少額投資非課税制度）を拡充したりメリットを拡大したりしており、多くの協同組織金融機関がそれらを取り扱うようになっています。

共済での備え

こくみん共済のウェブサイトによれば、共済は、組合員の協同救済＝相互扶助を制度化したものです。将来発生するかもしれない事故に備え、組合員があらかじめ一定の金額を拠出して協同の財産を準備し、万一共済事故が発生した時にはそこから共済金を支払う、つまり組合員の誰かが困った時に、他の組合

日本共済協会に加盟する共済団体で実施している共済種類一覧

共済実施組合	日本共済協会の会員団体	火災	生命	傷害	自動車	年金	その他
農業協同組合	JA 共済連	○	○	○	○	○	○
漁業協同組合	JF 共水連	○	○			○	
生活協同組合	こくみん共済 coop〈全労済〉	○	○	○	○	○	○
	コープ共済連	○＊1	○		○＊1		
	全国生協連（都道府県民共済グループ）	○	○	○			
	生協全共連	○	○＊2	○＊2			
	防生協	○	○				
	神奈川県民共済		○	○			○
事業協同組合	日火連	○	○	○	○		○
	交協連				○		○
	全自共				○		
	中済連		○				○
	開業医共済						○
農業共済組合	NOSAI 協会	○					○

資料：一般社団法人日本共済協会ウェブサイト　https://www.jcia.or.jp/insulance/kind.html
原注：＊1はこくみん共済 coop〈全労済〉の共済事業規約に基づく共済。＊2は一部の会員組合で実施
執筆者注：日本共済協会に加盟していない共済団体も多数存在

老後二千万円問題
金融庁の報告書で「老後の30年間で約二千万円が不足する」という試算が出て、論争になった。

員全体で助けるという仕組みです。

大きく分けると死亡や病気、けが、介護などに備える生命保障分野と、住宅や家財、自動車などの損害をカバーする損害補償分野があります。取り扱っている商品は、組合によって違いがあります。利用者は、病気や事故や災害などの不測の事態に遭った時に、共済金が支払われることによって、もとの生活に戻ることが容易になると考えられます。

こうした保障・補償型以外にも、組合によっては子どもや孫の教育資金の準備と万一の保障を組み合わせた共済や、老後資金を準備する年金共済といった貯蓄性の高い商品を提供したりしています。

多重債務者支援

仮にライフプランをしっかりと立てていたとしても、予期せぬ出来事で家計が立ちゆかなくなり、多重債務を抱えるおそれがあります。多重債務とは、すでにある借金の返済に充てるために、他の金融業者から借り入れる行為を繰り返し、利息の支払いがかさんで借金が雪だるま式に増え続ける状態を指します。1970代後半には**サラ金**、2000年代には消費者金融やヤミ金融からの高利返済や取立てに苦しみ、自殺者が増えるなどし、多重債務は大きな社会問題となりました。国も貸出金の上限金利等を定める貸金業法の改正といった対応を行いましたが、協同組織金融機関の中には多重債務者への支援に力を入れているところも数多くあります。

中でも労働金庫は業界全体で、多重債務相談ダイヤルの設置や、高利資金の借換え対応、返済計画の見直し相談などの生活改善等を柱とする生活応援運動を実施しています。

また、生活協同組合の中には、生活相談・貸付事業において、多重債務者に対する支援を行っているところもあります。青森県や岩手県で事業を行う消費者信用生活協同組合や、グリーンコープ生協が有名ですが、これらの組合は自治体等とも連携しながら、貸付を行うだけでなく、利用者に寄り添った相談対応もあわせて行っています。

用語

サラ金
金融業者が主に会社員を対象に融資をしていたためサラリーマン金融と呼ばれた。現在の消費者金融。

3 環境問題と協同組合

日本の環境問題の歴史

独立行政法人環境再生保全機構は、環境問題の歴史を振り返り、大きく四つの時代に分けて特徴を示しています。明治時代から1964年までは「近代化と共に始まった大気汚染」、1965年から1971年までは「公害問題が国会を揺るがす」、1972年から1985年までは「産業公害型から、都市・生活型の大気汚染へ」、1986年から現在までは「**地球温暖化**や生物多様性の減少などを受け、環境問題は世界共通の課題に」です。

公害問題への対応としての事業協同組合等の設立

高度経済成長期における環境問題の焦点は公害でした。大気汚染や水質汚濁、騒音などの産業公害が深刻化したため、各種の環境規制法が定められ、工場等には適地への移転や工場内における公害防止管理体制の整備が求められました。その際、複数の企業が協同組合を設立し、共同で工場を建設・移転するなどした場合も、自治体や**公害防止事業団**（後に環境事業団に改称）の支援の対象になりました。また規制対象施設を有する工場は、公害防止管理者の設置が義務付けられましたが、中小企業が協同組合等を組織し、かつ一定の条件のもとでは、近隣の同業種で共同の公害防止管理者を選任することが認められました。

具体的には、住宅と工場の混在によって生じた問題を解決するために、地元企業が事業協同組合等を設立するケースがあげられます。郊外に新たに造成された工場団地に工場を集団化して移転し、新しい工場や設備で生産性の向上を図るというものです。公害対策をきっかけに設立された事業協同組合も、その後実施する事業を広げています。事業協同組合

用語

地球温暖化
二酸化炭素やメタンなどの温室効果ガスの増加により、長期的な地球の平均気温が上昇すること。

高度経済成長期
1950年代中頃から1970年代初頭の、日本の経済成長率が高かった時期。

公害防止事業団
産業公害を防止するために、町工場の集団移転、緑地の整備、公害防止施設に対する貸付けなどを行った特殊法人。

では、組合員が共同で購買、受注、販売、宣伝・市場開拓・販売促進、生産・加工、研究開発を実施、組合員企業の人材育成、福利厚生の充実を図るなど、さまざまな事業を行うことが可能です。

地球温暖化防止と森林組合

近年では、地球温暖化への対応が世界的な課題となっています。温暖化は、二酸化炭素、**メタン**、**一酸化二窒素**などの温室効果ガスが大気中に放出されることによって進むため、温室効果ガスを削減するとともに吸収することも重要です。

日本では2020年10月に「2050年カーボンニュートラル」宣言がなされました。その後、温室効果ガスを2030年度に2013年度比で46％削減することを目標に掲げた「地球温暖化対策計画」が閣議決定されました（2021年10月）。

同計画では、2019年度の森林吸収源による吸収量は4290万トン、農地管理・牧草地管理・都市緑化等の推進による吸収量は300万トンであり、その合計は基準年である2013年度の温室効果ガス総排出量（14億800万トン）の3・3％に相当すると示しています。

森林吸収量の確保・強化のためには、森林の適切な管理や造成が必要であり、計画においては対策として森林組合系統による森林経営事業等の促進が明記されています。

森林組合自身、その使命として地球温暖化防止への貢献をあげています。森林組合綱領には、「私たち森林組合は、地域の森林管理主体として、地域の森林を協同の力で育て守り続け、森林環境保全と林業発展を通じて、地球温暖化防止へ貢献するとともに、水源の保全、国土の安全、健全な森林環境と良質の木材を国民へ提供しながら、健康で安心、豊かな住生活を支えていくことを使命とします」と記されています。

産業界の温暖化対策と生協の取り組み

温暖化対策として、日本経済団体連合会と産業界

用語

メタン
自然界に広く存在する無色・無臭の可燃性ガスで、化石燃料の採掘や燃焼、湖沼や湿地、水田、牛などのゲップから発生する。

一酸化二窒素
海洋や土壌、窒素肥料や工業活動等によって発生する気体。

は1997年に自主行動計画を策定し、2013年以降は、低炭素社会実行計画にCO_2排出削減目標等を定めています。この自主的な取り組みを行う115業種の業界団体には、全国信用金庫協会、全国信用組合中央協会、日本生活協同組合連合会（日本生協連）も含まれています。

計画の進捗状況は各省庁の関係審議会等で毎年確認し、その結果は内閣に設置された地球温暖化対策推進本部に報告されます。生協の取り組みの進捗状況は、毎年開催される厚生労働省の低炭素社会実行計画フォローアップ会議で報告されています。

2024年7月の会議では、日本生協連が、計画に参加している生協は地域購買生協・事業連合130のうち62で、供給高ベース（事業連合を除く）では91%をカバーしていること、2030年には基準年（2013年度）比でCO_2排出量40%削減という目標に対し、2022年度実績は32・3%の削減となったことを報告しています。

さらに日本生協連は、後述の「生協の2030環境・**サステナビリティ**政策」の中で、CO_2排出量の2030年削減目標を40%から50%以上に引き上げると発表しました。

生協の環境・サステナビリティ報告

歴史をさかのぼると、各地の生協では1970年代に合成洗剤が水質汚染の原因になっていることに対して、「よりよい洗剤」運動を展開してきました。1990年からは日本生協連が環境負荷を削減するCO-OP商品を「環境にやさしい商品」として認定し、環境統一マークを付ける取り組みを始めました。環境問題を根源的課題と位置づけ、全国環境政策として「生協の環境保全運動、その考え方と指針」（1991年）を定めています。

そして、2018年に採択した「コープSDGs行動宣言」を実践に移すために、全国の生協の事業と活動で推進する政策として、2021年に「生協の2030環境・サステナビリティ政策」を策定しています。重点課題として、CO_2排出量削減を含

サステナビリティ　持続可能性の意味。この文脈では、持続可能な社会を実現するための環境、社会、人権の尊重などの事項を含む。

む気候変動対応、**エシカル消費**、省資源・資源循環の推進、生物多様性保全と人権尊重の推進、情報公開と対話・連携をあげ、それぞれに行動指針とモニタリング指標を定め、**サステナビリティ・レポート**で取組状況を報告しています。

事業体のサステナビリティ情報の開示義務が世界的に進展

ＳＤＧｓが浸透し、**ＥＳＧ**に着目した投資が広がる中で、生協と同様に、CO_2排出量削減だけでなく、幅広い持続可能性への取り組みを自主的に報告する事業体が増えています。また、気候変動対応を含むサステナビリティ情報の開示について、フレームワークを定め開示を義務付ける動きが世界的に進展しています。日本でも２０２３年3月期から、有価証券報告書等において、サステナビリティ情報に関する開示が義務化されました。多くの企業が環境への取り組みを強化しそれをアピールする時代になっており、協同組合も実績を数値化したうえで、積極的に開示することが重要になっています。

生協の環境・サステナビリティの歴史

生協の環境保全運動、その考え方と指針（1991年策定）	「環境問題は根源的課題」と位置付け、全国生協での本格的展開を促す初の全国政策。事業対応として「商品の生産から廃棄までの環境配慮」「リサイクル推進」、組合員活動として「環境問題の学習」「くらしの見直し」、ネットワーク化として「地域との共同活動」「協同組合間連携」などを提起
生協の環境保全運動中期計画（1993-1995）（1993年策定）	中期計画として、①環境に配慮したライフスタイルへの転換と環境保全型社会の実現、②商品の生産から消費にいたるあり方を見直し、環境によりよい商品の普及、③環境保全のための生協事業のあり方追求、④環境保全のための推進体制確立の4テーマと24の中期目標を提起
90年代後半期 生協の環境保全運動中期計画(1997年策定)	事業における「商品の環境配慮の強化」、「環境マネジメント・監査システムの確立」、組合員活動における「環境に配慮した消費行動の普及」、「ごみ問題への取り組み、水環境への配慮」、社会的行動としての「環境保全の地域・まちづくり」といった課題を提起
「生協の環境保全運動」第三次中期計画（2001～2003）（2001年策定）	「生協の環境保全活動の理念」を策定のうえ、①環境に配慮した環境保全型地域・まちづくり、②“循環型システム構築”・“地球温暖化対策”・“化学物質による環境リスク低減”の三つのコアテーマの取り組み、③組合員参加とコミュニケーション、④環境と経済の両立を重点テーマ
2020年に向けた生協の新たな環境政策（2010年策定）	①生協事業におけるCO_2排出の総量削減、再生可能エネルギーの普及、②商品事業における環境配慮、③事業からの廃棄物の削減・ゼロ化、④組合員活動としての環境保全の取り組み方向の四つを政策の柱として設定。2020年に$CO_2$15%削減目標を策定
生協の2030環境・サステナビリティ政策（2021年策定）	「すべての人々が人間らしく生きられる豊かな地球を、未来のこどもたちへ」をスローガンに、エシカル消費、気候変動、省資源・資源循環、生物多様性と人権尊重、情報公開と対話のテーマのもと、10の行動指針と5つの数値目標を設定している

資料：日本生協連「SUSTAINABILITY REPORT 2023」掲載の表から一部文言を割愛

用語

エシカル消費
エシカルは倫理的を意味し、環境や社会に配慮した購買行動。

サステナビリティ・レポート
企業や団体が、環境や人権などの社会的問題にどのように取り組んでいるか、ステークホルダー（利害関係者）に向け公開するための書類。

ESG
Eは環境、Sは社会、Gはガバナンス（企業統治）を指す。企業が上記三つを配慮した活動を行うという考え方。

4 食の安全・安心と協同組合

食品公害問題と生協

日本の高度経済成長期には公害問題とともに、**カネミ油症事件**に代表される食品公害問題も相次いで発生しました。食品の大量生産に伴い多くの添加物が使われるようになりましたが、食品の安全性に関する規制や情報開示は不十分なままだったのです。子どもに安全な食べ物を食べさせたいという人々の願いが、生協の設立や独自の商品開発、そして国の仕組みを変えることにもつながりました。

日本生協連は1960年からCO-OP商品の開発を始めていましたが、**チクロ問題**をきっかけに1970年にCO-OP商品を総点検し、不必要な食品添加物を排除した商品開発を行うこととしました。生協等の消費者団体からの働きかけを受け、1972年には国会で食品衛生法の一部改正が行われ、附帯決議では「食品添加物の使用は極力制限する方向」がうたわれました。

しかし、食品添加物だけでなく、残留農薬、飼料添加物、抗生物質など、食品の安全性に関する懸念は残ったままでした。そのため安全性の高い商品を求めて、1970年代には生協の新設や、組合員加入が進みました。また、各地で組合員の学習・交流が行われるとともに、CO-OP商品の開発や後述する産直の取り組みも進展しました。

1998年には「食品の安全にかかわる生協の基本政策」が策定され、食品安全の社会システムを求めて、組合員や取引先と協力しながら食品衛生法の抜本的改正を求める大規模な運動も行われました。こうした運動は、2003年の食品安全のための包括的な法律である食品安全基本法の制定、それに伴う食品衛生法の大幅改正に結びつきました。また、

用語

カネミ油症事件
カネミ倉庫社製のライスオイル（米ぬか油）に猛毒が混入したことによる食中毒事件。

チクロ問題
人工甘味料の一つであるチクロに発がん性や催奇形性があるとして問題になった。国内では1969年に使用禁止とされた。

食品摂取による健康への悪影響について、科学的知見に基づき客観的かつ中立公正にリスク評価を行う機関として食品安全委員会も設置されました。

しかし、2007年から翌年にかけてCO-OP商品の原材料偽装や中国製冷凍ギョーザ事件が起き、生協はきびしい批判にさらされました。その後、生協では事件についての検証を行い、生産から食卓までのフードチェーン全体で商品の安全リスクを管理する仕組みを強化しています。

国内の農薬問題への対応

国内では2002年に無登録農薬問題や輸入冷凍野菜の**農薬残留問題**が相次いで発生し、食品の安全性への不安が高まりました。

そうした中、前述の食品衛生法改正により、2006年から農薬、飼料添加物、動物用医薬品について、残留基準が設定されていなくても一定量を超えて検出された場合には、その食品の流通が禁止されるポジティブリスト制度が始まりました。

食品衛生法に基づく農産物の残留農薬検査は、輸入時には国の検疫所で行われます。国内に流通する食品については、都道府県等が、製造、加工施設への立入検査時や市場等の流通拠点で収去するなどして検査を実施します。残留農薬が検出されると食品衛生法違反となり、出荷停止、回収及び公表等の措置が必要になります。しかし、加工食品と異なり農産物の卸売市場流通においては、農薬の使用状況を含む生産履歴に関する情報が求められていなかったこともあり、農家が履歴を記録し、農協がそれを管理することは一般的に行われていませんでした。

そこでJAグループでは2002年に「食の安全・安心確保に向けたJAグループの取組み方針」を定め、「生産履歴記帳運動」を展開しました。この運動は、①適切な生産基準（栽培計画）を設定し、②生産基準に基づいた生産管理・記帳を実施し、③生産基準ごとにできた農産物を分別管理し、④生産に関する情報を取引先や消費者に開示するというものです。適切な基準には農薬の使用基準も含まれ、

用語
農薬残留問題
食品中に農薬が残留し、人の健康に害を及ぼす問題のこと。

生産者は基準に沿って農薬を適切に使用、記録します。農協は記帳様式を生産者に提供したり、記帳を支援したり、内容を点検します。また、ポジティブリスト制度導入にあたっては、農協が組合員農家のために研修を開催し、制度の説明や、農薬の飛散防止といった対策の紹介を行いました。

個別の農協によって具体的な取り組みの内容は異なりましたが、生産履歴の記帳は急速に普及しました。現在では、農協や経済連（全農県本部）で残留農薬の自主検査の仕組みを構築したり、農家がスマートフォンやパソコンで作業内容を登録すると、データが蓄積されるシステムを整備するなどしています。

生協産直の広がり

食の安全性が問題になった1970年代に、安全・安心な食品を求める生協組合員と、安全・安心な農産物の生産を志す生産者が結びつくことによって、生協産直が始まりました。産直の考え方は、全国の生協でそれぞれ異なるものの、1980年代か

生協産直の考え方

産直三原則

1. 生産地と生産者が明確であること
2. 栽培、肥育方法が明確であること
3. 組合員と生産者が交流できること

生協産直基準（5基準）

1. 組合員の要求・要望を基本に、多面的な組合員参加を推進する
2. 生産地、生産者、生産・流通方法を明確にする
3. 記録・点検・検査による検証システムを確立する
4. 生産者との自立・対等を基礎としたパートナーシップを確立する
5. 持続可能な生産と、環境に配慮した事業を推進する

資料：日本生協連 HP

JA グループの生産履歴記帳運動のモデル的な手順

① JA として「安全・安心な農産物づくり運営規程」を策定
② JA として各品目の「生産基準」の策定
③ 各生産基準のもとへの「生産グループの組織化」
④ 生産者と JA との「協定の締結と圃場の登録」
⑤ 「生産日誌（記帳様式）」の整備と JA から生産者への配布
⑥ 生産者による「生産履歴記帳活動」
⑦ JA による「記帳支援・点検」
⑧ JA による記帳データの「情報管理」
⑨ JA による生産基準ごとの農産物の「分別出荷」
⑩ JA による生産情報の「情報開示」
⑪ 生産者と JA による「生産基準の見直し」
⑫ JA の内部検査委員会による「取組み検証と改善」

資料：JA 全中「JA グループの生産履歴記帳運動への取組みについて」

らは「産直三原則」（200ページ）が多くの生協で取り入れられています。また、現在は日本生協連・産直事業委員会が、あるべき生協産直のあり方として「生協産直基準（5基準）」を提唱しています。

生協における産直への取り組みについては、ほぼ4年ごとに実施する「全国生協産直調査」で把握できます。回答生協の生鮮6部門の2022年度総供給高約8505億円のうち、産直の供給高は約2747億円（32・3％）でした。産直比率は、青果31・8％、米55・6％、精肉40・6％、牛乳24・9％、卵70・4％、水産9・2％と、生鮮部門において一定の割合を占めています。ただし、個別の生協によってその比率には大きな差があることには留意が必要です。

また、**米の予約登録**（実施生協比率67・2％）や生産者・産地への募金・寄付（62・1％）、**産地支援を目的とした積立制度**（36・2％）など、9割近くの生協が何らかの産地支援を行っています。

産直は、生産者と消費者の間での品質に関する情報共有や、交流活動等を通じて構築された信頼関係をベースにしており、不特定多数が参加する卸売市場では難しい取引関係といえます。さらに、安全な農産物を求める消費者のニーズは、農薬の使用を減らした農産物や、**有機農産物**、**特別栽培農産物**など環境に配慮した農産物の生産拡大にも貢献しています。

地産地消と農産物直売所

農林水産省によれば、地産地消とは、国内の地域で生産された農林水産物を、その生産された地域内において消費すること、また、地域において供給が不足している農林水産物がある場合に、他の地域で生産された当該農林水産物を消費することです。

地産地消は、消費者にとっては地元の新鮮な農産物が味わえる、生産者にとっては、消費者との顔が見える関係によりニーズを的確にとらえた生産が可能になる、少量・規格外品も販売できる可能性があるといったメリットがあります。そして地域内で資金が循環し地域活性化につながる、環境面では農産

用語

米の予約登録 産地や銘柄を指定してあらかじめ登録しておくと、定期的に米が届く仕組み。

産地支援を目的とした積立制度 基金等を設置して産地を支援する取り組み。特定商品の購入で積み立てる、生産者と生協が共同で資金を拠出するなどさまざまな方式がある。

有機農産物 化学肥料や農薬を使用しないことを基本として栽培される農産物。有機農産物の日本農林規格（有機JAS規格）に従って生産されるものを指す。

物の輸送距離が短くなることでエネルギーやCO_2の排出量が削減できるといったメリットもあります。

地産地消の代表的な取り組みとしては、学校給食や社員食堂での地場産農林水産物の利用、加工品の開発、地域の消費者との交流・体験活動、直売所があります。

このうち直売所については、農林水産省の調べによれば2022年度には全国に2万2380の施設があり、販売金額は1兆879億円です。直売所の販売金額の9割は地場産商品が占めています。農協は2220の直売所を運営し、全国の販売金額の約3分の1を占めています。農協が運営する直売所は、販売金額が比較的大きいのが特徴です。

地産地消を進めるうえで直売所の重要性が高まりつつありますが、近年では数が増えて飽和状態となり経営が困難なところも出てきています。また、農業者の高齢化により、直売所への出荷者の確保が難しくなるといった課題も生じており、出荷者の育成も必要になっています。


運営主体別の農産物直売所数と販売金額（2022年度）

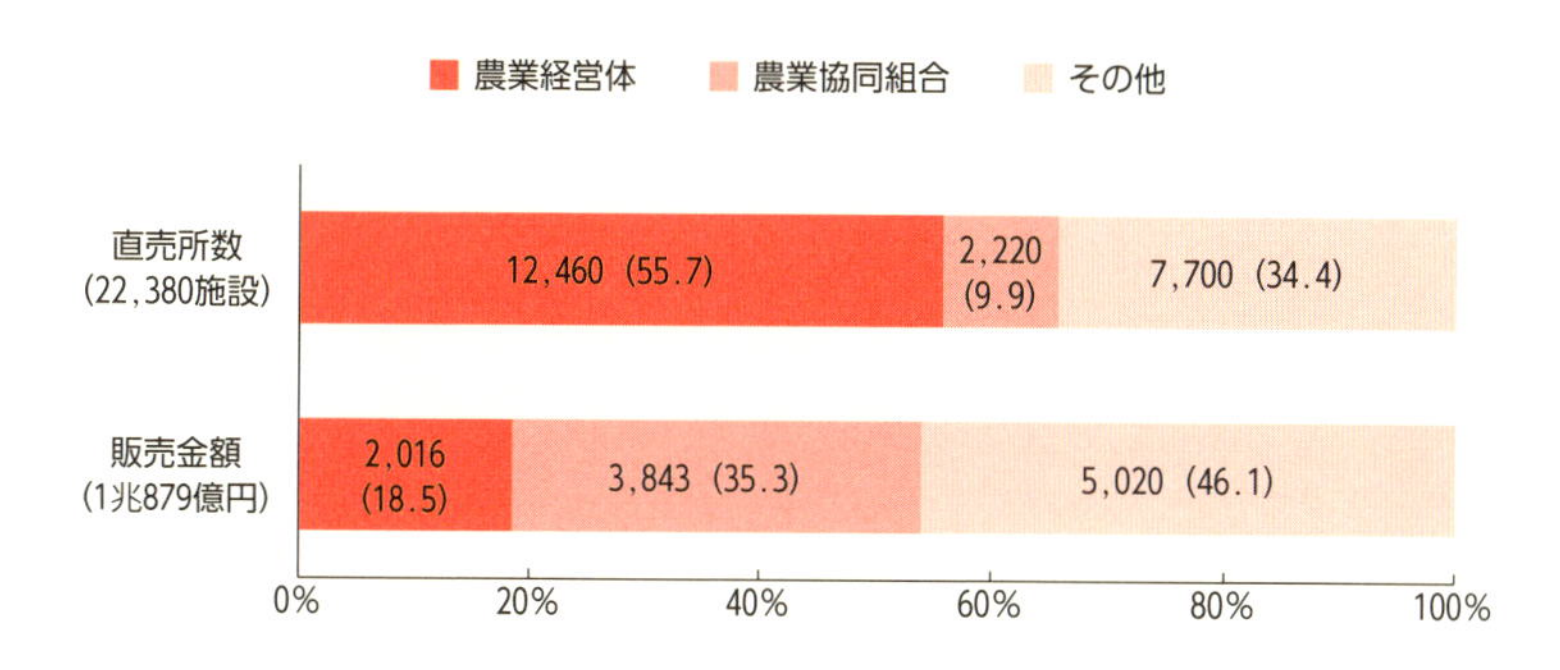

資料：農林水産省「令和4年度 6次産業化総合調査」

特別栽培農産物
その農産物が生産された地域の慣行レベルに比べて、節減対象農薬の使用回数が50％以下、化学肥料の窒素成分量が50％以下で栽培された農産物。

５ 飢餓・貧困と協同組合

飢餓の状況

国連食糧農業機関（**ＦＡＯ**）は、ユニセフなど他の四つの国連機関と共同で毎年「世界の食料安全保障と栄養の現状」と題する報告書を刊行しています。飢餓とは「食事からのエネルギーが不足していることによって引き起こされる不快または辛い身体的感覚」で、この報告書では慢性的な栄養不足と同義とし、栄養不足蔓延率によって測定しています。

２０２４年版の報告書では、２０２３年には世界中で７億１３００万人から７億５７００万人（中間値７億３３４０万人）が飢餓に直面していたと推計しています。新型コロナウイルス感染症の流行や**ロシアによるウクライナ侵攻**などで食料価格が上昇したことにより、飢餓人口は２０２０年から急増し、高止まりの状態が続いています。

飢餓に直面する人口の割合は世界全体では９・１％で、地域別ではアフリカが最も高く２０・４％、アジアは８・１％、ラテンアメリカ・カリブ諸国は６・２％、オセアニアは７・３％でした。人数では、アジアが３億８４５０万人と半数以上を占めています。

ＳＤＧｓでは目標２として、２０３０年までに飢餓をゼロにすることを掲げていますが、２０３０年には依然として５億８２００万人（人口の６・８％）が慢性的な栄養不良状態にあると予測され、目標の達成は難しい状況です。

貧困の状況

国連のウェブサイトによれば、「貧困」とは持続可能な生計を確保するための収入や生産資源の不足にとどまらない、幅広い内容を含みます。たとえば、

用語

国連食糧農業機関（ＦＡＯ）
→10ページ

ロシアによるウクライナ侵攻
２０２２年２月２４日にロシアがウクライナに軍事攻撃を行って侵攻を開始した。

飢餓人口と栄養不足蔓延率

		2005	2010	2015	2017	2018	2019	2020	2021	2022	2023
人数（百万人）	世界全体	798.3	604.8	570.2	541.3	557.0	581.3	669.3	708.7	723.8	733.4
	アフリカ	184.4	167.4	192.1	211.6	221.2	231.0	256.5	269.6	284.1	298.4
	アジア	552.6	391.4	336.3	284.9	289.6	305.7	361.7	384.6	386.5	384.5
	ラテンアメリカ・カリブ諸国	49.8	36.0	32.5	36.3	37.6	36.3	42.2	45.3	43.9	41.0
	オセアニア	2.3	2.7	2.8	2.8	3.0	3.1	2.9	3.3	3.2	3.3
	北アメリカ・ヨーロッパ	n.r.	n.r.	n.r.	n.r.	n.r.	n.r.	n.r.	n.r.	n.r.	n.r.
比率（%）	世界全体	12.2	8.7	7.7	7.1	7.2	7.5	8.5	9.0	9.1	9.1
	アフリカ	19.9	15.9	16.0	16.7	17.1	17.4	18.8	19.3	19.9	20.4
	アジア	13.9	9.3	7.5	6.3	6.3	6.6	7.8	8.2	8.2	8.1
	ラテンアメリカ・カリブ諸国	8.9	6.1	5.2	5.7	5.9	5.6	6.5	6.9	6.6	6.2
	オセアニア	6.9	7.3	6.9	6.8	7.1	7.0	6.7	7.5	7.1	7.3
	北アメリカ・ヨーロッパ	<2.5	<2.5	<2.5	<2.5	<2.5	<2.5	<2.5	<2.5	<2.5	<2.5

資料：FAO ほか 'The State of Food Security and Nutrition 2024'
注：2020年から2023年は点推定値
注：n.r. は蔓延率が2.5% 未満のため報告なし。 <2.5は蔓延率2.5% 未満を意味する

飢餓や栄養失調、教育やその他の基本的サービスへのアクセスの制限、社会的差別や排除、意思決定に参加できないことなども含まれます。

そのうち「極度の貧困」状態は、1日2・15ドル未満で暮らすこととされています。世界銀行によれば2023年には世界の約7億人が極度の貧困状態に置かれており、その多くは飢餓にも直面していると考えられています。

2030年までに世界中のすべての人々の極度の貧困を撲滅することは、SDGsの目標1に掲げられています。

SDGs目標1、2に対応する協同組合

国際協同組合同盟（ICA）は、SDGsの各目標と、主にそれに貢献する協同組合のタイプを照らし合わせた一覧表を作成しています。

SDGsの目標1「貧困をなくそう」に対しては、すべてのタイプの協同組合を合計すると世界中の雇用の10%を提供していること、信用組合や保険（共

済）組合が貧困層に**マイクロクレジット**や**マイクロ保険**を提供していること、社会的協同組合が不利な状況にある人に雇用を創出していることをあげています。

　目標2「飢餓をゼロに」に対しては、農業協同組合や漁業協同組合が、世界の食品市場シェアの32％を占めると推定されており、食品の安全を提供し、多様な農業生産を強化していること、生協がより安価で品質のよい食品を供給していることをあげています。

飢餓・貧困の解消に向けた協同組合の役割

　FAOは、小規模農家は世界中の多くの国で主な食料供給者であると同時に、最も貧しい人々でもあるとしています。また、極度の貧困の中で暮らす世界人口の80％以上が農村地域に住んでいます。そのため、小規模農家が直面するあらゆる問題に対して効果的な解決策を提供することができる協同組合の役割が重要になります。

　小規模農家が農業協同組合を設立することによって、投入資材の共同購入、貯蔵・加工施設などへの投資、生産物のマーケティング、技能研修の組織化が可能になり、生産性と所得の向上を図れます。また、資金へのアクセス、作物の損失の削減、意思決定過程への参画も可能になります。

　国連機関やICA等で構成される**協同組合振興促進委員会（COPAC）**は、具体的な事例として、以下を紹介しています。

　スリランカのパパイヤ生産者の農業協同組合は、主に小規模女性農家約350人によって2012年に設立されました。農協は、組合員に対して苗木や家畜柵の提供、農産物の集荷・輸送のための物流サービス、病気予防に対する技術支援、貯蓄制度などさまざまなサービスを提供しています。同農協は、共同輸出ベンチャーを設立し、2016年には約1500トンのパパイヤを輸出しました。協同組合の設立によって、小規模女性農家の所得向上が可能になったのです。

用語

マイクロクレジット　社会的に排除され、一般の金融機関から借入れを行うことが困難な人々に対して行う小口融資。

マイクロ保険　社会的に排除され従来の保険に加入することが困難な人々に対する低価格の保険。

協同組合振興促進委員会（COPAC）　協同組合の発展を促進するため、ICAとILOやFAO等の国連機関がメンバーとなって結成された委員会。

他方、小規模農家が生産した農産物を公正に取引することも重要です。

日本生活協同組合連合会（日本生協連）では、開発途上国の原料や製品を不当に安く買うのではなく、現地の農家の生活が成り立つように考慮したフェア（公正）な価格で継続的に購入することにより、立場の弱い開発途上国の生産者や労働者の生活改善と自立を目指す取り組み（フェアトレード）を行っています。

具体的には、市場価格が下がっても、生産コストをまかない、経済的・社会的・環境的に持続可能な生産と生活を支えることができる最低基準価格を定めています。

さらに、商品の代金とは別に、組合や地域の発展・開発のために使われる資金として、フェアトレードプレミアムという奨励金を支払っています。その使途は、生産設備の改善だけでなく、病院や学校の設立、パソコンや教材の提供など、生産者組合が民主的に決定しています。

FAOは協同組合に期待

FAOは、協同組合を飢餓との闘いにおける重要な同盟者と見ています。FAOとICAは、2013年に覚書を交わし、2018年からは戦略的パートナーシップを締結しています。

また、協同組合が潜在能力を最大限に発揮し、組合員と地域社会の利益を最大化し、**バリューチェーン**となるよう、協同組合を支援する環境を整えることが重要だと考えています。そうした考えのもとFAOラテンアメリカ・カリブ海地域事務所は、ラテンアメリカ・カリブ海諸国議会による、同地域の農業食品協同組合に関するモデル法の草案作成を支援しています。

ここでは飢餓と極度の貧困に焦点をあてましたが、前述の通り貧困の概念は幅広いため、それに対応する協同組合の活動も多様です。協同組合による雇用創出や、**こども食堂**、多重債務者支援などへの取り組みについてはそれぞれの項も参考にしてください。

バリューチェーン
企業における各事業活動を価値創造のための一連の流れとして捉える考え方で、直訳すると「価値連鎖」。企業の事業活動は原材料調達から製造、流通、販売を経てアフターサービスにいたるまで多岐にわたる。それぞれの事業活動が役割や機能を持ち、最終的な価値を創出する。

こども食堂
子どもや保護者、地域住民に無料または安価で食事や団らんを提供する取り組み。

6 エネルギー問題と協同組合

暮らしに不可欠なエネルギー

私たちの日々の暮らしに電気などのエネルギーは欠かせないものです。しかし、それは単に「コンセントにつなげば得られるもの」ではなく、エネルギーの生産や供給にはさまざまな課題があることが明らかになってきました。

日本の発電電力量の電源別割合を見ると、火力発電が最も多く、2023年では全体の66・6%を占めています。しかしいうまでもなく、火力発電は発電に際し地球温暖化の原因である温室効果ガスを大量に発生させます。とりわけ影響が大きい石炭火力発電は全体の28・3%を占めており、地球沸騰化といわれる現代において、その割合を低下させることは大きな課題といえます。

また、2011年の東日本大震災に伴う、**東京電力福島第一原子力発電所の事故**は、原子力発電の危険性を改めて私たちに知らしめるものになりました。復興が進みつつあるとはいえ、多くの人がその住む家を奪われ、避難を余儀なくされた事実を踏まえれば脱原発が必要であることは明らかです。このように見ていくと、原子力や火力から**再生可能エネルギー**へのエネルギー転換が不可欠であることがわかります。

また、エネルギー供給の主体にも大きな問題がありました。福島第一原発の事故までは東京電力や関西電力、沖縄電力などの計10社が、安定供給を行う代わりに独占的に電気を供給する地域独占体制で、私たちはどの会社からどのような電気を購入するかを選択する権利はありませんでした。上述した通り、暮らしに不可欠なものであるにもかかわらず、特定の営利企業から購入することが当然視されてきたわ

用語

東京電力福島第一原子力発電所の事故 福島県の東京電力福島第一原子力発電所で2011年の東日本大震災に起因して発生した原子力事故。

再生可能エネルギー 自然の循環から生まれるエネルギー。再エネと略されることも多い。火力発電などと異なり、枯渇する心配がなく、CO_2を排出しない。

けです。しかし、福島第一原発の事故後、「コンセントの向こう側」への関心が高まる中、電力の小売自由化が進められ、不十分ながらも電気事業に多くの事業者が参入できるようになってきました。

再生可能エネルギーで電気をつくる

こうした状況の中で、協同組合がエネルギー事業にかかわる事例が数多く見られるようになってきました。まず見ていきたいのが、再生可能エネルギーによる発電事業です。いくつかの生協では福島第一原発事故の前から、再生可能エネルギーによる発電に取り組んでおり、たとえば東京・神奈川・埼玉・千葉の四つの生活クラブ生協が秋田県にかほ市に建設した風車「夢風」は、2012年3月から稼働しています。2012年7月からスタートした再生可能エネルギーの固定価格買取制度（FIT）はこうした取り組みを後押しし、各地の生協で物流施設の屋根に太陽光パネルを設置するなどの取り組みが進みました。また、後述する電気の小売事業に生協が

生活クラブ生協の風車「夢風」

写真：一般社団法人グリーンファンド秋田

参入するようになると、太陽光や**小水力**、**バイオマス**などの電源を開発する生協も増えていきました。奈良県東吉野村のつくばね発電所は、廃止された小水力発電所を地域の人たちと、ならコープが協力して復活させ、エネルギーの地産地消につなげている貴重な取り組みです。

農協でもその特性を生かした再生可能エネルギーの取り組みが進んでいます。農地に太陽光パネルを設置して農業と太陽光発電を両立するソーラーシェアリング（営農型太陽光発電）は各地で取り組みが進んでいます。また畜産では、牛などの糞尿を発酵させたメタンガスで発電する畜産バイオガス発電などの取り組みも見られます。中国地方では小水力発電を行う「電化農協」といわれる農協が1950年代からつくられ、現在でも農協が所有する発電所が35か所存在します。

この電化農協はいわば発電専門の協同組合ということができますが、ここまで見てきたように日本では既存の協同組合が再生可能エネルギーに取り組む事例こそ多く見られるものの、新しく専門の協同組合を立ち上げて発電事業に取り組もうという事例はあまり見られません。岐阜県郡上市石徹白地区で新設された農協が小水力発電に取り組んでいる事例がありますが数少ない例外といえるでしょう。日本の協同組合制度が種別ごとの縦割りになっていて、エネルギー事業のような狭間に位置する協同組合に適した法制度が整備されていないことなどが原因として考えられます。

しかし、欧州に目を転じると、新たにエネルギー協同組合をつくり、地域の人たちなどが出資しあって発電事業に取り組むということが一般的です。たとえばドイツでは固定価格買取制度の導入もあり、2006年から2023年までの間に1038ものエネルギー協同組合が新設され、その大半が太陽光や風力などの再生可能エネルギーによる発電事業に取り組んでいます。エネルギー協同組合のように地域の人々が所有権を持って進める再生可能エネルギーの取り組みは「コミュニティパワー」と呼ばれ

用語

小水力
水力発電のうち、ダムなどの大規模開発などを伴わない、環境に配慮したものを指す。日本の法律では1000kW以下の規模のものをいう。

バイオマス発電
→87ページ

ます。

世界風力エネルギー協会は、①地域の利害関係者がプロジェクトの大半もしくはすべてを所有している、②プロジェクトの意思決定はコミュニティに基礎をおく組織によって行われる、③社会的・経済的便益の多数もしくはすべては地域に分配される、という3点を「コミュニティパワーの三原則」として定義していますが、まさに協同組合による再生可能エネルギー事業はこの三原則を満たす取り組みということができます。

電力自由化と協同組合

日本では、2016年の電力自由化以降、多くの事業者が電気の小売事業に参入しました。いくつかの生協も電気の小売を事業として位置づけ、組合員向けの電気小売事業に取り組んでいます。2020年時点で21の生協・連合会が電気小売事業に参入しており、参入した生協全体を足し合わせると、新しく電気事業に参入した新電力の中では販売電力量で

ドイツのエネルギー協同組合の新設累計（件数）

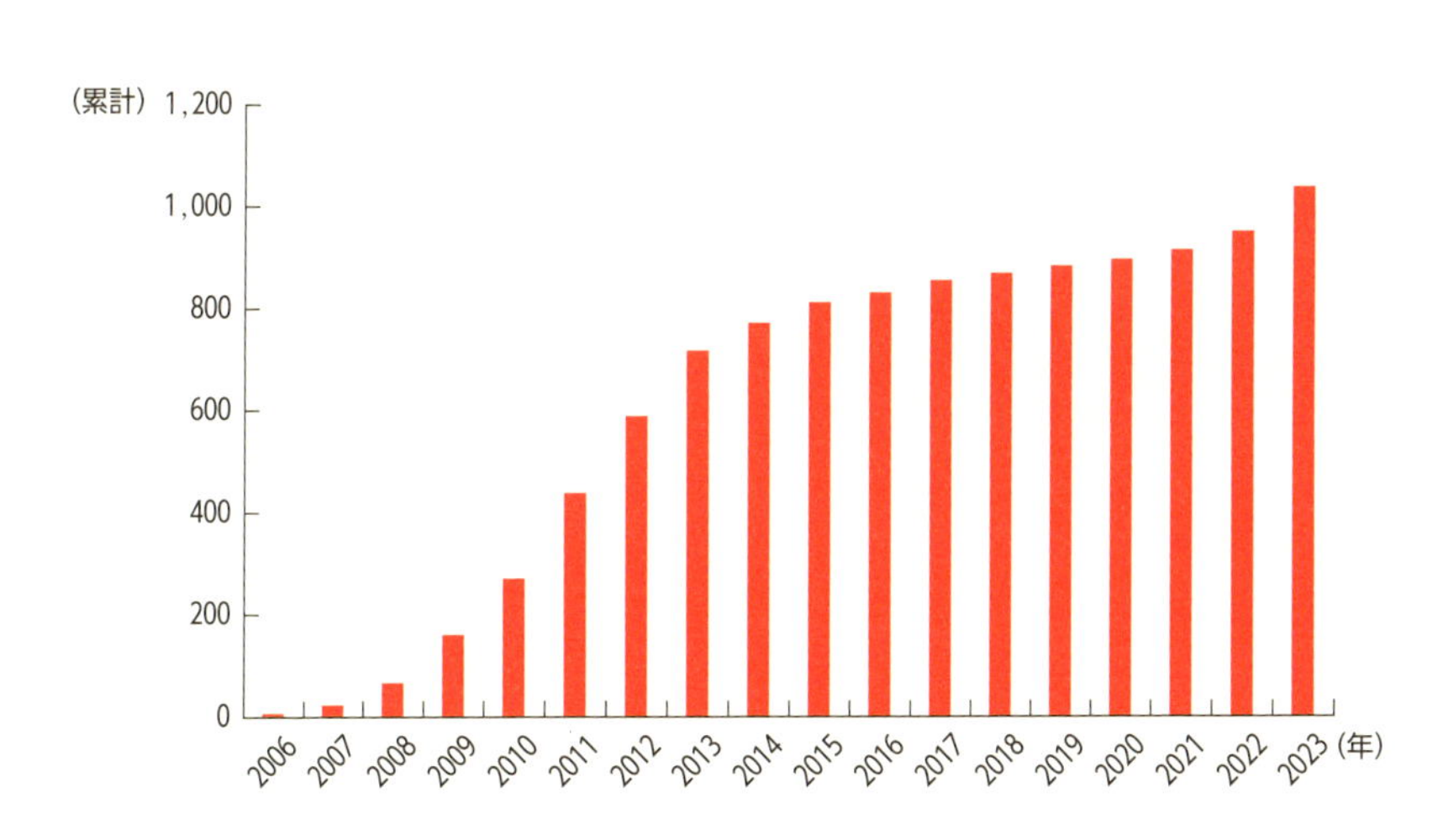

資料：ドイツ協同組合・ライファイゼン協会

8番目に位置しています。

生協の電気事業は消費者である組合員に電気の選択肢を示すという点のほか、脱原発や再生可能エネルギーの推進などを目指している点が特徴です。参入にあたってエネルギー政策を組合員参加で策定している生協もあり、省エネの取り組みなどをあわせて進めるなど「電気を売る」ことだけを目的にしていない点は注目に値します。

再生可能エネルギーの推進が目的であるため、各生協では前述した通り、再生可能エネルギーによる電源開発にも力を入れています。いわば電気の産直ともいえますが、そうした電源産地と組合員との交流が生まれている点も協同組合らしい取り組みといえます。さまざまな媒体での発電所の紹介や組合員の見学ツアーのほか、地域の産品を組合員に供給するなどの取り組みに発展している事例もあります。また発電所周辺の地域への貢献や再生可能エネルギーの普及のための基金を設ける取り組みなどもあり、注目されます。

協同の力で電気を供給する

このように東日本大震災と福島第一原発事故後、協同組合によるエネルギー事業は大きく進んでいます。一方で、歴史的にも、協同組合は地域のエネルギー供給に大きな役割を果たしてきました。

戦前の日本の電気事業は自由競争でした。そのため公益事業としての意識が低かった多くの電力会社は採算性が乏しい山間部などに電気を供給しようとせず、そうした地域では町村営の電気事業のほか、電気利用組合といわれた協同組合が地域の電気供給を担っていました。一つひとつの組合の規模は決して大きくありませんが、1道1府37県に244組合が存在していました。戦後も建前上は地域独占体制でしたが、山間部や離島への電気供給はなかなか進まず、地域の農協や漁協が電気を供給していた事例が全国に1029カ所もありました。その多くは現在では電力会社に移管されていますが、鹿児島県の屋久島では地域の組合や農協が電気を供給する体制

・用語・

が現在でも続いています。

同じような状況が現在でも続いているのが実はアメリカです。アメリカでは農村部を中心に電力協同組合といわれる協同組合が電気供給を担っており、その歴史は1930年代にさかのぼります。当時、アメリカの農村部の9割は電気のない生活を送っていましたが、営利企業である電力会社は収益性が低い農村部に進出することをしばしば拒絶していました。そのような中、**ニューディール政策**のもとで各地に電力協同組合がつくられ、アメリカの農村電化は大きく進展していきました。現在では896の組合が存在し、48の州で4200万人が電力協同組合の電気を利用していると推計されています。注目されるのは、電力協同組合のシェアが13%ほどであるにもかかわらず、配電エリアはアメリカの国土全体の56%にも相当し、保有する配電網も全米の42%にもおよぶことです。電力協同組合は農村部を中心に広く薄く電気を供給していることがわかりますが、営利企業の仕組みでは事業が成り立ちにくい農村部において、電気を必要とした人たちが自らの手で協同して配電網などをつくりあげてきた成果であるといえるのです。

持続可能な未来のために

冒頭で触れたようにエネルギーは私たちの生活に欠かすことができないものです。それは本来、利益のために活動する営利企業ではなく、1人1票の民主的な非営利組織である協同組合が担うことがふさわしいものです。それによって、どこでつくられたどのようなエネルギーを利用し、得られた利益をどのように利用するかを私たち自身が決めることが可能になりますし、再生可能エネルギーを選択することにもつながります。またエネルギー事業の利益を巨大電力会社ではなく、地域の協同組合が得ることができれば、その資金を地域の雇用創出や、経済循環のために使うこともできます。協同組合によるエネルギー事業は持続可能な未来と地域をつくる手段でもあるのです。

ニューディール政策
1930年代に、アメリカ大統領フランクリン・ルーズベルトが世界恐慌を克服するために行った一連の経済政策。

7 雇用・労働問題と協同組合

労働が生活を破壊する？

日本では、高度経済成長の時代から今日まで、ずっと長時間労働の状態が続いています。厚生労働省の『令和5年版過労死等防止対策白書』によると、週労働時間が60時間以上の人は2022年度で298万人。これは週労働時間が40時間以上の雇用者のうちの8・9％になります。職場でストレスを感じている人も多く、その割合は同じく2022年で82・2％と非常に高くなっています。その内容を示したのが141ページの図ですが、働く人が仕事量やハラスメントなど、さまざまなストレス要因にさらされていることがわかります。**過労死**等の状況も深刻で厚生労働省の発表によると、過労死等に関する労災請求件数は2023年には4598件にものぼり（前年度比1112件の増加）、支給決定件数1099件、うち死亡・自死（未遂を含む）の件数が137件となっています。労働は本来、私たちの生活を支えるもののはずですが、それがむしろ働く人の暮らしと、時には命までをも奪っている現状があります。

求められるディーセント・ワーク

そのような現状に対して、本来のあるべき働き方を考えるキーワードが、**ＩＬＯ（国際労働機関）**が提唱するディーセント・ワークです。ディーセント・ワークは日本語では「働きがいのある人間らしい仕事」というように表現されますが、仕事があることが基本ではあるもののそれだけでは十分ではなく、労働における権利や社会保障、安全な労働環境、労使間の社会的な対話などが確保されるとともに、女性と男性の間などの平等や自由が保障され、働く

用語

過労死
仕事で積み重なった過労や精神的なストレスが原因の一つとなって、疾病や自死などで死亡すること、及びその疾病。

ＩＬＯ（国際労働機関）
→10ページ

職場におけるストレスの内容

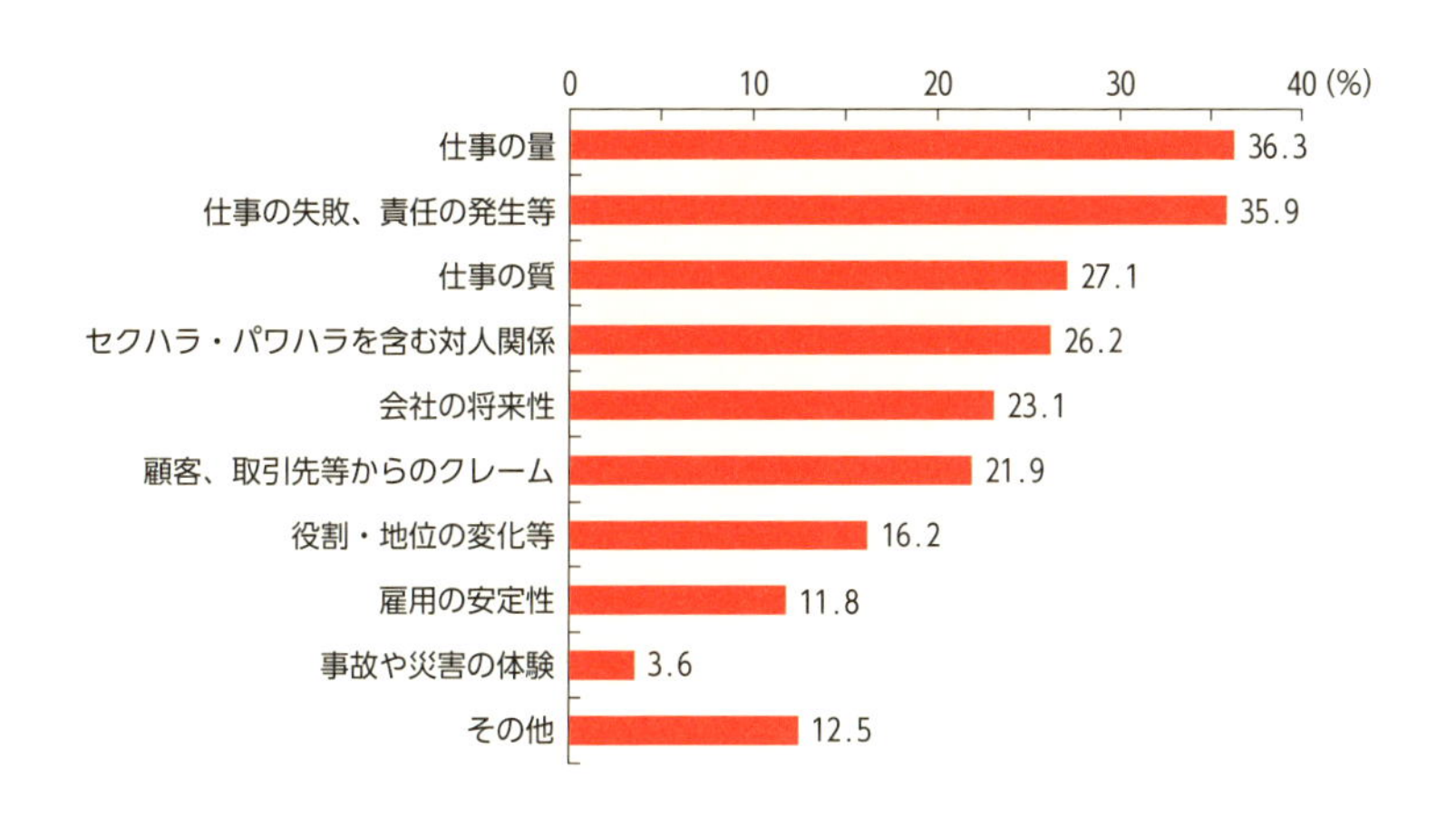

資料：厚生労働省『令和５年版過労死等防止対策白書』

人々の生活が安定する、すなわち、人間としての尊厳を保てる生産的な仕事のことを指します。ディーセント・ワークは「持続可能な開発目標（ＳＤＧｓ）」の目標８「働きがいも経済成長も」にも掲げられており、営利・非営利を問わずあらゆる組織における働き方として求められるものですが、ＩＬＯではディーセント・ワークを担う有力な経済組織として、協同組合に期待を寄せています。

働き方を問う労働者協同組合

協同組合の世界では、働く人たちの協同組合である労働者協同組合の広がりの中で、よりよい働き方を目指す取り組みが、こうしたディーセント・ワーク概念の登場に先駆けて進んでいました。

ワーカーズ・コレクティブの運動の中で提唱されてきた「もう一つの働き方」や「コミュニティワーク」といった概念は、まさに長時間労働が当然視されてきたようなそれまでの働き方を問い直すものであったといえますし、ワーカーズコープの運動の中でも就労創出や協同労働だけでなく「よい仕事」を目指すことが提唱されています。いずれも「雇われない働き方」だけでなく「いかに働くか」に主眼を置いている運動といえるのです。労働者協同組合は労働の対価といった待遇面などではまだ課題もありますが、ディーセント・ワークを市民が自ら創り広げてきた運動だという点で価値があります。

協同組合における雇用

労働者協同組合以外の農協や生協、信用金庫などの協同組合では、営利企業と同様に職員を雇用しています。協同組合は営利を目的としているわけではありませんので、短期的な利益のために労働者を劣悪な労働条件で酷使するようなことが常態化するとは考えにくいですが、市場の中で事業を行っているという点では同じで、事業者として他の企業と同様の課題は抱えています。雇用や労働の分野も例外ではなく、たとえば生協では、店舗事業におけるフルタイム労働者とパート労働者の役割分担や待遇格差、子会社や委託先企業の職員の位置づけなどが議論されてきました。協同組合といえども、多くの人を雇用して事業を行っている以上、労働条件が劣悪化しないとも限りません。協同組合においても、いや、協同組合だからこそ、ディーセント・ワークが求められるのはいうまでもないことです。

その際、注意が必要なのは協同組合ではしばしば、「組合員が主人公」というような捉え方をされてきたことです。もちろん、それは一義的には正しい理解ですが、ともすれば、かつて生協運動の中にあったように職員は自己を犠牲にしてでも組合員に奉仕すべきだというような考え方にもつながりかねません。そのような奉仕者ではなく、協同組合を共に担うものとして職員を位置づけるとともに、その働き方を「協同組合らしい」、「働きがいのある人間らしい仕事」にしていくことが求められます。

地域の雇用を生み出す

労働に関連して、もう一つ指摘できるのは働く場

用語

所の偏りの問題です。戦後日本ではほぼ一貫して**三大都市圏**へ人口が流入してきましたが、近年では東京圏への一極集中といえる状況が続いています。

日本全体の雇用情勢は、長期的には改善傾向にあるといわれますが、そこには地域差があり、働く場をつくっていくことがそれぞれの地域にとって大きな課題であるということができるのです。

こうした中、地域で働く場をつくり、維持することに大きな力を発揮するのが協同組合です。協同組合は一定のエリアの中で活動していて、その地域の外に進出することはありません。当然、そこではそれぞれの組合の職員が働いているわけで、協同組合が地域で活動することは、その地域に働く場をつくり、維持することにつながっています。日本協同組合連携機構の『2021（令和3）事業年度版協同組合統計表』によると、2021年度の日本全体の協同組合の常勤役職員数は53万6333人となっています。そのうち、単位協同組合の役職員数が43万3195人を占めており、この数字のほとんどはそれぞれの組合が、その活動する地域に生み出し、維持してきた仕事の数だということができるのです。

仕事をつくる・共に働く

「地域に仕事をつくる」という点でも、やはり注目されるのが労働者協同組合です。出資・経営・労働の全てを組合員が担う労働者協同組合では、地域に「あったらいいな」と思うもの、地域に必要な仕事を協同でつくってきました。障害を持った人や高齢者のほか、さまざまな理由で働きづらさを抱えた人たちを包摂し、それぞれの事情を認め合いながら「共に働く」さまざまな実践も広がっています。144ページの図は先ほどの単位協同組合の常勤役職員数の内訳を示したものですが、労働者協同組合の数字はこうした仕事づくりの一端を示すものといえます。労働者協同組合法の制定過程では950を超える自治体議会で制定を求める意見書の決議が行われましたが、これは地域における仕事づくりへの社会的な期待を示すものともいえるでしょう。

三大都市圏
東京圏・名古屋圏・大阪圏を指す。

単位協同組合の常勤役職員数

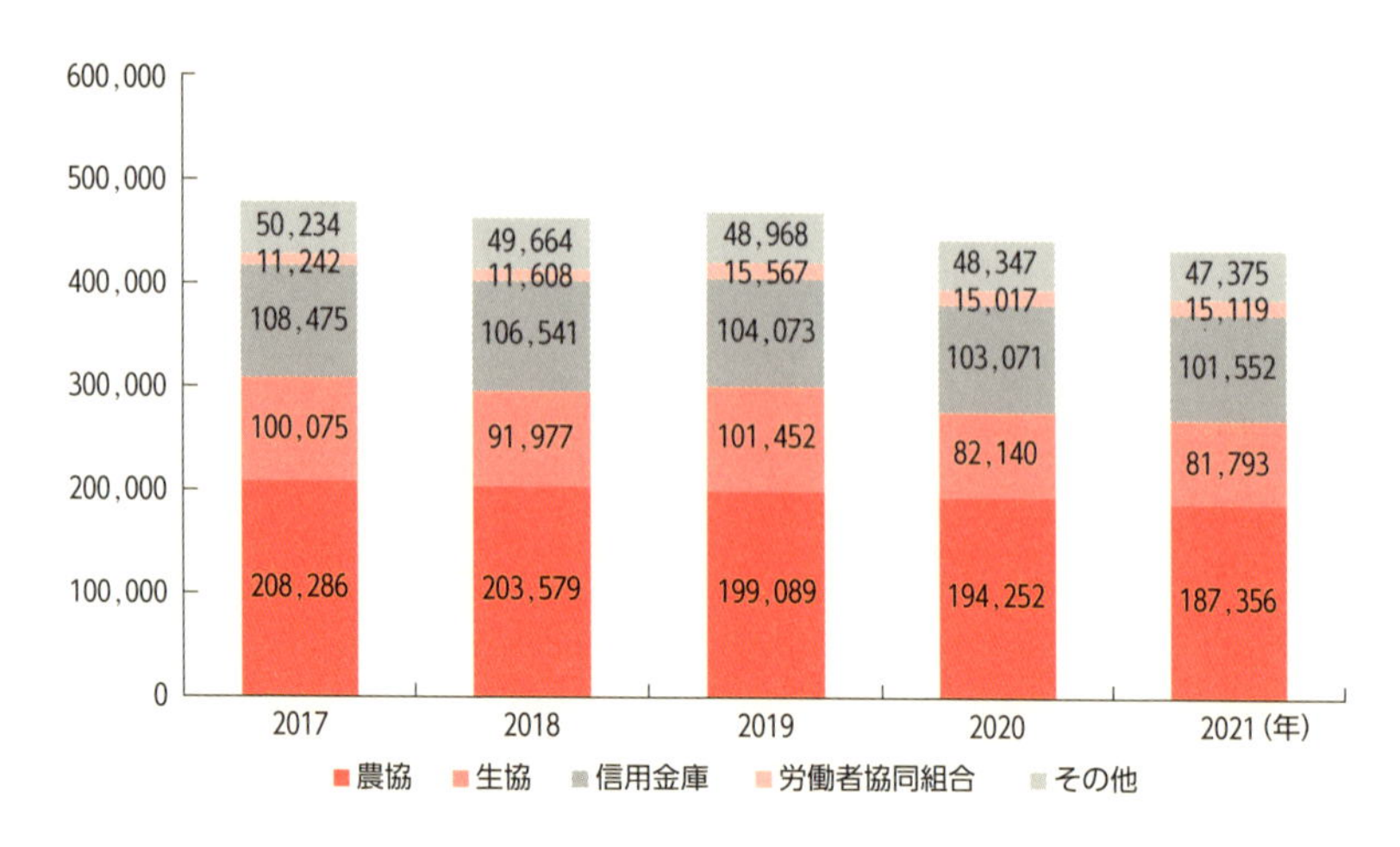

資料：JCA『2021（令和３）事業年度版協同組合統計表』

特定地域づくり事業協同組合

２０２０年からは、中小企業の協同組合である事業協同組合の仕組みで地域の雇用を生み出し、維持しようという特定地域づくり事業協同組合の取り組みも生まれています。人口減少地域で、財政支援を受けながら事業協同組合に労働者派遣事業を行えるようにする仕組みで、これによって移住者などに農林水産業や観光業など季節的な仕事量の変動が見込まれる複数の仕事を組み合わせて担ってもらい、安定した雇用環境や賃金水準の確保を狙ったものです。まだその可能性は未知数の部分もありますが、島根県隠岐諸島の海士町複業協同組合などの注目される取り組みもあり、協同組合の仕組みによる、雇用創出の取り組みの一つといえます。

協同組合が地域で活動することは、まっとうな仕事を地域の中に生み出し、それを維持して広げていくことでもあり、多くの人に仕事や働く場を提供することにもつながるのです。

8 地域の持続的発展と協同組合

協同組合と持続可能な地域づくり

１９９５年の「協同組合のアイデンティティに関するＩＣＡ声明」（66ページ）では協同組合の定義、価値、原則を定めています。その協同組合の原則のうち、第7原則は「コミュニティへの関与」ですが、そこでは単なる関与だけでなく、協同組合が「地域社会（コミュニティ）の持続可能な発展のために活動する」ことがうたわれています。地域の持続可能な発展に関与し、そのために活動することはまさに協同組合の原則の一つなのです。

一方で日本国内に目を向けると、各地の地域社会の現状が「持続可能な発展」から程遠いものであることを、多くの人が感じているのではないでしょうか。「地方」における過疎化、高齢化や人口減少と、大都市部への人口流入、とりわけ東京を中心とする首都圏の一極集中といわれるような構図は、コロナ禍を経た後でも大きくは変わっていません。その評価についてはさまざまな議論がありますが、民間の有識者グループが２０２４年4月に発表した、日本全体の４割にあたる７４４の自治体が「最終的には消滅する可能性がある」とした分析は、私たちの社会が置かれた状況を全体的な傾向として捉えたものといえます。

このような現状を考えれば、相対的に自立した、持続可能な地域づくりは、それぞれの地域にとって喫緊の課題といえますが、実際、そのような場面で協同組合が果たし得る役割は小さくありません。まず指摘できるのは協同組合が地域の中で事業活動を行うこと自体が持続可能な地域づくりにおいて大きな意味を持つということです。営利企業では、日本中、場合によっては世界中に出資者が存在し、事業エリアも限定されていません。地域の中で事業を行っていても、株主への配当や事業所の移転などによって、その資金は常に地域から流出していく可能性をはらんでいます。これに対して、協同組合はいうまでもなく組合員の出資によって事業を行っています。またその活動エリアも一定の地域内に限定されています。協同組合の事業によって生み出された剰余は協同組合の事業の拡大に充てられるほか、**利用分量割り戻し**などで組合員に還元されますが、それらはいずれも地域の中で循環していくお金だということができるのです。

また、当然のことながら、協同組合の事業は、さまざまな価値を生み出すとともに、働く場などもつくり出しています。しばしば協同組合はよくも悪くも「地域から逃れられない」といわれますが、その特性上、協同組合の各種事業は、地域の外に移転することなく、地域内に存続し続けるものです。協同組合の経済活動は、地域の中にヒト、モノ、カネの循環をつくり出し、維持する仕組みということができるのです。

経済の循環を太くしていくために

このように考えると、地域の中で活動する協同組合が増えていくことは持続可能な地域づくりにも大きな意味をもちます。この点に関して、近年の日本で注目されるのが労働者協同組合（99ページ）の新設です。2022年の労働者協同組合法の施行以後、2024年10月1日までに1都1道2府27県で110の労働者協同組合が設立されています。その8割は新設の労働者協同組合で、中にはそれまで労働者協同組合の運動を全く知らなかった人たちが立ち上げた組合も存在します。その事業内容もキャンプ場の経営や、葬祭業、**成年後見支援**、メディア制作体験、地元産鮮魚販売、給食のお弁当づくり、カフェ、フェスティバル運営、高齢者介護、生活困窮者支援、子育て支援、障害福祉、清掃、建物管理、家事代行など多岐にわたっており、一般的な企業が対象としないような生活に身近な場所での仕事づくりに取り

用語

利用分量割り戻し
出資金額ではなく、事業を利用した分量に応じて利益を割り戻すこと。

成年後見支援
認知症などで物事を判断する能力が十分でない人の暮らしのサポートを行うこと。

組んでいることがわかります。一つひとつの組合の規模は大きくなく、また副業的に事業を行っているところも多いと思われますが、こうした全く新しい協同組合がつくられることによって、地域の中に経済的な循環の新しい回路がつくられていくことが期待されます。

また、地域内での経済循環について、生産物という視点から考えた時に重要になるのが、地域で生産された農林水産物を、その生産された地域内において消費する地産地消の取り組みです。典型的には、農協の女性組織の活動から始まった農産物直売所があげられますが、２０２２年度末現在、全国に２万２３８０の農産物直売所があり、そのうち２２２０が農協によるものとなっています。図に示すようにこの数字は拡大してきており、地産地消のほか、生産者との顔の見える関係や「安全・安心」といった観点からも注目されています。

この直売所の取り組みもそうですが、地域の持続可能な発展に資する協同組合のあり方を考える時、

農協による農産物直売所の販売額と事業体数の推移

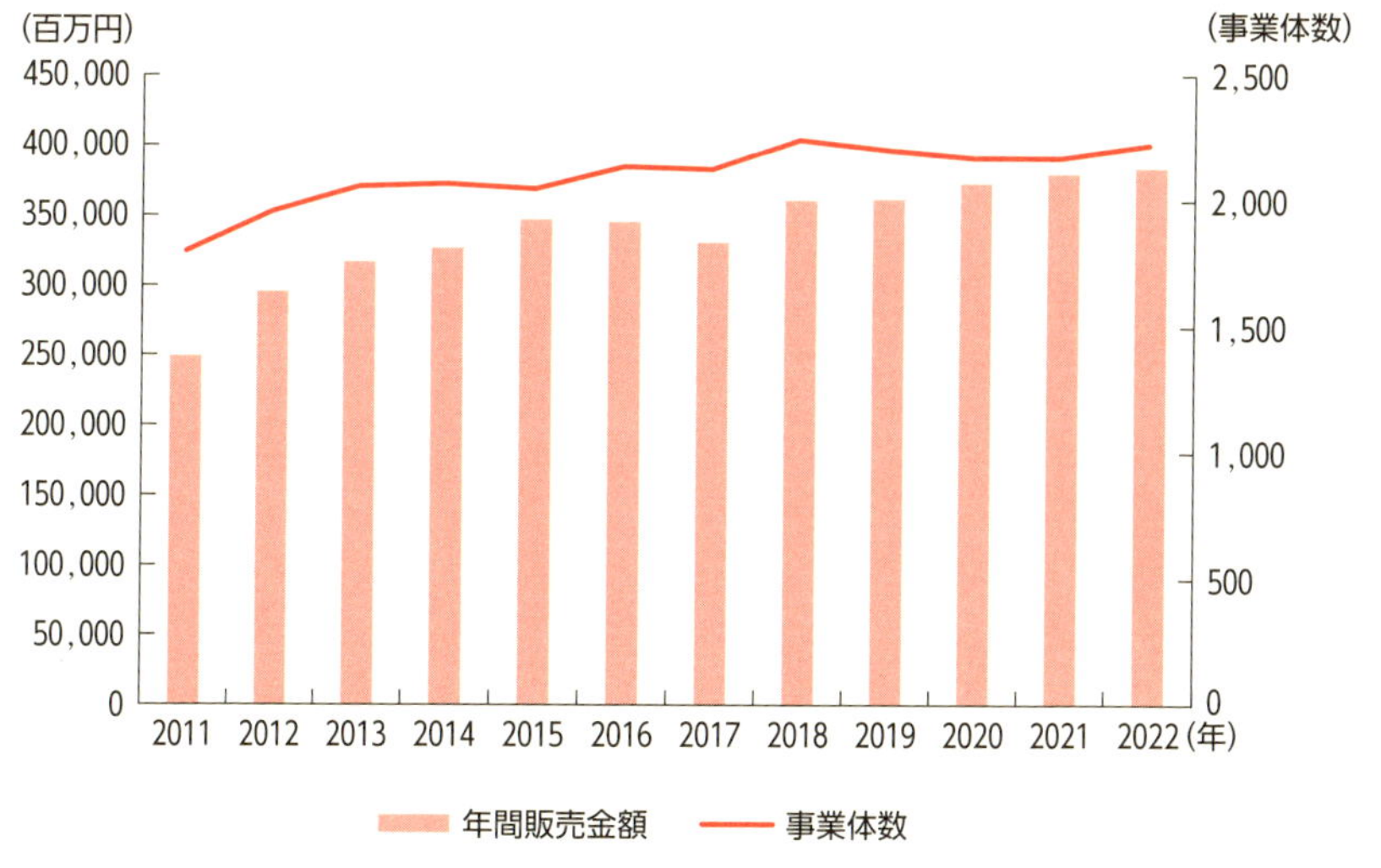

(百万円)
450,000
400,000
350,000
300,000
250,000
200,000
150,000
100,000
50,000
0
(事業体数)
2,500
2,000
1,500
1,000
500
0
2011 2012 2013 2014 2015 2016 2017 2018 2019 2020 2021 2022 (年)
年間販売金額
事業体数

資料：農林水産省「6次産業化総合調査」(各年度より)

もう一つ重要になってくるのは、事業を通じて付加価値を創出していくことです。農林漁業者が単に農水産物の生産を行うだけでなく、農協や漁協などを通じて加工（2次産業）や流通・販売・観光（3次産業）といった分野にかかわることを6次産業化と呼びますが、上述した直売所のほか、農産物の加工や商品化、観光農園、農家民宿、農家レストランの経営といった取り組みはまさにそうした新しい付加価値の創出につながります。

6次産業化のイメージ

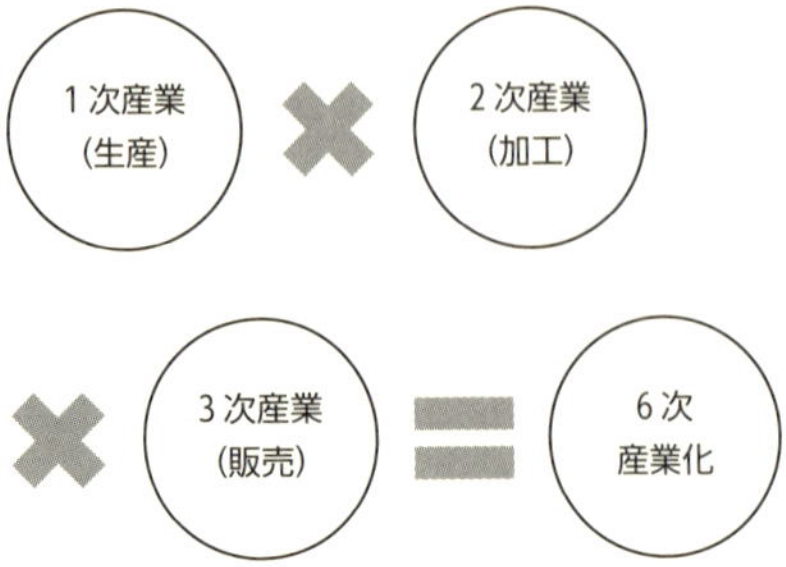

1次産業（生産）×2次産業（加工）×3次産業（販売）＝6次産業化

また、近年では協同組合が太陽光や小水力など再生可能エネルギー事業に取り組むような事例も見られますが（135ページ）、これも地域の使われていない資源を活用した付加価値の創出ということができます。このエネルギーという視点からも、先に述べた地産地消が重要なキーワードになります。単に再生可能エネルギーであればよいというだけでなく「地域にある資源を使って、地域でエネルギーをつくり、地域で利用する」といったエネルギーの地産地消が、持続可能な地域のあり方としても求められますし、出資・利用・運営が一体となった協同組合こそがその担い手としてふさわしい組織だといえるのです。

目指したい持続可能な地域の形

経済評論家の**内橋克人**は**市場原理主義**ともいうべき新自由主義が、地域社会の衰退や貧困、社会の分断をもたらしてきたことに警鐘を鳴らし、「ＦＥＣ自給圏」を目指す地域づくりを提唱しました。ＦＥ

用語

内橋克人
1932～2021年。日本の経済評論家。主著に『匠の時代』、『「技術一流国」ニッポンの神話』など。

市場原理主義
政府が市場に干渉せず放任することにより、人々に最大の公平と繁栄をもたらすことができるとする思想的立場。

C自給圏構想とは、食料（Foods）とエネルギー（Energy）、そしてケア（Care＝医療・介護・福祉）をできるだけ地域内で自給することが、コミュニティの生存条件を強くし、雇用を生み出して、地域が自立することにつながるというものです。近年ではこれに（Work＝働く）を付け加えたFEC＋Wも提唱されていますが、ここまで述べてきたような食やエネルギーの地産地消や協同組合による持続可能な地域づくりを目指すうえで一つのモデルになる考え方といえるでしょう。

このFEC自給圏のような構想を一つの協同組合だけで担うことは簡単ではありません。食の地産地消を例に考えれば、生産者の協同組合である農協や漁協などが生産し、消費者の協同組合である生協がそれを流通させ消費者に届ける、といったような協同組合間の協同が不可欠です。

ケアについても、生協や農協の取り組みのほか、地域の中で労働者協同組合が果たす役割も大切です。エネルギーの分野でも、発電や組合員への電力供給などで協同組合が注目されています。また、これらの事業には地域における資金循環が欠かせませんが、そこでは信用組合が大きな力を発揮します。

このように多様な協同組合が地域の中で活動するというありようは「西暦2000年における協同組合」（レイドロー報告。65ページ）の中で、第4優先分野として提起された「協同組合地域社会の建設」とも重なります。各種の協同組合が地域の中でそれぞれの役割を果たしながら、持続可能な地域づくりに取り組むことが期待されます。

FEC自給圏

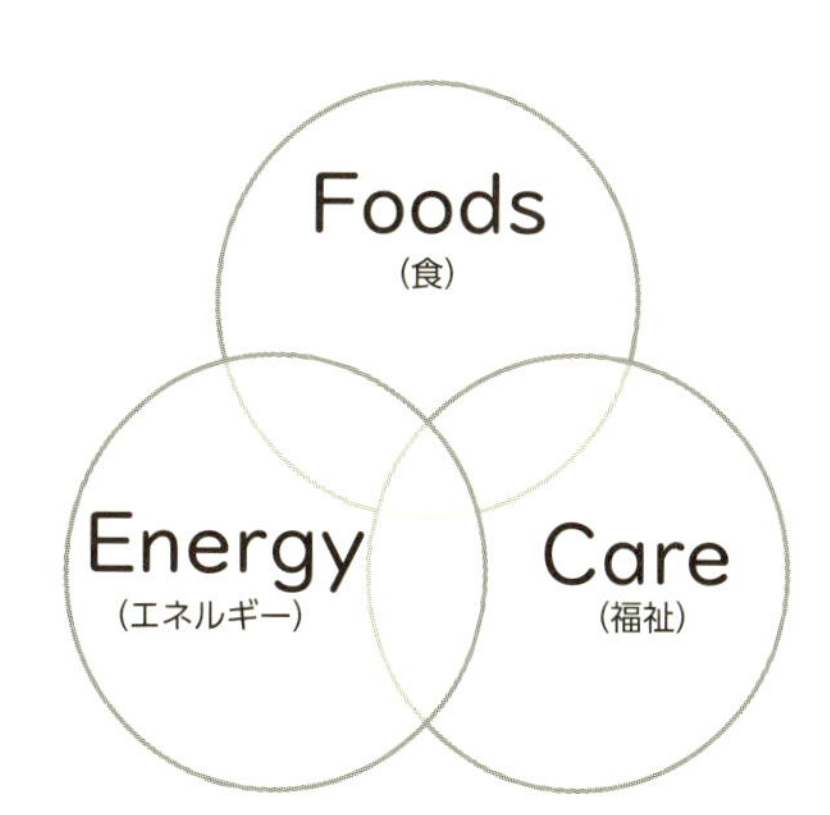

9 文化・芸能・スポーツと協同組合

「文化的」ニーズと願い

1995年の国際協同組合同盟（ICA）マンチェスター大会で採択された「協同組合のアイデンティティに関するICA声明」には協同組合の七つの原則のほかに、協同組合の定義と価値が示されています（66ページ）。このうち協同組合の定義には、協同組合の目的として「共通の経済的、社会的、文化的ニーズと願い」をかなえることがうたわれています。組合員の経済的ニーズや社会的ニーズだけではなく「文化的ニーズ」をかなえることも協同組合の目的の一つなのです。

実はこの「協同組合のアイデンティティに関するICA声明」に「文化的」目的が盛り込まれることに大きく貢献したのは日本の生協でした。原案に盛り込まれていた「文化的」という言葉は直前の理事会で削除されたのですが、声明が採択されたマンチェスター大会で日本生協連の代表から復活を求める説得力のある意見表明がなされ、その結果「文化的ニーズと願い」という文言が再び盛り込まれることになり、現在の「声明」が採択されたのです。

生協や農協の生活文化活動

日本生協連が「文化的」という文言の復活を求めたのは、日本の生協運動の中に、特に子どもを対象にした、文化活動が位置づけられ、各地の生協で映画や音楽、演劇、スポーツ、サークル活動、子どもの教育など多様な取り組みが行われてきたからです。たとえば、東京の世田谷で活動していた**下馬生協**（しもうま）では早い時期から生活文化活動に取り組み、料理や踊りの教室などが開かれていたほか、組合員が子どもの教育について学ぶとともに、実際に習字や算数、

用語
下馬生協
東京都世田谷区を中心に活動していた生協。事業と活動は現在のパルシステム東京に引き継がれている。

図工、英語などを子どもが勉強する「子どものへや」の取り組みを実践していました。

付け加えると、このような生協の文化活動の位置づけは法律からも読み解くことができます。生協として認められるべき基準・要件を定めた生協法の2条の中には「組合員の生活の文化的経済的改善向上を図ることのみを目的とすること」という条文があります。生協の目的として組合員の文化的生活の改善向上に取り組むことがはっきりと示されており、注目されます。

農協でも、女性組織を中心に生活文化活動が盛んに行われ、農村生活とその文化を支えてきた歴史があります。また、農村における文化の振興に大きな役割を果たしてきたものの一つに、JAグループの家庭雑誌『家の光』があることはいうまでもありません。

俳優たちの協同組合

生協や農協の活動における文化活動の広がりとは別に、文化活動を直接担ってきた協同組合も存在します。1960年5月に設立され、「俳協」の略称で知られる東京俳優生協は、その名の通り組織としては生協ですが、300人以上の俳優が所属する文化・芸能の技能集団です。所属俳優のスケジュール

「下馬生協の50年」の表紙

下馬生協の50周年記念誌の表紙には、着付や「子どものへや」など、生活文化運動の取り組みの歴史が掲載されている

や著作権の管理のほか、共済事業や物品の供給事業、劇団、養成事業、制作事業、貸スペースの運営などを行っており、機能的には芸能事務所のような組織といえます。しかし、同時にその定款に「相互扶助の精神に基づき、組合員の生活の文化的経済的改善向上を計る」とうたい、芸能界の革新を通じ、芸能文化の向上に寄与する事を目的とする協同組合組織でもあるのです。協同組合なので1人1票の民主的運営が原則ですが、特に興味深いのは、俳優とマネージャーが全く対等の立場で組合員になり、同じように運営に関与しているという点です。

芸能事務所のあり方をめぐっては、近年でもしばしばニュースで報じられますが、「俳優に仕えるか、俳優を使うか」といった関係から脱皮し、民主的に運営できる形として協同組合である生協組織を選んだ俳協のあゆみは、文化のあり方を考えるうえでも、また協同組合の果たし得る役割を考えるうえでも貴重な示唆を与えてくれます。

もう一つ、俳優の協同組合として知られているの

東京・千駄ヶ谷にある東京俳優生協の本部に掲げられた看板

写真：阿高あや

用語

が、協同組合日本俳優連合（日俳連）です。日俳連は中小企業等協同組合法に基づく事業協同組合で、約2500人の俳優が加入しています。俳優一人ひとりは、フリーランスのため決して強い立場ではなく、テレビ局や制作者と対等に出演契約を結ぶことは難しいのが現状です。日俳連はその前身組織が1967年に事業協同組合となって以降、中小企業等協同組合法で認められている**団体交渉権**を生かして、NHKや民放各局、製作会社との間で出演条件や安全対策等の**団体協約**を締結してきました。そして、その条件が守れなかった時は、問題解決のために動くことになっています。また、コロナ禍における文化芸術活動への支援や、制作現場におけるハラスメントの問題など、俳優の社会的・経済的な地位の確立と向上のための活動にも取り組んでいます。

市民が文化を支える

ここまで見てきたのは文化・芸能に携わる人たちの協同組合でした。これに対して、生協のように、文化・芸能の愛好者がつくる協同組合もあります。

そこであげられるのが、岩手県宮古市で活動する日本で唯一の映画の生協、みやこ映画生協です。映画は身近な娯楽、大衆文化として愛され、かつてはどこのまちにも映画館がありました。しかし、娯楽の多様化やシネコンの普及に伴い、小規模な映画館は次々と閉館しています。宮古市でも1991年に最後の映画館が閉館しましたが、映画ファンを中心にした自主上映活動の中から映画館を求める機運が高まり、1997年4月、地元のいわて生協の店舗建設の際、その2階に映画館が併設されました。この映画館の運営主体となったのが、みやこ映画生協です。映画館を求める市民活動の中から生まれ、組合員一人ひとりの出資や企画などへの参加といった、協同による映画館の運営が行われました。

東日本大震災の際に取り組まれた被災地出前上映や、全国の映画ファンや生協などの募金によって実現したデジタル化などは「映画生協」らしい取り組みといえるでしょう。震災後に続いた人口減少など

団体交渉権
労働者が、事業者に対して、労働協約などの団体協約の締結などを交渉する権利。

団体協約
労働者の経済的地位の改善などのために、個人と団体との間または団体相互間で結ぶ、取引条件に関する契約。

で2016年9月に映画館は常設館としては閉館となりましたが、現在でも定期的な上映会や、地域上映会活動が行われ、映画生協としての活動が続けられています。

こうした取り組みは他の分野でも見られます。スポーツの世界に目を転じると、注目されるのがサッカーです。地域密着性が重視されるヨーロッパのサッカーでは協同組合方式によるクラブ経営は珍しいことではありません。スペインリーグの強豪FCバルセロナは**ソシオ**と呼ばれる協同組合的組織ですし、イングランドの強豪、マンチェスター・ユナイテッドFCがアメリカの富豪に買収された際には、地元のサポーターによる「自分たちのチーム」をつくろうという動きが起こり、FCユナイテッド・オブ・マンチェスターという別のクラブがつくられています。グローバルなマネーゲームに使われることを拒否し、地域の人たちが自分たちの手でサッカークラブをつくろうとする取り組みは、協同組合らしい実践といえるでしょう。

サッカーチームにしても映画館にしても「ないのなら自分たちでつくってしまおう」という発想はまさしく協同組合の考え方そのものです。ここまであげてきた事例はいずれも「共通の文化的ニーズと願い」を実現してきた取り組みといえます。

協同組合というと組合員の経済的、社会的なニーズを事業によって実現していくことをまず思い浮かべがちです。

そのような協同組合のイメージは間違いではありませんし、本来、協同組合としてあるべき姿ということができますが、同時に農協や生協の購買事業・販売事業などに代表されるような経済的な事業は、市場において営利企業との競争を強いられる領域でもあります。

これに対し、ここで述べてきた文化活動は、それによって収益を上げることが難しく、また求められてもいません。そのような「営利」事業になじむとは考えにくい文化の領域こそ、協同組合のようなやり方が合致しやすいといえるのではないでしょうか。

用語

ソシオ
サッカークラブのサポーターの組織など、会員の会費により運営を支えている組織。

10 子どもたちと協同組合

進行する少子化

現在、日本では少子化が深刻な社会問題になっています。２０２０年の日本の人口は約1億2千万人でしたが、今後は子ども・若者が減少し、高齢者の割合が増えながら人口全体が減少していくと考えられています。日本における年間出生数の推移を見てみると、戦後直後の１９４０年代後半と１９７０年代前半に2度の**ベビーブーム**がありましたが、１９７３年以降は減少傾向が続き、近年では年間８０万人を割り込むようになっています。**合計特殊出生率**も減少傾向にあり、２００５年には1・26まで低下しました。その後、いったんは増加に転じましたが、２０１５年以降再び低下傾向となり、２０２３年には1・20と過去最低を更新しています。

少子化の要因は複雑に絡み合っていますが、日本では結婚後に子どもを持つケースが多いため、未婚化が少子化の主な要因として指摘されています。また、子育てにかかるコストや負担感も少子化が進む大きな要因だと考えられています。

子どもを取り巻く環境

少子化だけでなく、生まれてきた子どもたちにかかわる社会問題も指摘されています。問題の一つが「子どもの貧困」です。子どもの貧困とは、18歳未満の子どもが相対的貧困の状態にあることを意味します。その国の**等価可処分所得**の中央値の半分に満たない状態を相対的貧困と呼び、相対的貧困にある世帯の子どもは、経済的困窮を理由に、食事や教育、医療などの面で不利を被るだけでなく、地域や社会、友人関係からも孤立してしまう傾向があるとされています。

用語

ベビーブーム
特定の一時期に、出生率が急上昇する現象。

合計特殊出生率
15歳から49歳までの女性の年齢別出生率を合計したもので、一人の女性が一生のうちに産む子どもの数の指標。

等価可処分所得
世帯の年間可処分所得（収入から税金や社会保険料などを除いた、自分で自由に使える手取り収入）を世帯人員で調整したもの。

出生数及び合計特殊出生率の推移

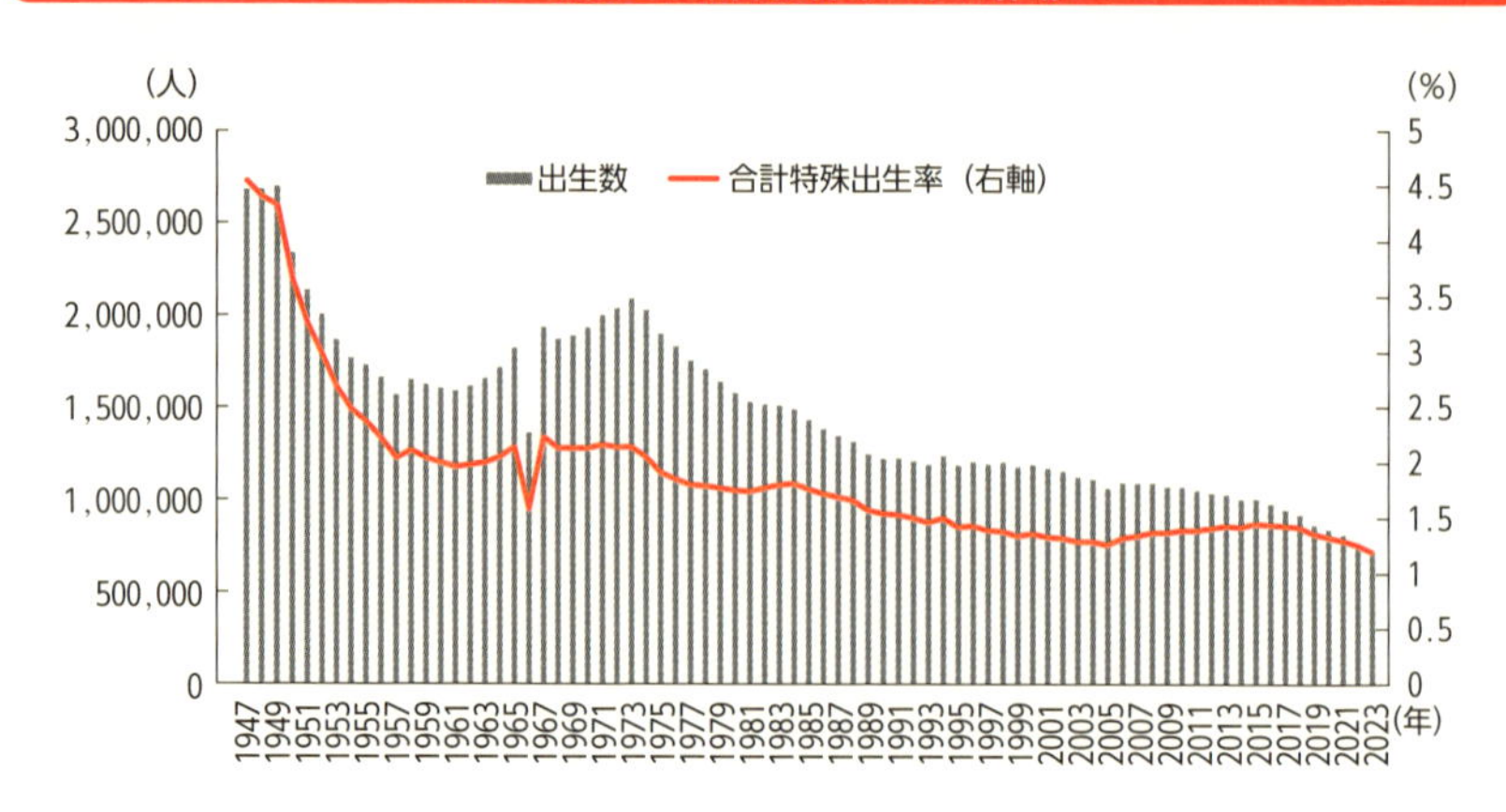

資料：厚生労働省「人口動態統計」

子どもの貧困率の推移

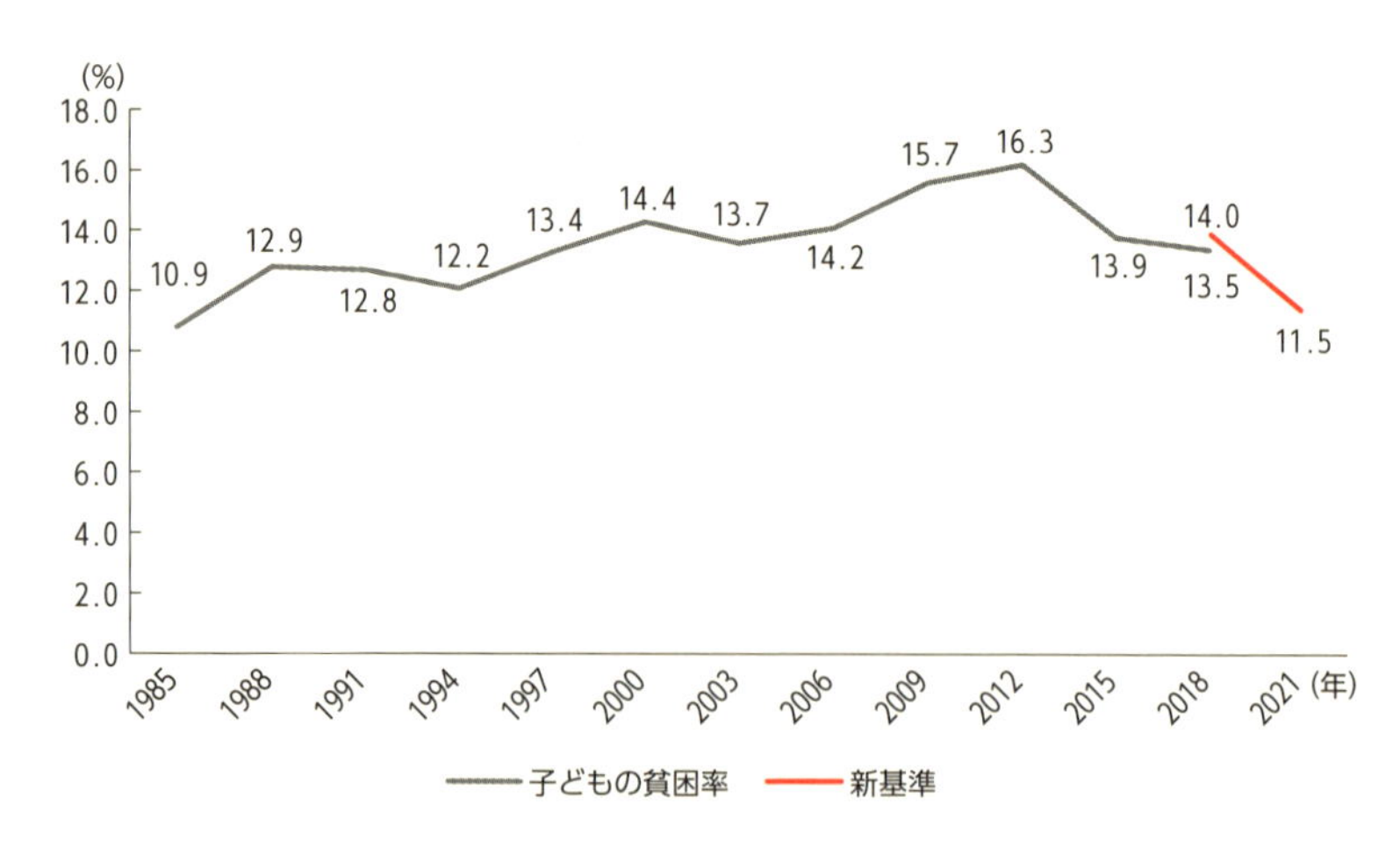

資料：厚生労働省「国民生活基礎調査」

こうした子どもの割合は「子どもの貧困率」という指標で表されます。１９８０年代から、日本の子どもの貧困率は上昇傾向にありましたが、２０１２年からは減少傾向に転じました。しかし、それでもいまだ９人に１人の子どもが貧困状態にあるとされています。

子どもたちを支える協同組合の取り組み

少子化は社会全体の問題であり、また子どもたち全員が健やかに成長できる環境を整えることは大人たちの責務です。この問題に対して、協同組合はどのように取り組んでいるのでしょうか。

まず、あげられるのは各協同組合の本業による取り組みです。たとえば、地域生協では組合員の声を踏まえて、乳幼児向け商品を開発しました。またJA共済やコープ共済では、子どもの共済を多種取り揃えるなど、子育てに向き合った事業を展開しています。

こうした本業以外にも、さまざまな子育て支援にかかわる活動が協同組合によって取り組まれています。たとえば、地域生協は以前から加入のきっかけが出産・子育てだったこともあり、多様な子育て支援を行っています。出産時には育児に便利な商品を詰め合わせたセットを、幼児期には絵本を組合員の家庭へプレゼントしたりしています。最近では、行政と連携したおむつの定期便サービスも始まりました。単におむつを届けるだけでなく、配達に合わせて親から子育てに関する悩みを聞いたりと、孤立しがちな母親をサポートする役割も担っている活動です。また、子どもと保護者が集まって、交流や育児相談ができる居場所づくりが、地域生協だけでなく、農協などでも広く行われています。

こども食堂にも協同組合は積極的にかかわっています。２０１２年に東京都大田区から始まったこども食堂は、２０２３年時点で全国９０００カ所以上にまで拡大しています。こども食堂は、子どもが一人でも行ける無料または低額の食堂です。その仕組みから、こども食堂は「子どもの貧困」対策という

こども食堂
↓１３３ページ

イメージもありますが、利用対象を子どもや経済的に困窮している家庭に限定している例は少ないのが実態です。むしろ、こども食堂は子どもを中心において、保護者や地域住民が集う場を提供することで、子どもや子育て世代を地域全体で支えながら、地域のつながりをつくり出すことを目指した活動になっています。

農協では、こども食堂に対して、地域の農産物などの食材提供や合併などで生じた遊休施設の提供、さらに職員のボランティアスタッフとしての参画など多様な形での支援を続けています。生協でも、組合員や役職員が経験を活かしてこども食堂の運営に携わったり、他団体とともに運営ネットワークなどに参加しています。また、家庭で余っている食材を持ち寄り、**フードバンク**を通じてこども食堂に提供する、フードドライブ活動なども広く取り組まれています。食支援という点では、農協・漁協が大学生協と連携して、学生向けに地域食材を使った安価なメニューを学生食堂で提供するなど、協同組合同士の連携を含めた活動が展開されています。

その他にも、経済的な支援活動として、大学生協や地域生協が財団法人を設置し、学生への奨学金の給付事業に取り組んでいます。

子どもたちや若者に協同を伝える

協同組合を子どもたちに知ってもらうためのさまざまな取り組みも学校教育の現場で進んでいます。たとえば、各協同組合が小・中・高校へ出向いて出前授業を行ったり、協同組合の寄付により大学で協同組合について学ぶ講座（189ページ）が開設されたりしています。

教育現場だけでなく、各地域で行われる協同組合のイベントに、地域の協同組合同士が相互に参加し合うこともあります。それぞれブースなどを出展し、来場した子どもたちに向けてさまざまな学習企画や体験企画を提供しています。学校教育をはじめとして、子どもたちや若者に協同の仕組みを理解してもらい、共感を広げるための活動が進んでいます。

用語

フードバンク
事業者などから寄付された食品を、必要としている人や団体に無償で提供する活動。

11 ベンチャー・ビジネスと協同組合

ベンチャー・ビジネスと経済活性化

1970年代以降、日本で新しい企業のことを指す用語として普及したのがベンチャー・ビジネスという和製英語です。1970年代初頭の**第1次ベンチャー・ブーム**をきっかけに、複数回の社会的な起業拡大の潮流が、ベンチャー・ビジネス（あるいはベンチャー）という用語の普及を促進してきました。

なお、2017年頃からは、新しい企業を表現する用語として、スタートアップが使われ始めました。近年ではベンチャーに代わり、スタートアップの方が多く用いられるようになってきています。

ベンチャー・ビジネスを含め、起業に社会的な注目が集まるのは、起業活動が経済活性化に大きく貢献すると考えられているからです。たとえば、新しい企業の参入は競争を促進し、非効率的な企業の淘汰を促すことで、健全な市場メカニズムの維持につながります。また、新しい企業の登場は多くの雇用を生み出します。さらに、経済活性化に不可欠なイノベーションの担い手としての役割も期待されます。**シュンペーター**によれば、イノベーションとは、既存の生産諸要素や経営資源を組み合わせて新しいものを生み出す「新結合」を意味します。新しい企業がこれまでにないアイディアで市場に参入するという形のイノベーションだけでなく、競争促進によって既存企業によるイノベーションの活性化も想定されるからです。

しかし、各国の起業活動の活発さを表す指標として用いられている総合起業活動指数を見てみると、近年の日本は各国に比べて低い水準で推移していることがわかります。こうした起業活動の活性化は、日本経済にとって重要な課題だと考えられています。

用語

第1次ベンチャー・ブーム
1970～73年に起こった起業活動のブーム。大企業が担えないニッチ分野で多くの企業が生まれたが、石油危機による不況の到来でブームは大きく後退した。

シュンペーター
20世紀を代表する経済学者の一人。オーストリア・ハンガリー帝国生まれ。「イノベーション」という言葉を経済学において初めて定義した。

各国の総合起業活動指数の推移

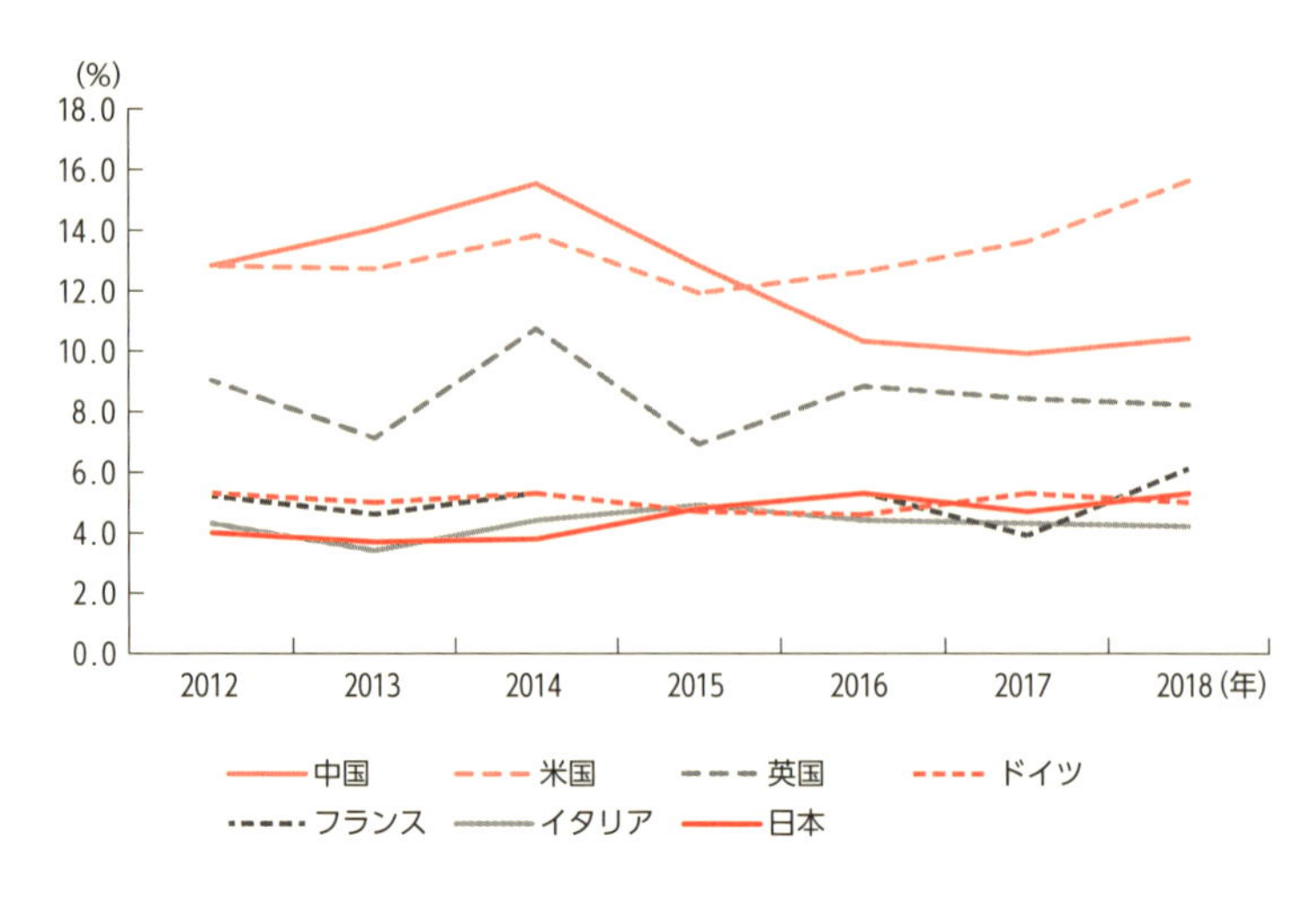

資料：中小企業庁「2020年版中小企業白書」

起業を支える協同の仕組み

起業間もないベンチャー・ビジネスは、経営資源や知識、あるいは社会からの信頼の不足など新しさゆえの脆弱性を抱えています。そのためさまざまな課題に直面するわけですが、最も多いのが資金調達の難しさです。この課題に応える協同の仕組みの一つが、マイクロファイナンスと呼ばれる小口融資です。マイクロファイナンスは、貧困層や低所得者層向けに、低利・無担保で少額の融資を行う仕組みであり、起業や就労によって貧困や生活困窮から脱し、自立することを促す仕組みです。

マイクロファイナンスは、これを行う機関である**グラミン銀行**を創設したムハマド・ユヌスが、2006年にノーベル平和賞を受賞したことをきっかけに、世界的に知られるようになりました。グラミン銀行は1983年にバングラデシュに設立されましたが、マイクロファイナンスの源流は、世界各地で古くから存在する頼母子講や無尽などの、小口の貸

用語

グラミン銀行
1974年、バングラデシュの経済学者ムハマド・ユヌスが立ち上げた貧困層向け融資についてのプロジェクトが起源。1983年に独立銀行として正式に認定された。世界40か国で展開し、日本にもグラミン日本がある。

し付けや貯蓄を共同で行うインフォーマルな金融活動を源流にしているといえます。実際、マイクロファイナンスではコミュニティ形成も重視されています。たとえば、グラミン日本では、5人1組の互助グループをつくって、定期的なミーティングを行い、協同して起業活動や就労に向き合うことで活動を後押ししています。

ただし、マイクロファイナンスでは、必ずしも融資が生産活動への投資に回っていないのではないかという指摘もあります。起業等を通じた貧困削減のためには、起業や経営に関する技術支援も重要になってくる点には注意が必要です。

協同を活かした新規事業の展開

現在では大規模化した多くの協同組合も、設立当初は小さなベンチャー・ビジネスとして出発し、さまざまなイノベーションを実現することで成長を遂げてきた歴史を持っています。さかのぼればロッチデール公正先駆者組合による店舗運営のルールも当時としては画期的なイノベーションだったと捉えられます。あるいは、日本の地域生協が1970年代から取り組んだ班別共同購入（73ページ）も、食品宅配事業という流通におけるイノベーションの一例であったといえるでしょう。

近年のベンチャー・ビジネスにおける協同の取り組みが協同労働です。協同労働は、労働者一人一人が出資をして事業を立ち上げ、働く人たちが経営方針を話し合って、経営にその意見を反映させる点が特徴の仕組みです。営利にとらわれず、地域で必要とされる事業を展開したり、情報化社会における新しい働き方を支える仕組みを生み出す可能性があるとして、世界でも注目されています。

日本ではこれまで、協同労働はＮＰＯなどの形態で運営されており、事業にも制限がありました。しかし、2022年に施行された労働者協同組合法によって法的な面が整備され、同法の要件を満たす団体は「労働者協同組合」として法人格を与えられました（99ページ）。

12 AI、高度情報化社会と協同組合

AIの発展と情報社会の到来

1990年代以降、全世界でインターネットの利用が急拡大してきました。**光ファイバー**や通信衛星を利用した通信網が発達したことや、情報通信技術（ICT：Information and Communications Technology）の発達によって、大量の情報が瞬時に伝達できるようになっています。スマートフォンが爆発的に普及したように、すさまじいスピードで経済・社会の諸分野におけるネットワーク化が進んでいます。

ネットワーク化の進展を背景にして、現在では、IoT（Internet of Things）と呼ばれる情報通信技術の概念も広がっています。IoTは、パソコンやスマートフォンといった情報機器だけでなく、産業用機器、自動車、家電製品といった、さまざまな「モノ」をインターネットにつなげる技術です。あらゆる「モノ」をインターネットにつなげることで、ビジネスのあり方や人々の暮らしを大きく変える技術として注目されています。

また、AIも大きな話題となっています。AIとは、Artificial Intelligence（人工知能）の略で、人間と同様の知的能力を人工的に実現する技術です。近年では、アメリカのオープンAIが開発した対話型AIサービス「**ChatGPT**」をきっかけにして、テキストや画像を出力できる生成AIと呼ばれる分野に注目が集まっています。

AIや情報通信技術を活かした協同組合の事業

既にビジネスの現場では、IoTやAIを活用することで生産や流通の効率化を図ったり、一部の業務をAIに置き換える動きが進んでいます。こうし

用語

光ファイバー
ガラスやプラスチックなどでできた光を通す繊維。電磁気の影響を受けにくく、高速信号を長距離に伝送できるため、光回線の伝送路として使用されている。

ChatGPT
アメリカのOpenAI社が提供している会話型の生成AIサービス。人との会話のように、文章を入力すると、それに対応した自然な文章が生成される。

インターネット利用率（個人）の推移

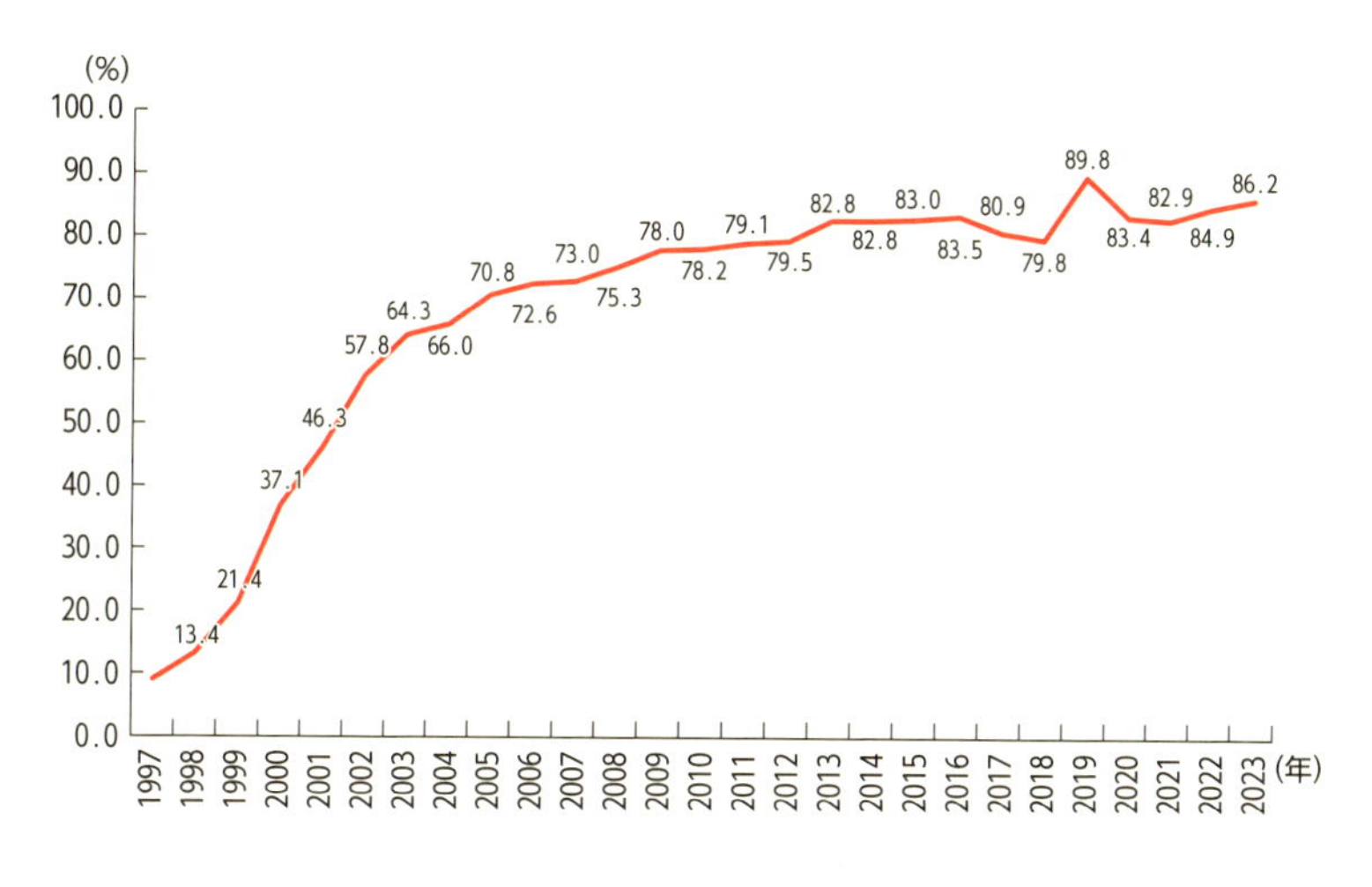

資料：総務省「通信利用動向調査」

た情報通信技術やＡＩ技術等のデジタル技術を活用することで、自らの競争力を高めることをＤＸ(Digital Transformation) と呼んでいます。

協同組合においてもＩｏＴやＡＩを活用するＤＸが進められています。農協では流通現場における集荷情報のやり取りなどの業務においてＤＸ化を進めている事例もあれば、ＡＩやＩｏＴ、ロボット（**ドローン**）などを農業の現場に導入して、作業の自動化や効率化を実現するスマート農業と呼ばれる取り組みを推進している事例もあります。

生協では、日本生協連の呼びかけのもと、横断的な取り組みとして「ＤＸ-ＣＯ・ＯＰプロジェクト」が推進されています。たとえば、組合員が検索したレシピから、必要な食材を自動で注文に組み込むサービスや、生協の主力事業である宅配事業における配送コースの最適化システム等の開発・導入・検証が進んでいます。

ドローン
遠隔操作または自動操縦によって飛行させることができる無人航空機。構造上、人が乗ることができず、重量100g以上のものを指す。

デジタル社会とプラットフォーム協同組合主義

社会のネットワーク化の進展や情報社会化は、協同組合の新たな可能性にも光をあてています。それがプラットフォーム協同組合です。プラットフォームとは、物理的な基盤や土台を意味する言葉で、ビジネスの世界では、モノやサービスを利用する人と、それらを供給する人や企業をつなげる「場」を表す言葉として用いられています。特にインターネットを通じてプラットフォームを提供する企業をデジタル・プラットフォーマーと呼んでいます。その代表的な存在がＧｏｏｇｌｅやＡｍａｚｏｎなどの巨大ＩＣＴ関連企業です。デジタル・プラットフォーマーが提供するサービスによって、個人や企業は時間・場所・規模の制約を超えた活動が可能となるなど、情報化・デジタル化した経済そのものを機能させる舞台をデジタル・プラットフォーマーは提供しているといえます。

一方で、経済を機能させる場であるプラットフォームが私企業に独占されていることの弊害が指摘されています。デジタル・プラットフォームは、利用者が増加することで利便性や効用が増加するため、基本的に勝者総取りの仕組みになっています。代わりの選択肢がないことで、不公正な取引や雇用の問題などが引き起こされているという指摘が出てきているのです。

こうした問題の解決法として、プラットフォームを利用する人々が自分たちでそれを所有し、それぞれが１人１票を持ち、民主的に運営しようというのがプラットフォーム協同組合であり、世界各地で誕生しています。ただ今のところ、その大部分の事業規模は決して大きいものではありません。また、デジタル・プラットフォームは規模の拡大が重要ですが、規模拡大によって協同組合的なガバナンスが困難になることも危惧されています。新しい時代の独占に対抗するためのアイデアとしてプラットフォーム協同組合を発展させるため、こうした課題を克服していくことが求められています。

13 協同組合と社会的連帯経済

民主的で公正な経済社会のために

社会的連帯経済は、英語表記ではsocial and solidarity economyとされ、SSEの略称で呼ばれます。

社会的連帯経済は、社会的経済と連帯経済という二つの枠組みを組み合わせた概念です。まず、社会的経済とは、経済における一つの部門（セクター）であり、株式会社に代表される営利企業ではなく、協同組合やNPO、財団、共済組織等の、営利を目的とせず、社会的な目標達成のために、民主的に運営される組織によって担われる経済領域を示す概念です。1980年代以降、フランスやスペインなどヨーロッパ諸国で広がりました。一方の連帯経済は、1990年代以降、特にラテンアメリカ諸国において普及した概念です。連帯経済は、新自由主義的な経済体制に対抗し、公正かつ持続可能な世界を作ろうという社会運動から生まれた考え方で、非市場的な互酬関係に重きが置かれている点が特徴です。具体的な実践としては、フェアトレードやマイクロファイナンス、**地域通貨**などが広く知られています。

両者には違いもありますが、ともに競争や利潤追求といった資本主義的な経済とは異なる、民主的で公正な経済社会を目指すという点では一致しています。そのため、両者を合わせた経済活動・領域を、社会的連帯経済という言葉で表現するようになっています。

社会的連帯経済の定義としては、国際労働機関（ILO）が2022年6月に決定したものがあります（115ページ）。この定義に基づいて、2023年4月には国連総会で「持続可能な開発のための社会的連帯経済の推進」が決議されました。

用語

地域通貨
特定の地域やコミュニティ内だけで利用できる、自治体や企業が独自に発行する通貨。

社会的連帯経済の担い手としての協同組合

協同組合は、社会的連帯経済において重要な役割を果たしてきたとされています。協同組合は生産・流通・消費・金融などの具体的な事業を行っており、社会的経済における主要な担い手とされているためです。加えて近年の協同組合は、組合員の共益組織としての役割にとどまらず、「共益を越えた公益的活動」を模索するようになっています。協同組合原則の第7原則「コミュニティへの関与」は、組合員を含んだコミュニティ全体を視野に入れており、協同組合の公益への意識を表しているといえるでしょう。この際、協同組合は同じく社会的経済の担い手であるNPOをはじめ、企業や団体との連携も進めています。

なお、日本における社会的連帯経済の認知度は低い状態にあります。資本主義のオルタナティブ（代替）として社会的連帯経済を発展・普及させていくために、協同組合の積極的な関与が期待されます。

グローバル・レベルでの社会的連帯経済を促進する動き

年	できごと
2002年	ILOが「協同組合の促進に関する勧告（第193号）」を採択
2012年	国連が2012年を国際協同組合年に定める
2013年	国連が、国連内外で社会的連帯経済に関する認知度を高めるため、国連機関とOECDにより構成されるUNTFSSE（社会的連帯経済に関する国連機関横断タスクフォース）を設置。翌年には、「社会的連帯経済と持続可能な開発の課題」と題するポジションペーパーをとりまとめた
2020年	スペインのトレドで「包摂的で持続可能かつ公正な復興のための社会的経済に関する国際サミット」が開催され、スペイン政府によって社会的連帯経済に関する宣言が発表された
2021年	欧州委員会が「社会的経済のための欧州行動計画」を採択
2022年	ILOが「ディーセント・ワークと社会的連帯経済に関する決議」を採択
2022年	OECDが政策立案者やその他の関係者向けに「社会的連帯経済及びソーシャルイノベーションに関する理事会勧告」を採択
2023年	国連が総会決議「持続可能な開発のための社会的連帯経済の推進」を採択

資料：国連 'New Economics for Sustainable Development SOCIAL AND SOLIDARITY ECONOMY' 掲載の図をもとに作成

14 競争社会アメリカと協同組合

アメリカにも多様な協同組合がある

全米協同組合事業協会（NCBA　CLUSA）のウェブサイトによれば、アメリカには6万5000の協同組合があり、町の小さな店から、3000億ドル規模の多国籍組織までさまざまな規模のものがあります。協同組合が活動する主な分野として、同協会は、農業、教育、金融サービス、消費者、食料品、ヘルスケア、住宅、小売、保険、購買、公共サービス、労働者、電力、**クレジットユニオン**をあげています。

アメリカにおける協同組合の起源

アメリカで最も古い協同組合は、アメリカ合衆国建国の父と呼ばれる**ベンジャミン・フランクリン**が1752年に設立した住宅火災相互保険会社とされています。その後は、記録に残る最初の酪農協が1810年にコネチカット州で設立されたのに続いて、その他の農産物の農協が設立されるなど、初期の協同組合設立の原動力は、農業の経済状況の改善にあったようです。そうした事情によって、現代でもアメリカ農務省（USDA）が農村開発の協同組合プログラムを通じて、協同組合形式の事業に対する理解と利用を促進していると考えられます。

1890年にはシャーマン反トラスト法（独占禁止法）が成立しましたが、農業者の協同行為は1922年のカッパー・ヴォルステッド法によって、適用除外になりました。

アメリカ初の協同組合設立法は、1865年にミシガン州で制定されましたが、アメリカの法体系自体が複雑であるため、協同組合に関する法体系も複雑です。統一の協同組合法はなく、協同組合に関す

用語

クレジットユニオン
組合員によって所有され、経営が行われる金融協同組合。

ベンジャミン・フランクリン
科学者、実業家、外交官、政治家であり、アメリカ独立宣言の起草委員も務めた。100ドル紙幣に肖像が印刷されている。

る州法は、特定の分野を対象にするもの、多くの分野を対象にするものなど、州ごとに大きく異なります。これは、地域ごとに異なるニーズに応えるかたちで協同組合の設立が進んだことが影響しています。

法体系が複雑であるため、現在では**LLC**（日本における合同会社に近い）として法人を設立し、協同組合的な運営を行うケースも多くなっています。

1916年には、協同組合を幅広く推進するため、アメリカ協同組合同盟（NCBA CLUSAの前身）が設立されました。

アメリカの電力協同組合

1930年代の大恐慌の時代には、連邦政府が協同組合を支援する動きが進みました。その一つの例として、電力の協同組合があげられます（139ページ参照）。

1930年代までは、投資家所有の電力会社が農村部への電力供給インフラに対する投資に消極的で、1割程度しか電気が通じていなかった農村部の環境を改善するため、1936年には連邦政府により農村電化の実現を援助する農村電化法が制定され、翌年には電力協同組合法が制定されました。これにより、電力供給インフラを構築する電力協同組合は助成付きのローンの借入や、技術や経営面での支援を受けられるようになりました。多くの電力協同組合が設立され、1953年までにアメリカの農場の9割以上に電力が供給されるようになったのです。

全国農村電気協同組合連合会（NRECA）が2024年4月に公表したデータによれば、地域の組合員によって設立された832の配電協同組合が組合員に電力を供給し、64の発電・送電協同組合は、会員である配電協同組合に対して、自らの発電施設を通じて、または電力を販売することによって電力を供給しています。

電力協同組合はアメリカ全土の56%をカバーし、4200万人にサービスを提供しています。電力協同組合が電力を供給する世帯の4分の1は、年間収入が3万5000ドル未満であり、一般家庭や中小

用語

LLC
リミテッド・ライアビリティ・カンパニー（Limited Liability Company）の略で、アメリカ合衆国の各州の法律に基づいて設立される会社形態の一つ。LLCは出資者が経営を行うため、所有と経営が一致している。社員は、有限責任、つまり出資の範囲でLLCの債務や義務について責任を負う。日本ではアメリカのLLCをモデルに、2006年の会社法改正で合同会社が生まれた。そのため、日本の合同会社は「日本版LLC」とも呼ばれる。

企業が負担できる手ごろな料金で電力を提供することを重視しています。

アメリカの農業協同組合

アメリカ農務省によれば、2022年の農産物（家畜・家禽を含む）市場における農業協同組合の市場シェアは25％でした。農協数は1671で、合併等により前年から28組合減少しました。全農協の23・4％に相当する391組合は100年以上の歴史を持っています。各州に一つ以上の農協がありますが、特に数が多いのは、ミネソタ州（143）、テキサス州（137）、ノースダコタ州（109）、カリフォルニア州（99）、ウィスコンシン州（91）となっています。

2022年の組合員数は約184万人で、多くの生産者は複数の農協に所属しています。従業員数は、約18万9千人で、うち22％がパートタイムまたは季節労働者です。

1671組合のうち、二つ以上の農協が会員とな

アメリカの農産物全体の販売における農業協同組合のシェア

（%）

	1961年	1981年	2001年	2022年
穀物／油糧種子	33	37	38	38
牛乳／乳製品	58	71	83	87
家畜／羊毛／モヘア	13	12	13	4
果物／野菜	22	25	19	12
綿／綿実	19	30	42	36
糖料作物	57	53	55	63
鶏肉・鶏卵	9	9	8	1
魚介類	—	—	—	25
その他	13	20	12	6
合計	24	30	28	25
上位3品目（穀物、牛乳、家畜）	28	33	36	35
上位2品目（穀物、牛乳）	44	48	56	50

資料：USDA HP　https://content.govdelivery.com/accounts/USDARD/bulletins/39a5dc8
原注1：シェアは四捨五入した値
2：「その他」は、特産作物（乾燥豆、エンドウ豆、ナッツ、タバコ、コメ）とその他販売品
3：上位は、協同組合による純売上高が高い品目

る連合会型の農業協同組合は28あり、会員農協向けに商品のマーケティングや資材購入、サービス、交渉機能を提供しています。また、個人組合員と農協が会員となる、混合型農協の数は73です。その他は農業者個人が組合員で、いくつかは複数の州にまたがって運営されていますが、ほとんどは、州内を管内としています。

日本でも有名なサンキスト

日本でも販売されている飲料ブランド『サンキスト』は、アメリカの農協の名称からきています。サンキスト・グローワーズは前述の混合型農協の代表例で、カリフォルニア州とアリゾナ州の柑橘生産者や、生産者が加入する協同組合が組合員になっています。そのルーツは、1893年にカリフォルニアのオレンジ生産者が組織した販売協同組合にさかのぼります。当時、柑橘類の生産量が拡大するにつれ、需給のアンバランス、供給の遅滞、果実の腐敗といった問題が生じ、生産者たちは赤字を抱えていました。当時の販売は商系業者が行っていたのですが、販売に関するリスクはすべて生産者が負う状況を改善しようと、販売協同組合を立ち上げたのです。『サンキスト』というブランド名は1908年のキャンペーンで大々的にPRされました。その後サンキストブランドは世界的に知られることとなり、ライセンス事業を行うに至りました。日本で販売されている飲料等は、日本の企業がライセンスを得て販売しているものです。

協同組合の新規設立

以上述べてきたことからは、アメリカの協同組合は古い時代につくられたものというイメージを持つかもしれませんが、協同組合の設立は現在も続いています。ウィスコンシン大学の調査プロジェクトによれば、2011～2019年の間にはさまざまな分野で945組合が新設されました。世界一の資本主義大国であるアメリカにおいても、協同組合は建国以来、現在まで活発に活動しています。

15 運動発祥の地・ヨーロッパ社会と協同組合

EUでは協同組合を促進

欧州委員会は2004年に、協同組合政策のガイドラインとして「欧州における協同組合の促進に関するコミュニケーション」を発表しています。また、2021年12月に欧州委員会が採択した「社会的経済のための行動計画」は、協同組合、共済組合、チャリティを含むアソシエーション、財団、社会的企業といった社会的経済の事業体の成長を支援するものです。欧州にはこれら社会的経済の事業体が約280万存在し、1360万人を雇用しています。

しかし、加盟国内でも有給雇用に占めるそれら事業体の割合は0・6％から9・9％と大きな差があり、発展度合いや認知状況も国ごとに異なるため、成長を促進しようとしています。

2023年11月のEU理事会で採択された「社会的経済の枠組みの条件の整備について」は、このテーマに関する史上初の勧告であり、資金へのアクセスから公共調達、社会的経済の可視性と認識に至るまで、幅広い措置を加盟国に呼びかけています。

欧州では協同組合銀行が2割のシェア

欧州の協同組合の現状をいくつかの分野について見てみましょう。日本でいう協同組織金融機関は、欧州では協同組合銀行と呼ばれています。欧州のほとんどの協同組合銀行は、その全国組織が欧州協同組合銀行協会（EACB）に加盟しています。EACBによれば、欧州では2500の協同組合銀行（単位組合）が3万6500の支店を持ち、2億2500万人の顧客にサービスを提供しています。組合員数は8900万人、従業員数は71万2000人、預金におけるシェアは約20％です。

用語

欧州委員会
EU（欧州連合）の「内閣」に当たる行政執行機関。

欧州主要国での協同組合銀行の市場シェア（2022年末）

国	名前	預金シェア	貸出金シェア
ドイツ	協同組合銀行	22.5%	23.1%
フランス	クレディ・アグリコル	25.4%	23.5%
	クレディ・ミュチュエル	15.8%	17.8%
	BPCE	22.0%	22.0%
イタリア	BCC（信用協同組合銀行）	9.4%	7.8%
オランダ	ラボバンク	35.0%	（データなし）
オーストリア	ライファイゼンバンク	33.4%	33.6%
	フォルクスバンク	4.6%	4.1%
フィンランド	OP フィナンシャルグループ	39.1%	34.5%

資料：EACB の HP に掲載されたデータより抜粋

主要国の市場シェアについて見てみると、フランスでは三つの協同組合銀行グループがあり、傘下の商業銀行も含めて6割以上を占めています。**クレディ・アグリコル・グループ**は世界の銀行の総資産ランキングでも10位と大規模な銀行です。一方で、国によっては、かつては協同組合銀行が存在したものの、脱協同組合化し他の法人形態に転換したというケースもあります。

欧州の協同組合銀行は、一般的に法律で組合員資格が定められることはなく、非組合員の利用量にも制限がないため、組合員にならなくても利用ができます。ただし、多くの協同組合銀行は組合員を増やし、つながりを深める活動に積極的です。協同組合銀行は金融危機において経営への影響が相対的に小さく、不測の事態における打たれ強さ（レジリエンス）があると受け止められています。

店舗が主流の欧州の生協

欧州の生協の業界団体ユーロコープには、20の生

用語

クレディ・アグリコル・グループ
フランスの協同組合銀行の一つ。農業分野で高いシェアを持つ。

協の全国組織が加盟しています。ユーロコープのウェブサイトによれば、欧州全土で7000の生協（単位組合）が、9万4000の拠点と電子商取引プラットフォームを通じて、3000万人を超える組合員に商品やサービスを提供しています。従業員数は75万人、年間の売上高は約720億ユーロです。

日本の生協では宅配が主流ですが、欧州では店舗での販売が主流です。また、協同組合銀行と同様に組合員にならなくても利用が可能です。

生協は、北欧諸国やスイス、イタリアで高いシェアを持っています。フランスでは、一時期は全世帯の5分の1が生協の組合員でしたが、1980年代の連鎖倒産により存在感が低下し、現在では小売業者の協同組合であるE・ルクレール等が存在感を増しています。その他の国でも巨大スーパーマーケットとの競合などで、倒産したり事業を縮小したりした生協がありますが、時代の変化に適応し先進的な取り組みを行っているケースもあります。たとえば、EUでは気候変動への対応として有機農業を拡大する政策を取っていますが、デンマークの生協では取扱商品の34％を有機食品が占めるとされています。

農畜産物のシェア4割を占める欧州の農協

欧州には、各国の農協の全国組織が加盟する欧州農業協同組合委員会（Ｃｏｇｅｃａ）があります。

欧州においても農業は家族経営が中心ですが、寡占化が進むスーパーや食品産業に対して交渉力を持つため、EUでは農業者が生産者組織を組成することが推奨されています。2019年の欧州委員会の調査では4万強の生産者組織が存在し、うち2万1769が農業協同組合でした。

欧州委員会は農協への支援策検討の基礎情報を得るために、EUの農協の実情と既存の政策についての研究を2010年に行いました。その結果によれば、牛乳・乳製品部門での農協の市場シェア（出荷額ベース）は56・6％、野菜・果実42・0％、ワイン42・0％、穀物34・3％、豚肉26・9％でした。また、これらに羊肉、オリーブ、砂糖を加えた8部門合計でのシェアは40%でしたが、国別に見ると農協のシェアには大きな差があります（下図）。

この報告書では、牛乳・乳製品の農協の市場シェアが高い地域では、相対的に適正な価格水準が維持され価格変動が抑制されているという結果を、酪農家が出荷する乳価で実証しています。

欧州では、日本のように地域ごとに農協が設立され、その農協がさまざまな農産物を扱うのではなく、品目ごとに農協が設立されるのが一般的です。ただし最近では合併が進展した結果、多数の品目を扱うようになった農協もあります。

また、国内での合併が進むだけでなく、本国以外にも出荷者（非組合員）を有する国際農協や、組合員が複数国にまたがる多国籍農協もあります。たとえばアーラ・フーズは、デンマークのMDフーズとスウェーデンのアーラが2000年に合併してできた農協ですが、その後イギリス、ドイツ、ベルギー、ルクセンブルク、オランダの酪農家も組合員になっています。

EU各国の農産物市場における農協のシェア（2010年）

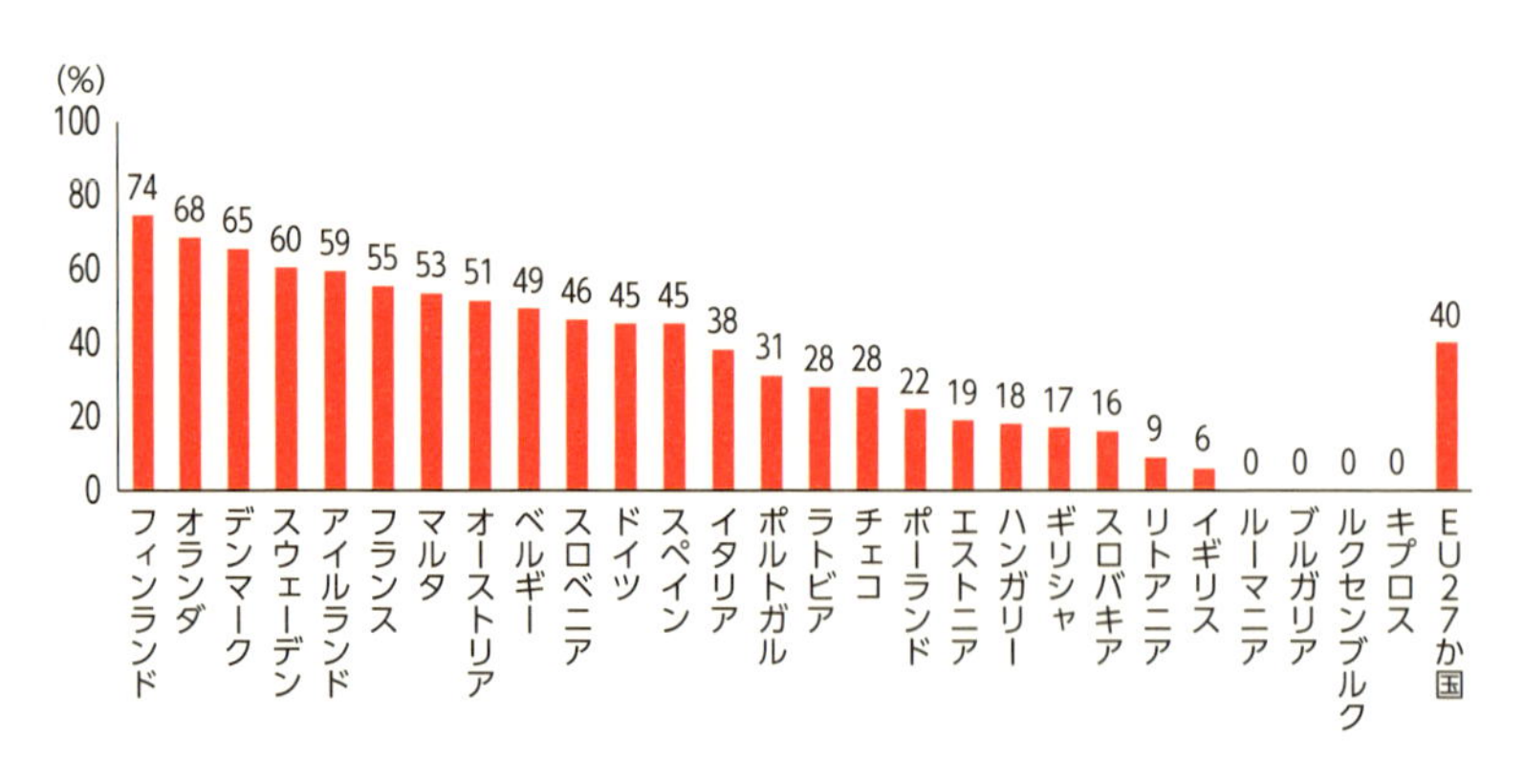

資料：ヨス・ベイマンほか『EUの農協　役割と支援策』（農林統計出版／2015年）

産業・サービス部門の協同組合

欧州で産業・サービス部門の協同組合を代表する組織としては、欧州産業・サービス協同組合連合会（CECOP）があります。CECOPには、16か国から27の労働者協同組合や社会的協同組合の全国組織などが加盟しています。

2024年にCECOPは、「CECOPスナップショット2022―2023　産業・サービス協同組合の概要」を刊行しました。それによれば、この部門のイタリア、スペイン、フランス、ポルトガル、マルタ、ブルガリア、ルーマニア、イギリス、ポーランド、デンマーク、チェコ、ブルガリアの協同組合の総数は4万2856にのぼります。内訳は72％が労働者協同組合、27％が社会的協同組合、1％が自営労働者の協同組合となっています。130万人の労働者のうち72％が協同組合の組合員です。

事業分野としては、サービス部門が73％、産業部門14％、建設部門12％、その他が1％を占めています。産業部門は製造業が大半を占めますが、サービス部門の内容は多岐にわたり、保険衛生及び社会事業、管理・支援サービス業、専門・科学・技術サービス業、運輸・保管業、教育、卸売・小売業などが比較的多くなっています。

業界団体の必要性

以上見てきたように、欧州の各分野の協同組合は欧州レベルの業界団体を組成しています。農業政策や金融機関への規制などさまざまな政策がEUのレベルで策定されるため、それに対する意見を伝えたり対応を検討したりするためには、国を超えて連携することが重要になっているからです。

活動のスタンスについて、協同組合銀行が加盟するEACBを例に取ってみると、EACBは株式会社の銀行と同様の業務を行う以上、同じ規制に従うことに異論はなく、協同組合銀行の保護という特別な措置を求めているわけではありません。しかし、EU市場の統合を進め、同一の条件下で競争を促進しようという意図のもとでは、少数の大銀行が国境を越えて活動することが選好され、株式会社の銀行に有利になる規制が取られる傾向があります。規制・監督を行う人々が協同組合の特徴についてよく知らないことも多いため、協同組合について啓蒙したり業界を代表して意見書を提出したりすることが必要になるのです。

これらの業界団体と、欧州各国の協同組合の全国組織等は、ICAの地域事務所であるコーペラティブ・ヨーロッパに加盟しています。コーペラティブ・ヨーロッパには33か国から84組織が加盟しており、その傘下には25万の単位組合があり、1億6300万人の個人組合員がいます。

欧州協同組合法制定の影響

ここまで見た通り、欧州の各種協同組合は、激しい市場競争を背景に合併、再編を進めており、中には資本の調達を容易にすることなどを目的に脱協同組合化するケースもあります。このような情勢を受け、また欧州会社法が先に制定されたことを受け、欧州レベルの協同組合（SCE）の設立を可能にする欧州協同組合法が2003年に制定され、2006年に施行されました。

SCEの設立にさいしては、二つ以上の異なるEU加盟国から5人以上の個人、または協同組合や企業がメンバーとして参加する必要があります。既存の協同組合が組織転換によってSCEになることもできます。また、事務所を置く加盟国の法律が許容する場合には、投資家組合員も認められます。

ただし、実際にSCEを設立しようとする動きはそれほど活発ではなく、2010年の時点で20組合にも届かない状況でした。一方で、SCE法を参照し、国内の協同組合法を改正した国はいくつかあり、ドイツでも協同組合の定義に社会的目的が追加され、投資組合員制度の導入、最低組合員数の引き下げなどの改正が行われました。SCEについては欧州委員会がその成果と課題について新たに調査を実施しているところです。

16 韓国社会と協同組合

協同組合基本法制定前の状況

韓国には、8種の個別の協同組合法に基づく協同組合があります。ICAの資料によれば、協同組合は韓国の農村部と都市部両方に広く存在し、農村経済や都市経済を強化するためのコミュニティ・ベースのイニシアティブを推進する重要な役割を果たしています。

それぞれの協同組合を所管する官庁が異なるなど、いわば縦割りの協同組合制度は日本と同様です。労働者協同組合など、根拠法のない分野での協同組合の設立は難しく、以前は商法に基づく株式会社や、民法に基づく社団法人として法人格を取るしかありませんでした。実質的に8000ほどの事業体が協同組合方式で運営されていると見られていました。

そうした状況を大きく変えたのが2012年の協

韓国の個別法に基づく協同組合

協同組合の種類	根拠法	制定年度	所管官庁
農業協同組合	農業協同組合法	1957年	農林畜産食品部
中小企業協同組合	中小企業協同組合法	1961年	中小ベンチャー企業部
水産業協同組合	水産業協同組合法	1962年	海洋水産部
煙草生産協同組合	煙草生産協同組合法	1963年	企画財政部
信用協同組合	信用協同組合法	1972年	金融委員会
山林組合	山林組合法	1980年	山林庁
セマウル金庫	セマウル金庫法	1982年	行政安全部
消費者生活協同組合	消費者生活協同組合法	1999年	公正取引委員会

資料：金亭美「韓国の協同組合の生成と展開」『にじ』2015年秋号 No.651

同組合基本法の施行でした。

韓国の協同組合基本法の制定の経緯

韓国では1997年の**IMF危機**の後、失業問題が深刻化し、その対応策として社会的経済（165ページ）の役割が重視されるようになりました。市民運動の広がりなども受け、韓国政府は、社会的経済の担い手企業を育成・支援する法律の整備を進めました。欧州の**社会的企業**をモデルにしながら社会的企業育成法を2007年に施行したのに続き、**マウル企業**、**農漁村共同体会社**、**自活企業**を定義する法律が相次いで定められました。そうした動きの中で、2012年に協同組合基本法が施行されたのです。

制定の背景には、生協や社会的企業などによる「協同組合基本法制定連帯会議」の後押しや、金融危機に強い組織として協同組合が世界的にも見直されたことなどもありました。また、国連が2012年を「国際協同組合年」と定め、加盟国に対して協同組合の設立と成長につながる政策、法律、規制の確立を奨励したことも大きく影響しました。

韓国における協同組合基本法の特徴

協同組合基本法は、協同組合を「財貨または用役の購買・生産・販売・提供などを共同で営為することによって、組合員の権益を向上し地域社会に貢献しようとする事業組織」と定義し、金融及び保険を除くさまざまな分野での協同組合を設立することが可能になりました。従来は協同組合の種類により100～1000人の組合員資格者が発起人となって所管官庁の認可を得る必要がありましたが、基本法下では5人以上の組合員資格者が発起人となって市・道知事に届け出れば設立が可能になりました。

また、協同組合基本法には、立場の弱い人々に対する社会サービス、働き口の提供や、地域社会の活性化に資する活動を行う社会的協同組合についても規定されています。非営利法人である社会的協同組合は、設立に関しては所管している企画財政部長官

用語

IMF危機
外貨の急速な流出を受け、韓国政府はIMFに緊急融資を申請。以後、IMFの管理下で構造改革を実施した。

社会的企業
営利の追求だけではなく社会的な問題解決を目指す企業のこと。具体例としては、児童養護施設の退所者への就労支援を行う企業、障害者を積極的に雇用する企業など。

マウル企業
地域住民が収益事業を通じて地域問題を解決し、所得及び雇用を創出して地域共同体の利益を実現するために設立・運営する村単位の企業。

農漁村共同体会社
収穫物を地元で加工・販売することなどを目的とする会社。

協同組合基本法における韓国の協同組合と社会的協同組合

	協同組合	社会的協同組合
法人格	（営利）法人	非営利法人
設立	市道知事申告	企画財政部（関係中央行政機関）認可
事業	業種及び分野制限なし ＊金融及び保険業除外	公益事業40% 以上遂行 ・地域社会再生、住民権益増進等 ・脆弱階層社会サービス、働き口提供 ・国家・自治体委託事業 ・その他の公益推進事業
法定積立金	剰余金の10/100以上	剰余金の30/100以上
配当	配当可能	配当禁止
清算	定款により残余財産処理	非営利法人・国庫等帰属

資料：ソン・ジェイル「韓国における協同組合基本法制定以後の協同組合発展に対する中間点検」共済総合研究（2023年９月）

の認可が必要ですが、条件を満たすことによって税制優遇等の支援を受けられます。

協同組合基本法の規定は、従来の個別法に基づく協同組合には適用されず、基本法と個別法は併存するかたちになっています。ただし、協同組合の設立及び育成に関連する他の法令を制定、または改定する場合は、基本法の目的と原則に沿うようにしなければならないとされています。

協同組合基本法に基づく韓国の協同組合

協同組合基本法に基づいて設立される協同組合の所管官庁は企画財政部に一元化されており、企画財政部は協同組合実態調査を実施しています。

個別法が存在しない分野の協同組合の設立が可能になったことや、設立要件が緩和されたことなどにより、基本法に基づく協同組合の設立は順調に進展しています。企画財政部が２０２４年に公表した「第６次協同組合実態調査」によれば、２０２２年までに設立された協同組合は２万３８９２組合で20

自活企業
公的扶助受給者たちが就労先を自ら作り出すために、制度的支援を受けながら起業した事業体。

年（1万9429組合）に比べて23・0％増加しました。このうち、一般協同組合は1万9649、一般協同組合連合会93、社会的協同組合4116、社会的協同組合連合会34となっています。組合員は62万2410人、賃金労働者は7万3992人で、2020年に比べてそれぞれ26・2％、54・4％増加しました。

設立された一般協同組合の種類について企画財政部の調査では、「事業者」「多重利害関係者」「職員」「消費者」の4種に分けられており、それぞれ1万4403組合、3978組合、690組合、578組合となっています。

このうち、数が特に多い、事業者の協同組合の具体的な例としては、規模の小さい商工業者や小企業家が自らの事業体の競争力向上や所得増進のために設立したもの、通訳・翻訳家、IT開発者などフリーランスで働く人たちが仕事の共同受注や所得増進のために設立したものなどがあるようです。

2022年までに設立された2万3892組合のうち、2024年時点で運営中の組合は1万976組合で、その割合は45・9％となっています。2020年も45・9％であり、横ばいで推移しています。運営中の協同組合の資産額は3億4739万ウォン、負債額は2億3512万ウォン、資本1億1227万ウォンと、いずれも2020年に比べると増加しています。平均売上高は3億7470万ウォン、当期純利益は118万ウォンで、433万ウォンの赤字だった2020年から改善しています。

一組合あたりの平均組合員数は57人で2020年に比べて1・8人増となりました。運営中の協同組合は、設立目的として「組合員の所得増大」を選択する割合が最も高く33・3％を占めました。以下、「地域社会貢献」25・5％、「雇用創出」21・7％、「合理的な経済消費」5・4％、「組合員の福祉増進」4・8％、「競争力強化」4・3％、「組合員の親睦」1・7％、「寄付ボランティア」「政府支援」各1・3％、「公的資源獲得の機会」0・6％となっています。

第5章

協同組合が抱える課題

1 協同組合とガバナンス

ガバナンスとステークホルダー

1990年代くらいから、「ガバナンス」という言葉が政治ばかりではなく経済・経営の領域でさかんに飛び交うようになりました。

日本語で「統治」と訳されるガバナンスは、国や企業が運営する組織体制の健全化を図ろうという時、用いられる概念です。

特に企業組織の場合は、「コーポレートガバナンス」というい方をしますが、企業のガバナンスにおいては、経営陣の行動を管理し、法令や倫理を遵守して企業価値を高める、透明性を持った経営を行うためのあり方を考えることが大きなテーマとなります。企業経営においてしばしば主人公のように振る舞っている経営者も、コーポレートガバナンスにおいては管理の対象とされるということです。

また「ステークホルダー」という言葉も、企業のガバナンスを論じる時によく使われ、ここ30年ほどですっかり定着しました。これは、その組織に何らかの形でかかわっている人々を指す言葉で、日本語では「利害関係者」というのが最もわかりやすい訳語かと思われます。

つまりコーポレートガバナンスとは、株主などステークホルダーの意思を企業に取り入れ、それを実現するための仕組みと方策が健全に作用しているのかを検証し、改善策を考え、実行することです。

協同組合であれば、最も重要なステークホルダーである組合員をはじめ、協同組合とさまざまにかかわり合う人々に対して、協同組合がどう向き合っているのかを点検し、それをさらによい方向へと進めるためにはどうすればいいのかを考え、新たな取り組みを実行する、それらを総合して「協同組合ガバナンス」というわけです。

組合員民主主義が基本

協同組合ガバナンスの基本は、なんといっても「組合員民主主義」です。協同組合においては組合員が最も重要なステークホルダーであることは、その本質・構造からして明らかです。

前述のとおり協同組合は、組合員が出資金を持ち寄ることで成り立つ組織です。そして組合員は、自らその組織の運営に当たります。さらに組合員は、その協同組合が展開する事業の利用者でもあります。一般の企業では、出資者と経営者と顧客とは別々の人格ですが、協同組合においては、その三つが同一の人格によって担われています。組合員は自ら出資し、自ら経営し、自ら利用する存在であり、これを協同組合における「三位一体性」と呼んでいます。

今日の協同組合では、組合員全員が経営を担当しているわけではなく、それを自分たちの代表者に任せているため、組合員が協同組合を自ら経営・統治しているとは実感しにくいかもしれません。しかしそうした経営陣（理事など）を選出するのは、総会や総代会であり、そこではすべて組合員の意思で物事が決められていますから、組合員が主権者であり、経営の最終決定権を握っているという理屈になります。

しかも、株式会社において株主が主権者として株主総会で持ち株数（出資額）に応じて権限が与えられているのとは違い、協同組合では組合員が持つ権利は全員が平等、要するに「1人1票」です。

男女も貧富も職業も関係なく参政権が与えられ、誰もが1人1票の権利を行使できるのが民主主議社会ですが、この民主主義を経済の領域においても実践しているほとんど唯一の組織が協同組合なのです。

協同組合ガバナンスの第一の課題は、「組合員民主主義」がきちんと機能する仕組みとルールを整備し、それを点検する体制を準備することだといえるでしょう。同質の人々がひとつの目標に邁進する協同組合は、強力である一方、案外脆い面があるかも

協同組合における三位一体性

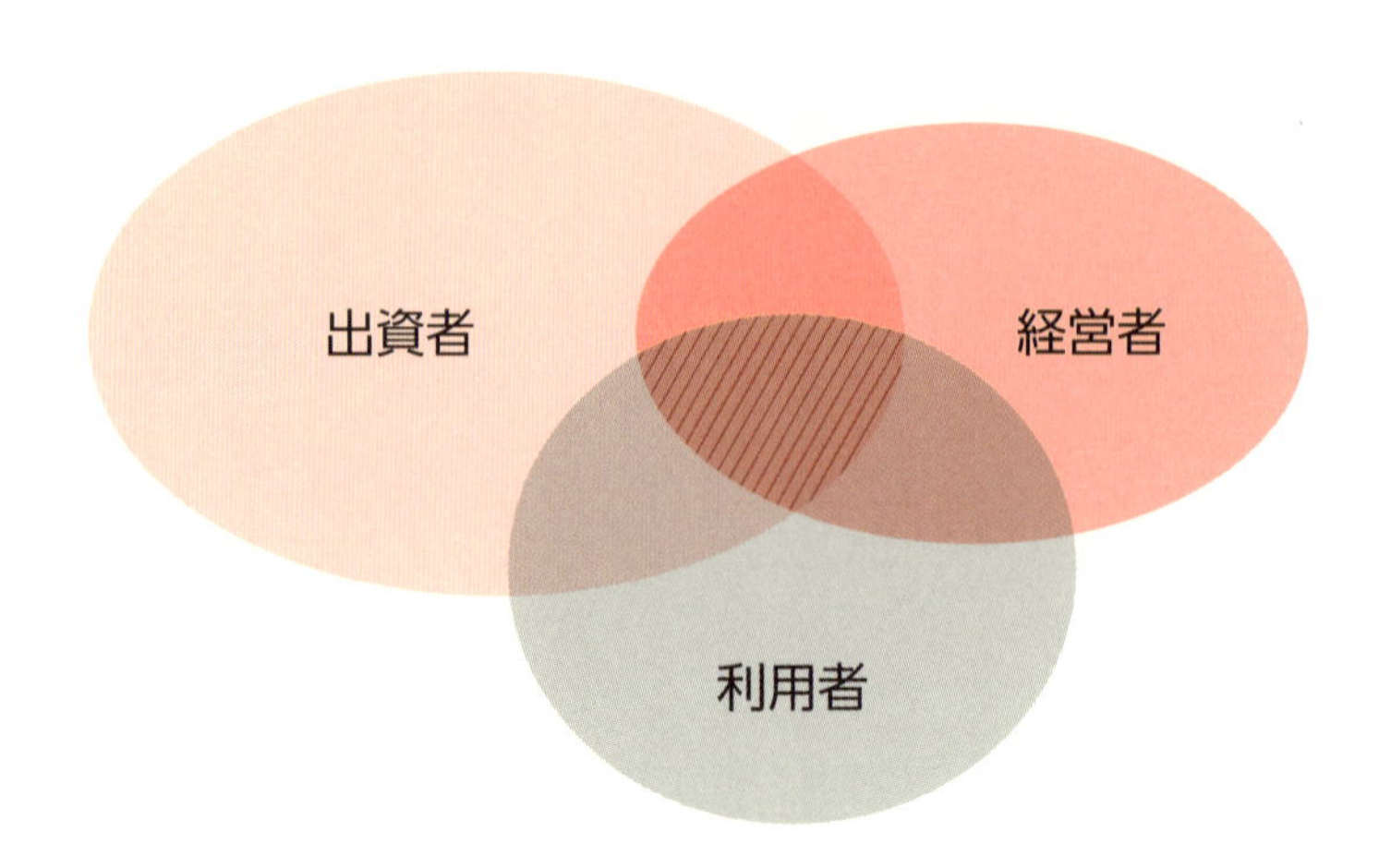

協同組合では他の企業と違って、出資するのも、経営するのも、利用するのも、すべて同じ組合員である。協同組合の組合員は図の斜線部分であらわされるが、この部分は他の企業ではまず存在しない

しれません。これからの協同組合には、多様な考え方を包摂する、しなやかな強さが必要なのです。

参加型民主主義とは

協同組合において、総代会などにおける組合員の議決権が平等で1人1票であることは、法律や定款で定められています。それを遵守することはあたりまえのことで、それに反する運営をしている協同組合などあり得ないでしょうが、だからといって現実には、どこの協同組合でも組合員民主主義が完全に機能しているとはいえません。形式的に投票権が保障されていても、本当に組合員の意思が組合運営に反映されているのかは別の話です。政治の世界と同じく、協同組合の世界においても、**形式的民主主義**の制度をつくるだけでなく、民主主義の理念・精神を尊重した施策を講じなければ、協同組合が形だけの民主主義組織になってしまいます。

協同組合の草創期、組合が小さな存在であった頃には組合員がさまざまな任務を引き受け、手作りの

用語

形式的民主主義・参加型民主主義
全員が1人1票の平等な議決権を持つことが民主主義の基本だが、それだけでは必ずしも人々の意に沿った組織運営は保障されない。大部分の人々は数年に1度選挙で投票するだけで、ごく少数の人々が常に組織を運営・支配しているというそうした形式的な民主主義では、実質的に民主的に運営されている組織とは言い難いのである。民主的な組織の運営においては、人々が投票だけでなく組織の運営に直接関与する参加型の民主主義を追求することが求められる。

運営を行っていて、誰もが自分たちの組合という意識を持っていたかもしれません。

しかし、組合の規模が大きくなるにつれて、プロの職員による組織的な運営体制がつくられ、組合員が単なる利用者と化していきます。それは組合員と協同組合との距離が遠ざかり、組合員の願いから離れた事業運営が進んでいくことにもつながりかねません。組合員の「**参加型民主主義**」の再建がもとめられるのです。

多様なステークホルダーと協同組合

21世紀における協同組合ガバナンスには、組合員民主主義の実質化とならんで、もう一つの要求がなされるようになってきました。たとえば、消費者の協同組合は、消費者である組合員の要求や願望を満たすことだけで満足していてよいのでしょうか。これは、1980年に『レイドロー報告』(65ページ)を行ったレイドロー博士の問いかけです。消費者の消費意欲をあおり立てて、実質的にはあまり意味のない需要に応えようとする協同組合を博士はきびしく批判しました。世界には飢えに苦しむ子どもたちが大勢いるのに、それを放っておいて先進国の消費者の虚栄心を満たしていていいのかと問題提起したのです。

途上国の子どもたちは先進国の生協の組合員ではありません。だからといって、同じ地球というコミュニティに存在する協同組合はその子たちに何の責任もないのでしょうか。レイドロー報告の精神を受け継ぎ、ICAは協同組合原則を改定し、協同組合は「コミュニティの持続可能な発展のために活動する」という原則が追加されました。

ステークホルダーという考え方を用いれば、〝組合員も、職員も、取引先も、地域住民も、コミュニティ全体が協同組合のステークホルダーなのだ〟と考えることができるでしょう。組合員という単一のステークホルダーだけでなく、多様なステークホルダーに囲まれて協同組合は存在するのであり、そうしたすべてのステークホルダーを考慮したガバナンスが求められるとするのが、「マルチ・ステークホルダー協同組合」論です。

諸外国では、こうしたさまざまなステークホルダーを組合員として取り込み、生産者だけでなく、消費者だけでもない、多様な立場の人たちが組合員となって一緒に問題に取り組む協同組合も多数生まれています。

日本の法体系ではそうした協同組合の結成は困難ですが、農業協同組合が農業者以外の地域の人々を「准組合員」として迎えているような例があります。日本農業の応援団として准組合員に協同組合の利用を呼びかけるだけでなく、彼らをガバナンスの中にどう位置づけるのかも、農業協同組合のガバナンスの課題となるでしょう。

組合員というステークホルダーにしても、そのあり方は多様化しています。コミュニティの中にはさまざまな価値観や生き方、ライフステージが存在することを認めたうえで、それを尊重する協同組合ガバナンスが求められているのです。

協同組合のステークホルダー

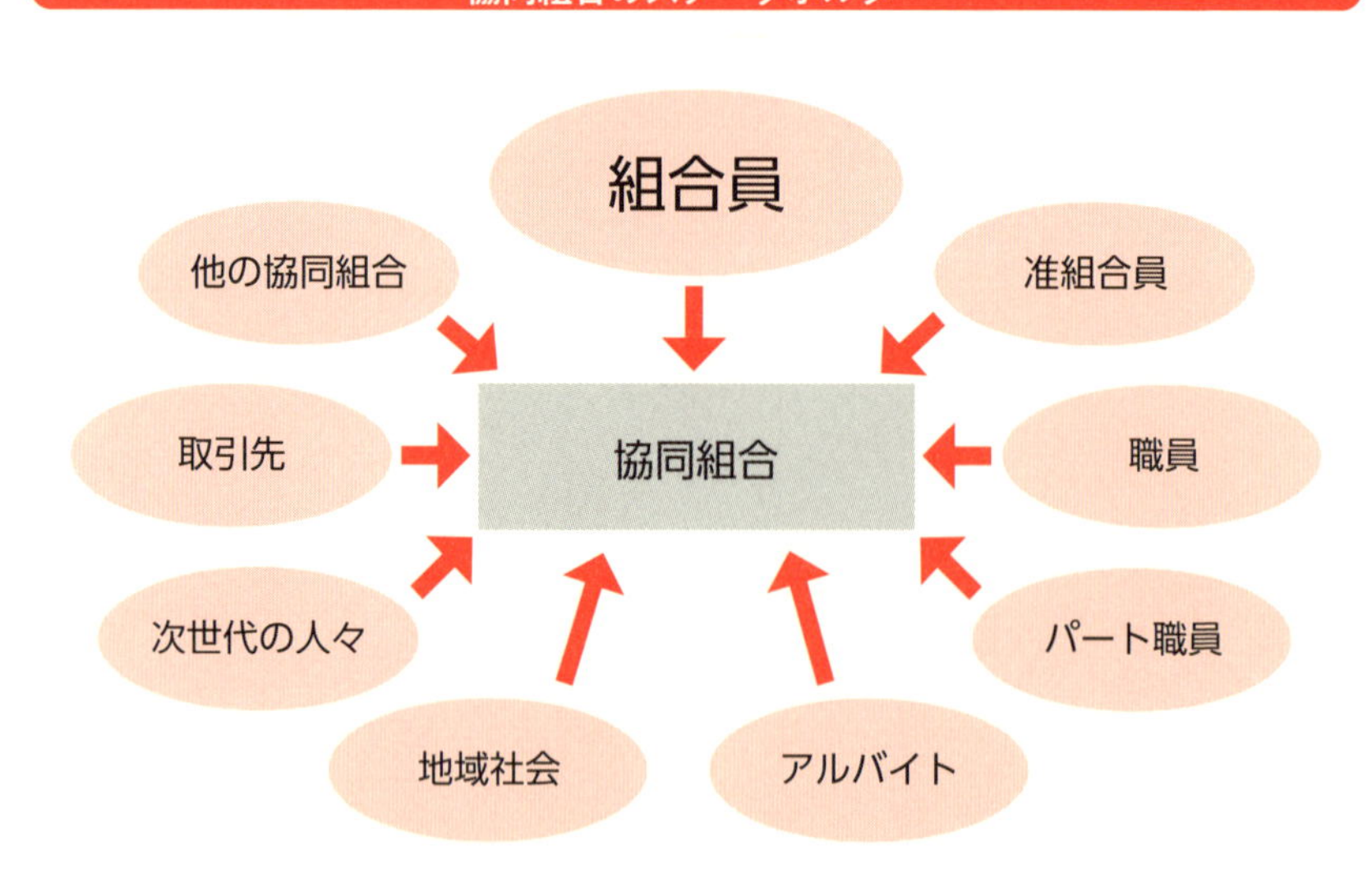

組合員という最も重要なステークホルダー以外にも、さまざまなステークホルダーに支えられて協同組合は存在している

2 協同組合と教育

協同組合は教育に始まり、教育に終わる

19世紀半ばにイギリスで生まれた、先駆的な協同組合とされるロッチデール公正先駆者組合では、剰余金の一部を教育に充てることが取り決められていました（41ページ）。「協同組合は教育に始まり、教育に終わる」といわれるほど、協同組合では教育・学びの活動を大切にしています。協同組合に携わる世界中の人たちが共有している協同組合原則においても、教育に取り組むことは、どの時代においても原則の一つとして定められてきました。

協同組合における教育は、次に述べる理由により、ますます重要性が高まっています。

第一に、変化が激しく先行きが不透明な時代にあって、国内外の社会や経済の動向にアンテナを張る必要があるからです。インターネットやSNS等多くの情報が溢れている現代だからこそ、適切な情報を選択する力が求められています。

第二に、協同組合が大切にしている理念（思いや願い）を絶えず確認しながら、事業や活動をよりよくする必要があるためです。協同組合の事業は、不特定多数の客を対象にするものではなく、そもそも組合員は客ではありません。出資し、事業を利用し、運営に参画するのが組合員です。したがって、協同組合として大切にしている思いや願い、事業や運営の考え方に対する理解・共有が重要であり、教育・学習活動を行っていくことは、協同組合の考え方に共感する仲間づくり、人づくりにつながります。もちろん、教育活動の重要性は、組合員・メンバーだけにとどまるのではなく、事業を進め、組合員の活動をサポートする職員、経営を担う役員にとっても同様です。

さまざまな方法で実施される教育活動

　協同組合における教育の方法は、さまざまです。協同組合の歴史や理念、農業・食料、暮らし・福祉、環境、社会・経済問題などについて、総代や組織のリーダーをはじめとする組合員教育が行われます。たとえば農協では、近年、組合員大学や女性大学といった名称で、月に1回程度の定期的な学習会を開催するところも増えてきました。そこでは受動的な座学だけではなく、実践的な体験・ワークを行う、環境保全や防災のために地域を歩く、先進的な活動を行っている地域に出かけるなど、肌で感じることを大切にした方法も取り入れながら、さまざまな工夫がなされています。

　協同組合の関係者だけではなく、広く地域住民を対象にした教育活動も重要です。協同組合が目指す持続可能な社会は、地域住民の理解・連携なしでは実現しません。食料や農業、暮らしの問題への理解を促し、協同組合の事業や活動を知ってもらい、次

農協による地域住民向け農業体験

写真：JAあつぎ　親子夢未Kidsスクール

用語

代を担う人材（協同組合のファン、サポーター）を育てることも必要です。

近年では、若者を対象として、人と人とが互いに助け合い補い合う協同の大切さや、それを実現する仕組みとしての協同組合組織について理解を深めてもらうことを目的として、協同組合と大学とが連携する**寄付講座**の開設も増えてきました。その際、各種の協同組合組織だけではなくＮＰＯやボランティア団体など、多様な非営利組織が加わっている場合もあります。また、協同組合の現場で働くことを経験してもらう協同組合インターンシップを行う事例も見られます。たとえば、一般社団法人くらしサポート・ウィズは、「つながりインターンシップ＠協同」を開催し、生協や農協、労協や金融系の協同組合の協力のもと、就労よりは学ぶことに重点を置いたプログラムを展開しています。さらに今後は、公教育、とりわけ義務教育も含めた教科書の中に協同組合に関する事項を記載していくことなども求められるでしょう。

協同組合を学ぶ大学や研究機関の寄付講座

写真：JCA

寄付講座
大学や研究機関が、企業や団体によって寄付・派遣された資金や人材を活用して研究や教育を進めていくこと。協同組合に関連した大学での寄付講座は、特定の科目を設け、毎回の授業に関係者を招聘して講義を行う方法が多い。

3 協同組合と広報

協同組合の認知度の低さ

近年、国際機関が次々に協同組合を重視する施策を講じています。国連総会は2012年に続いて2025年を「国際協同組合年」とする、と決議しました。またユネスコは協同組合に集まる人々の思想と実践を無形文化遺産として登録しています。

こうしたニュースは、協同組合陣営内部では大々的に紹介され、自分たちの組織・運動が国際的に高く評価されたことを関係者は大いに喜びましたが、協同組合の世界を離れてみると、そうした情報は国民には全く届いていないことに気づかされます。協同組合組織とメディアとのタイアップ企画を除けば、国際協同組合年もユネスコ無形文化遺産も、国内メディアでそれをニュースとして取り上げたところは皆無に近い状況でした。国民一般は、おそらく誰一人として協同組合が国際機関で注目され、称揚されていることなど知りません。

そもそも、日本国内では協同組合という存在がほとんど認知されていない、と言ってはいい過ぎでしょうか。生協に3000万人が加入し、国産農産物の大部分が農協を通して出荷されているのが日本ですから、大多数の国民は、協同組合という言葉を耳にし、あるいは口にした経験があるはずです。しかし、それが一体何者であるかは関係者が驚くほど浸透していないのです。

全労済協会が定期的に行っているアンケート調査で、協同組合を非営利組織ではなく営利企業の一種として理解している人が多数派であること、社会問題の解決や生活の向上に熱心な組織としての評価が、政府や自治体、大企業や中小企業、NPOや財団法人などと比べて協同組合は著しく低いこと、が明ら

用語

「社会問題の解決や暮らしの向上に熱心な団体」についてのアンケート

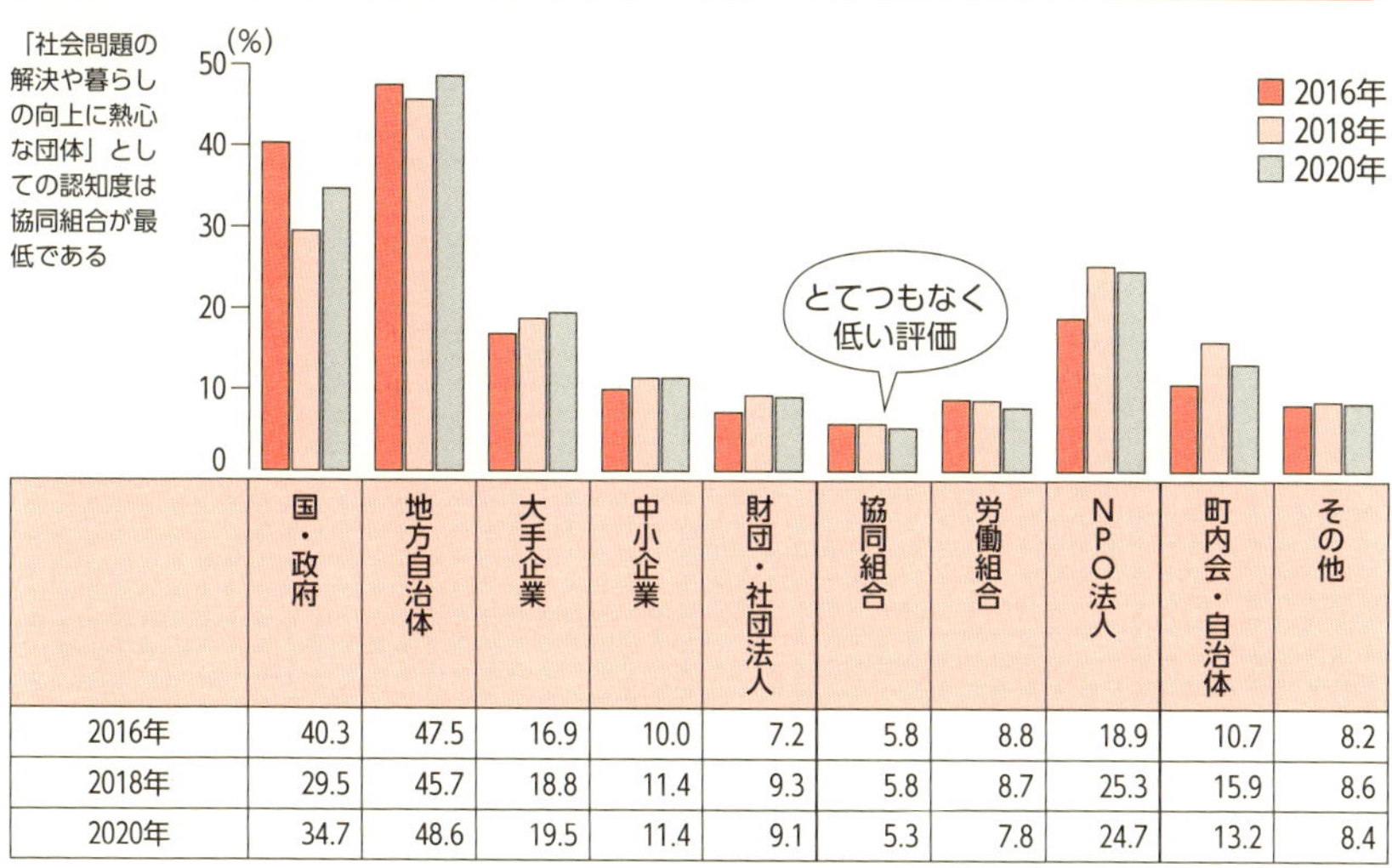

	国・政府	地方自治体	大手企業	中小企業	財団・社団法人	協同組合	労働組合	NPO法人	町内会・自治体	その他
2016年	40.3	47.5	16.9	10.0	7.2	5.8	8.8	18.9	10.7	8.2
2018年	29.5	45.7	18.8	11.4	9.3	5.8	8.7	25.3	15.9	8.6
2020年	34.7	48.6	19.5	11.4	9.1	5.3	7.8	24.7	13.2	8.4

資料：全労済協会「勤労者の生活意識と協同組合に関する意識調査報告書〈2020年版〉」

かとなっています。

地震や異常気象など災害時に、協同組合がいかに被災地支援に貢献しているのか、その一端でも目にすれば、客観的に見ても、こうした低評価は不当ではないかと感じざるを得ませんが、国民の認識という点では、これが現実なのです。

教育と広報の原則

こうした事情は多かれ少なかれ、昔の協同組合、外国の協同組合でも同様でした。したがって協同組合は、ロッチデール以来「教育重視」の原則を掲げてきたのです。

『ロッチデールの先駆者たち』を著し、公正先駆者組合のよき広報担当の役割を果たした**ホリヨーク**のような人物がいなければ、いくら先駆者たちが素晴らしい協同組合をロッチデールの町で展開したとしても、その運動が世界に広がることは困難だったでしょう。

コミュニティの持続的発展への貢献が求められる

ホリヨーク Holyoake, George Jacob。19世紀後半のイギリス協同組合運動の理論家、思想家。ジャーナリストとしてロッチデールの運動を世界中に紹介し、協同組合の普及に尽力した。

協同組合をPRする雑誌記事

協同組合系列の出版社では協同組合の内外双方に向けて情報発信が行われている

資料：家の光協会

今日、協同組合の内部で教育によって協同組合の理念を共有するだけでなく、協同組合の外部に対しても情報を受発信し、社会のあらゆる人々に協同組合に対する理解を広め、深めることがますます重要となっています。PRというと、ともすれば一方的な宣伝・広報と捉えられがちですが、Public Relations とは「世間との関係構築」であり、人々の考え方をきちんとくみ取り、受け止め、それに対して適切な対処をするのがPRの目的です。

電子情報と手作りのコミュニケーション

電子媒体などさまざまなテクノロジーの活用にあたっても、協同組合陣営は世間から遅れがちだと評されます。高齢者を多く抱える協同組合が新技術の導入に慎重であることは、やむを得ないこととして理解できるところもありますが、そうした情報弱者のための新技術の積極的活用も今後考えなければなりません。

しかし同時に、技術に頼らないコミュニケーションの見直しも、協同組合のPRにおいては大切ではないでしょうか。たとえば生協の配送担当者が、自分が担当する組合員に向けて個人的に制作する「担当者ニュース」は、ほとんどの場合、あえて手書きで作られます。電子媒体ではなく、顔を実際に合わせて、手書きのニュースについて組合員同士、あるいは組合員と職員、さらには組合員だけでなく地域のさまざまな人々を交えて懇談する、そんな一昔前のコミュニケーションを復活できれば、協同組合の認知度も自ずと向上するのではないでしょうか。

もちろんそこでは、視覚や聴覚が不自由な人、人づきあいが苦手な人、母語が異なり読み書きに苦しむ人など、さまざまな人がいるということを忘れてはなりません。情報強者と情報弱者との壁をつくるのではなく、その壁を乗り越えるような広報とコミュニケーションの新しいあり方を示すことが、協同組合には求められているのです。

生協の配送担当者による手書きのニュース

写真：日本生協連「気持ちをつなぐ『週刊！フジワラニュース』」

4 協同組合職員の役割と課題

協同組合における「職員」

「協同組合の主人公は組合員である」ということが、よくいわれます。「協同組合とは組合員が主権者である組織だ」というういい方もできるでしょう。これを全く否定する人はいないでしょうが、協同組合の事業や活動が組合員だけで成り立っているということは、現在ほとんどないといってもいいでしょう。大部分の協同組合には「職員」という人々が存在します。協同組合が行う事業を眺めた時、組合員よりもまず職員が目についたということも実際には多いのではないでしょうか。

ところが、この職員という存在を協同組合の中でどう位置づけるのか、これはなかなかの難問なのです。**協同組合原則**を見ても、そこには職員がほとんど登場しません。

それはなぜなのかを考えることが、すなわち協同組合における職員の存在意義を考えることにつながるでしょう。

「職員」の誕生

1995年に制定された協同組合原則において、職員はわずかに教育や研修を受けるべき対象として描かれているに過ぎません。改定前の66年原則でも同様です。その存在は協同組合にとって不可欠といってもいいものなのに、なぜ20世紀に定められた協同組合原則は職員の存在意義や役割に触れないのでしょうか。

1844年に生まれた**ロッチデール公正先駆者組合**には、もともと職員という存在はいなかったようです。わずか数十人で設立された草創期の組合は、そこに集まり、出資した組合員たちが、自分たち自

用語

協同組合原則
→66ページ

ロッチデール公正先駆者組合
→37ページ

身で手分けをして、店舗の運営を担っていました。したがって、創立直後の店舗の開店時間は、工場や作業場での労働時間が終わった後、ごく短時間に限られていました。組合における仕事に専念する協同組合職員あるいは協同組合労働者という存在は、組合が発展して規模が大きくなり、組合員による手作りの運営だけでは対応できなくなってから生まれたものなのです。

ところがこうした身分や立場にある人々が協同組合運動に生まれたことで、一つ大きな問題が生じます。協同組合は組合員のものなのだから、たとえば組合で生じた剰余金は組合員の間で分け合ってきたけれども、職員はどうなるのだということです。

ロッチデールの運動を先導した「先駆者たち」の考え方は明らかでした。もともと協同組合というのは競争社会で虐げられている労働者たちを解放する協同社会をつくるための運動なのだから、その足元である協同組合自体に雇用され、そこで働いている人々の労働環境は、当然競争社会の企業でのそれよりも優れたものでなくてはならない。それを目指すために、職員も組合員と同じく、剰余金の分配対象になるべきだ、という考え方です。

こうして、19世紀後半の協同組合運動においては、「協同組合とは労働者の待遇を改善し、彼らが主人公となる社会をつくる運動である」という立場から協同組合運動に参加し、それをリードした人々が、協同組合の有力な指導者として活躍することになります。

なぜ「協同組合原則」に職員は登場しないのか

しかし、こうした考え方に与しない人々も、協同組合運動には大勢いました。この人々は、協同組合というのはあくまで組合員の組織であり運動であって、全体から見ればごく少数に過ぎない協同組合で働く人々だけを特別に優遇するのはおかしいと考えます。19世紀の協同組合の中心は消費者の協同組合（生協）ですから、組合員に貢献することが即社会全体への貢献となると主張したのです。人は誰もが消費者ですから、消費者に利益還元することで、協同組合はあらゆる人々に役立つ機関・運動となることができるというのが、彼らの協同組合論でした。協同組合職員も、組合員になって、組合員として利益を享受すればいい、というのです。

国際協同組合同盟（ICA）の内部でも、次第にこう考える人々が増えていき、1937年に最初に制定された原則でも、その後の原則でも、協同組合がいかに主権者である組合員に貢献する組織となるのかが主題とされ、職員は原則の枠外に置かれてしまいました。

職員の新たな位置づけ

しかし、現実の協同組合運動に目を向けると、特に日本の各種協同組合においては、職員は組合員とともに協同組合運動を成し遂げる重要な存在となっています。

たとえば農業協同組合において、組合員とともにその地域の農業のあり方を考える職員がいなければ、組合員農家がどれほど意欲的な農業者であっても、その成功は覚束なかったかもしれません。あるいは食の安心・安全を求めて生活協同組合に集まった消費者組合員だけでは、それまでは存在しなかった無添加食品が食卓に並ぶことはなかったでしょう。組合員とともに、新たな商品を開発する職員がいたからこそ、組合員の食生活を改善することができたのです。

日本の協同組合陣営が、1995年の原則改定の議論において「職員の位置づけ」を原則に盛り込むように求めたのも当然でしょう。世界各国にはさまざまな協同組合があり、中にはその労働者を、協同組合運動を構成する重要な一員とは見なさず、逆に労働者も自分の職場が協同組合であるということをほとんど全く意識していないような協同組合もあります。しかし、日本の協同組合だけが特殊なのではなく、組合員が職員とともに協同組合の事業と運動を推進するというのは、まさに協同組合の原点であると考えることもできるでしょう。

ＩＬＯは、人間らしい尊厳ある労働（ディーセント・ワーク）を推進するにあたって、協同組合に大きな期待を寄せています。営利企業では、どうしても雇用主の利益追求が優先され、労働者の働き方と働かされ方が問題になることがしばしばありますが、協同組合であれば、それを克服できるだろうと、ディーセント・ワークを推進するＩＬＯやＳＤＧｓを展開する国連は公式な文書で表明しているのです。

今、協同組合陣営には、事業や運動において協同組合職員を積極的に位置づけること、そしてそうした職員の働き方や待遇の面でも世の中をリードするような協同組合のあり方を追求することが、求められているのです。

事業体にとって最も重要なことは、人々に適材適所の活躍の場を提供することです。もしそれができれば、いま協同組合が抱えている多くの問題は、自ずと解決に向かうでしょう。

JCA が開催した協同組合職員の学習交流会

写真：JCA

生活協同組合ララコープ（長崎県）の生協配送職員

坂が多い長崎では、背負子（しょいこ）を背負って組合員宅まで注文品を届けることもある
写真：コープ九州事業連合

植林作業中の森林組合職員

植林用穴掘り機「ほるほるくん」で、苗木を植えるための穴を掘る
写真：全森連

5 協同組合間協同

協同組合間協同とは何か

1995年に採択された「協同組合のアイデンティティに関するICA声明」では協同組合の七つの原則が提起されていますが、そのうちの第6原則は「協同組合間の協同」です（67ページ）。協同組合が協同し、連携するというのは当たり前のことのようにも思われますが、そこでは「協同組合は、地域的、全国的、（国を超えた）広域的、国際的な組織をつうじて協同することにより、組合員にもっとも効果的にサービスを提供し、協同組合運動を強化する」とうたわれています。この協同組合間協同が協同組合原則に盛り込まれたのは1966年の原則改定の際でした。当時、**多国籍企業**による**流通革命**の波に押され、西欧の生協の事業後退の傾向が目立っていました。競争ではなく協同組合間の連帯や連携といった「協同」によって「協同組合運動を強化する」というメッセージは、そうした状況に対して、またその後も続く新自由主義の広がりに対して、国際協同組合運動の姿勢を示したものといえます。

それでは協同組合間協同とは具体的に何を示すのでしょうか。JCA（日本協同組合連携機構）では協同組合間の連携事例を、①産消提携型、②事業連携型、③地域連携型、④学習会・イベント型、⑤災害支援型、⑥人材育成型の六つに分類しています。ここでは協同組合間の協同や連携の基本的な類型といえる①～③を中心に協同組合間協同のあり方を考えていきます。

産消提携型 協同組合間協同と生協産直

まず見ていきたいのが、一つめの「産消提携型」です。これは生産者側である農業や林業、水産業の

用語

多国籍企業
活動拠点を一つの国家だけに限らず、複数の国にまたがって世界的に活動している大規模な企業。

流通革命
流通システムの急激な変化。ここでは特に、大量生産、大量消費に対応した、スーパーマーケットなどのチェーンストア展開を指す。

協同組合間連携の6類型

資料：JCA

協同組合と消費者側の協同組合が協同し、生鮮食料品の売買や商品の共同開発などを行うものです。生産者側の協同組合と消費者側の協同組合は対等の関係で結ばれ、取り組みを進めていますが、多くは安全・安心な食品を求める組合員の声に応える形で、消費者側の協同組合である生協が産消提携をより強く求め、そのイニシアティブによって協同組合間の連携が進められてきました。

この産消提携型の一つの典型が生協産直です。生協産直の考え方の基本といえるのが、1980年代より多くの生協で取り入れられてきた「産直三原則」（次ページ図）ですが、その三つめの原則に「組合員と生産者が交流できること」とあるように、生協産直の特徴は消費者と生産者の間の信頼関係です。全国の生協では、生産者と組合員の交流会、組合員や子どもたちの産地視察・研修会、点検・確認会、援農、農業体験、被災した産地の支援活動など、多彩な交流活動が行われています。

こうした消費者と生産者の間の交流とそれに基づ

産直三原則

1．生産地と生産者が明確であること

2．栽培、肥育方法が明確であること

3．組合員と生産者が交流できること

く信頼関係によって、各地で産消提携型の協同組合間の連携の実践が積み重ねられてきました。この産消提携型は類型の2番目にあげられている、事業連携型の一つと見なすこともできますが、あえて別の枠として類型化されているのは、日本の協同組合間協同の取り組みの中で特別な意味を持つものだから、ということができます。

事業連携型と地域連携型

二つめの事業連携型は事業体としての協同組合が行う協同組合間の連携です。先ほど述べたように、1966年の協同組合原則の改定で「協同組合間協同」がうたわれた際に、想定されたのは、協同組合が事業上、協同して巨大な多国籍企業に対抗することでした。その意味ではこの事業連携型は協同組合間協同の基本的な形といえます。

すぐ前で触れたように産消提携型もこの事業連携型の一部ということができますが、近年では店舗の共同運営や業務の委託・受託を協同組合間で行う連携に、さまざまな形で取り組まれるようになってきています。この事業連携型は大きく二つに分けることができます。一つは店舗や移動店舗、宅配事業などを異なる種類の協同組合がコラボレーション型で行うもので、農協のAコープと生協が共同で店舗運営を行う例などがあげられます。

もう一つは清掃や配送などを委託元と受託先の関係で実施するもので、ワーカーズコープやワーカーズ・コレクティブの取り組みの中でさまざまな事例が見られます。

三つめの地域連携型は、協同組合の事業ではなく活動面において、協同組合間の協同が進展した事例ということができます。たとえば、**こども食堂**などの地域づくりの取り組みを協同組合が連携して行うもので、フードバンクやこども食堂のほか、高齢者支援や居場所づくり、健康増進、地域活性化など多様な活動が各地で進められています。特にフードバンクなどの生活困窮者への支援はコロナ禍の中、各地で取り組みが進展しました。

JCAの誕生と県域連携組織の広がり

日本では、協同組合の種別ごとに法律がつくられ、行政上もそれぞれの協同組合が所轄官庁別の縦割りのもとに置かれるなど、長年にわたって各種の協同組合がバラバラの状態で活動してきており、協同組合間の連携や協同の推進は日本の協同組合運動にとって課題であり続けてきました。研究者の間でも協同組合のナショナルセンターをつくる必要性などが指摘されていました。そうした中、2018年4月にJCA（日本協同組合連携機構）が発足し、協同組合を横断した組織がつくられたことは、協同組合間の協同や連帯、連携に向けた大きな一歩ということができます。

このJCA発足のきっかけとなったのは、国連が2012年を国際協同組合年と定め、日本でもそれに向けたさまざまな取り組みが行われたことでしたが、この国際協同組合年は、同じように都道府県レベルでの協同組合間協同を推し進める役割も果たし

用語
こども食堂
→133ページ

協同組合連携組織の設立数の推移

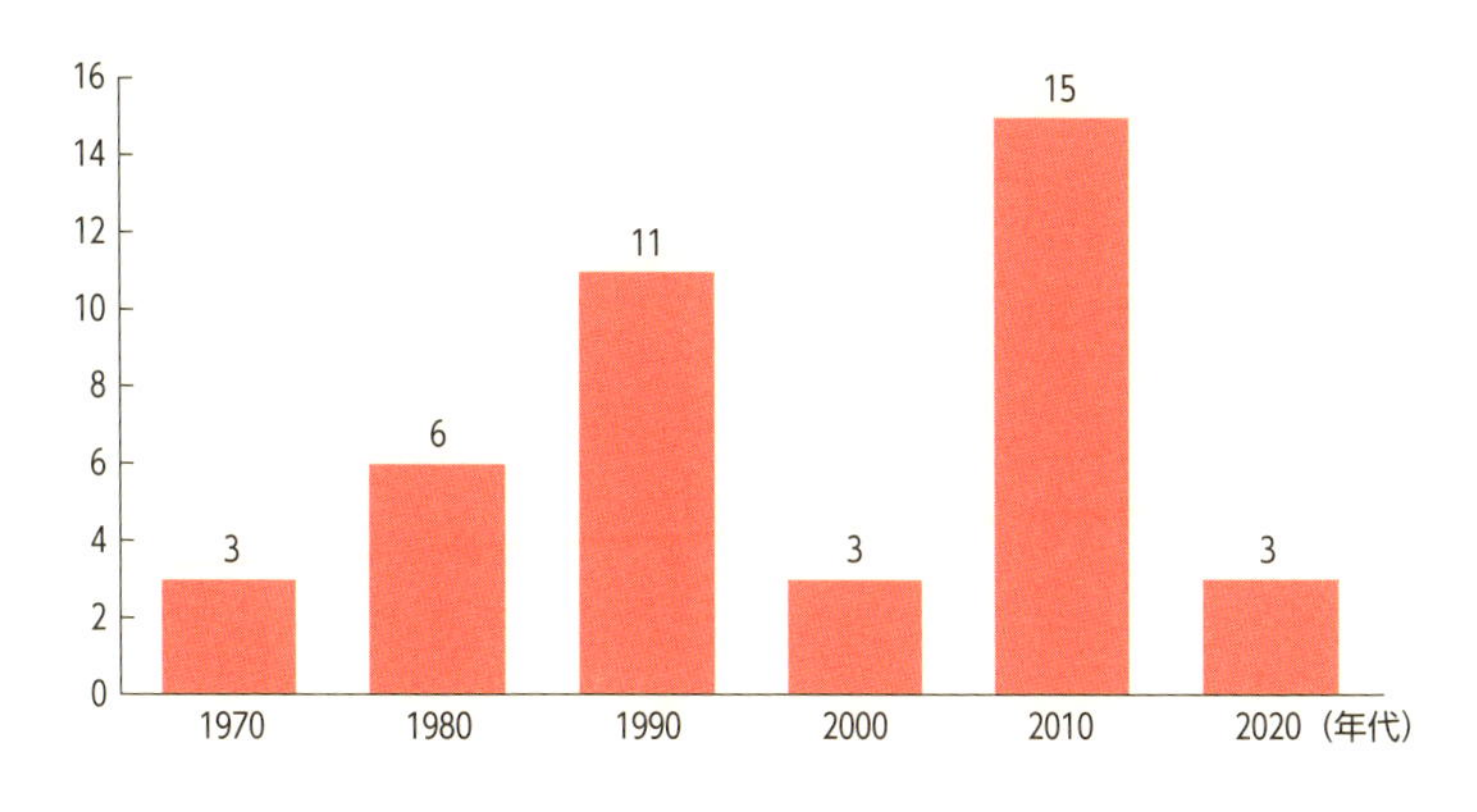

資料：JCA

ました。各都道府県で国際協同組合年の実行委員会が結成されて連携が深まる中で、協同組合間の連携組織がつくられていきました。現在、42の都道府県に連携組織がありますが、その設立年次を見ると2010年代に入ってから設立の動きが加速したことがわかります（図参照）。

ＪＣＡが実施した2024年の実態調査によれば、こうした都道府県レベルの協同組合連携組織の会員団体の総数は484団体でした。主な会員組織は農協、生協、漁協、森林組合、労金、労働者協同組合で、都道府県によっては労働者福祉協議会や信用金庫、信用組合、中小企業組合が参加するところもあります。

こうした協同組合間の協同がとりわけローカルな場所で進んで行くことには大きな期待が寄せられますが、同時に懸念される点もあります。一つは日本の協同組合の中心が農協と生協であることです。自ずと協同や連携も農協と生協が中心になってしまいがちですが、当然のことながら協同組合間協同は両者の間だけでなく、それ以外の各種の協同組合も包含する形で取り組まれるのが重要です。

また、「協同組合間協同」という取り組みが同時にある種の枠をはめることになってしまわないように気をつけなければなりません。協同組合は市民社会の中に数多く存在するさまざまな組織の中の一つに過ぎません。自らを市民社会組織の一員として位置づけ、協同組合間だけでなく、ＮＰＯなど、地域で活動するさまざまな組織、団体と連携しながら活動していくことも非常に重要です。実際、近年は地域での連携を重視して、協同組合以外の団体に連携先を広げる動きもあります。場合によっては自治体もその一つに含まれ、協同組合の枠を超えた連携が求められます。

最後に枠という意味では「都道府県域」という枠も、常に前提となるものではありません。地域によってはより小さなエリアでの連携の枠組みがあってもよいでしょうし、場合によっては県域を越えた連携も考えられます。

また、境界を越えるという意味では国境を越えた連帯も重要です。欧州統合の進展に伴って、国境を越えた人、物、サービスの移動が活発化する中、北欧では国境を越えた協同組合の事業拡大や合併なども進んでいます。東アジアでも韓国や台湾の生協と日本の生協の間での交流のほか、**アジア生協協力基金**による、アジア各国の協同組合運動発展のための人材育成や、日本の生協役職員・組合員とアジア各国の協同組合人の相互交流などが行われていますが、国際協同組合同盟アジア・太平洋地域（ＩＣＡ-ＡＰ）などを通じた国際交流や連帯を進めていくことが重要になっていきます。

１９９ページで触れた多国籍企業の展開は、新自由主義の広がりや、グローバル化の進展の中で、ますます世界中で拡大しています。そのような動きに対抗するためにも、今後、さまざまな形の協同組合間協同がますます世界中で求められるでしょう。そして、日本においても連携や協同の動きがさらに広がっていくことが期待されます。

用語

アジア生協協力基金
日本の生協によってつくられ、アジア諸国を中心に、生協・協同組合運動の自立的発展に協力するための基金。

6 協同組合と法律・縦割り行政

協同組合と法律

日本では生協法や農協法など協同組合についての法制度が整備されています。しかし、考えてみれば当たり前のことですが、法律がないと協同組合をつくれないわけではありません。イギリスでは1852年に**産業節約組合法**が協同組合向けの法律としてつくられましたが、有名なロッチデール公正先駆者組合の設立はそれ以前の1844年のことです。また、後述する通り、2020年の労働者協同組合法の成立は日本の協同組合法の歴史の中でも画期的な出来事でしたが、同法の施行前からワーカーズコープやワーカーズ・コレクティブなどでは多様な実践が積み重ねられてきました。法制度の整備は、いわばこうした協同組合の実践を社会的、法的に追認するものといえます。イタリアやブラジル、インド、メキシコ、トルコなどでは憲法の中に協同組合についての規定がありますが、まさに協同組合運動の社会経済的地位を象徴的に示すものです。

他方で、法制度が市民社会に及ぼす影響力は圧倒的です。韓国では2012年に協同組合基本法が制定された後、協同組合や社会的協同組合の設立が相次いでいます（178ページ）。法制度の整備が協同組合の発展を促進することはしばしば見られます。

また、法制度の整備は、法人格の種類や設立要件、内部ガバナンスのあり方などを定め、場合によっては活動内容の規制などももたらします。協同組合の組織のあり方や事業内容、発展の方向性に一定の枠組みをつくることによって協同組合を構造化しているという側面があります。

協同組合と法律の関係については、こうした多様な側面から検討することが必要ですが、ここでは特

産業節約組合法
1852年に制定されたイギリスの法律。世界初の協同組合法といわれる。

に法制度が協同組合のあり方を規制し、構造化してきたという側面に着目していきます。

個別法による日本の協同組合法制度

協同組合の法律のあり方は国ごとにも異なり多様ですが、大きくは一般法と個別法の二つに分けることができます。一般法は、統一協同組合法ないし一般協同組合法といわれ、一つの法律によって各種の協同組合が律せられているものです。1900年につくられた日本の産業組合法は、一つの法律で現在の農協や生協のほか、信用金庫などをも規定する、一般法といえる法律でした。

これに対して、表に示したように、現在の日本の協同組合法は分野ごとに個別法が制定されています。これらの法律はそれぞれの領域における協同組合の発展の法的基盤を形成するとともに、その活動内容を規定し、構造化する役割も果たしてきました。

また、表からはその多くが終戦直後につくられた法律であることがわかります。これらの法律が戦後の日本社会においてそれぞれの協同組合が活動し、発展する基礎となったことは確かですが、70年以上の時の経過と社会の変容にもかかわらず、2020年の労働者協同組合法の制定まで法制度に大きな変更がなかった点からは、日本の協同組合法制度に保守性と硬直性をもたらしたといえます。

自由な設立を妨げる認可制

また、こうした個別法による法制度は、さまざまな弊害を日本の協同組合運動に及ぼしてきました。まずあげられるのは、労働者協同組合法をのぞき、

日本の協同組合法と制定年

農業協同組合法	1947年
消費生活協同組合法	1948年
水産業協同組合法	1948年
中小企業等協同組合法	1949年
信用金庫法	1951年
労働金庫法	1953年
森林組合法	1978年
労働者協同組合法	2020年

資料：執筆者作成

用語

いずれの法律も認可制（認可主義）を採用している点です。届け出だけで済む**準則主義**と異なり、協同組合の設立に際し行政庁の認可を必要とする認可制は、政府の権限を強くし、協同組合の自由な設立を妨げるものです。結果として日本の協同組合法制度は、協同組合の自治や自立という観点からは疑問の残るものになってしまっています。

ただし、日本の協同組合運動の間で準則主義を求める声があまりなかったことも、併せて指摘しなければなりません。認可制は、設立趣旨や存立基盤の怪しい組合の新規参入を排除することができ、既存の協同組合にとって「居心地のよい」仕組みであるのも確かです。しかし後述する労働者協同組合法の制定を一つのきっかけにして、より自由に協同組合がつくられる時代を展望する時期に来ているのではないでしょうか。

縦割り行政の弊害

また、個別法が別々につくられた結果、農協や漁協、森林組合は農林水産省、生協は厚生労働省、信用金庫は財務省といったように、それぞれの協同組合が所轄官庁別の縦割り行政のもとに置かれるようになっている点も大きな問題です。このため、協同組合としての共通した特徴が考慮されないことや、協同組合全体に対する統一的政策の欠如がしばしば指摘されてきました。

たとえば、協同組合原則の改定があっても、日本の協同組合法の条文がそれに合わせて改定されるということはこれまで行われてきませんでした。その結果、生協法などには制定時の協同組合原則（37年原則）は反映されているものの、その後の改定で盛り込まれた第4原則「自治と自立」や第6原則「協同組合間の協同」、第7原則「コミュニティへの関与」に関連した条文はありません。

逆に1966年の改定で原則から削除された「政治的・宗教的中立」に基づく政治的中立条項が、生協法をはじめとするいくつかの協同組合法に残っています。これらはまさに、日本の協同組合法制度が

準則主義
政府による認可などが不要で、要件を満たせば届け出だけで法人の設立を可能とする方式、考え方。

「協同組合の法律」としてのあり方を意識せずにつくられていることを示すものです。

行政庁による縦割りは産業別・業種別になっています。このためそれぞれの協同組合に対する政策は農協であれば国の農業政策、信用金庫であれば金融政策といったように産業別・業界別の政策手段として位置づけられ、個別の産業政策に振り回されやすい構造がつくられてきました。

また、より大きな問題といえるのは既存の協同組合以外の新しい協同組合はそのための法律がないため協同組合として設立することが難しいということです。労働者協同組合法がつくられなければなかったのはこのためですし、海外でしばしば見られる、多くの人が出資して再生可能エネルギーによる発電事業などに取り組むエネルギー協同組合なども日本ではふさわしい法制度がありません。こうしたいわば既存の協同組合法の狭間に位置する領域の協同組合の設立が難しくなってしまうのも、個別法の組み合わせとなっている日本の協同組合法制度の問題点といえます。

規制の多い生協法

先ほど、協同組合の法制度が協同組合のあり方を規制し、構造化してきたという点を指摘しましたが、この規制という点で特異なのが生協法です。生協法は、原則として、組合員以外が生協の事業を利用すること（員外利用）を認めていません。これは諸外国には見られない、かなりきびしい規制です。

また、２００７年の改正で隣接都府県までは可能になったものの、都道府県の区域を越えて生協を設立できない（県域規制）など、さまざまな規制があります。これらの規制は生協の活動の自由を制約し、事業上もいわば足かせとして機能してきました。特に員外利用規制や県域規制は、協同組合としてのあり方に基づいたものというより、小売商などとの関係を考慮した、いわば商業政策上の規制といえるもので、協同組合法のあり方としても疑問符のつくものです。

労働者協同組合法が切り拓く未来

2020年に成立した労働者協同組合法はこうした保守的で硬直した日本の協同組合法制度に風穴を開ける法律といえます。同法は働く人たちの協同組合である労働者協同組合に法人格を与えるものですが、「協同組合法」という名称を持つものとしては1949年の中小企業等協同組合法以来、約70年ぶりの新しい法律で、その制定自体が新しい協同組合の設立につながることが期待されます。

この労働者協同組合法の最大の特徴は、準則主義を採用したことです。設立に必要な発起人も3人と少なく、少人数で簡単に協同組合をつくることができるという意味で、他の協同組合法とは大きく異なります。これまでは認可制のもと、協同組合の世界は新しく組合がつくられることの少ない、いわば「いつものメンバー」による固定的な景色が広がっていましたが、労働者協同組合法の施行によって新しく協同組合をつくろうという動きが広がっていくことが期待されます。

しかし、分野ごとに個別の法律が存在する日本の協同組合法制度をめぐる状況を考えると、労働者協同組合法の制定は、そうした個別法がさらにもう一つ増えただけともいえます。韓国では2012年に、個別の法律はそのままに、そこに含まれない協同組合を対象とする協同組合基本法が施行されました（178ページ）。日本においてもそうした柔軟な考えに基づいた、法律の制定が望まれます。

厚生労働省による労働者協同組合についてのパンフレット

写真：厚生労働省

7 協同組合と政党政治・地方自治

協同組合と政治的中立

協同組合運動では政治的中立が求められている、としばしば考えられてきました。実際、１８４４年に創設され、世界で最初の成功した協同組合といわれるロッチデール公正先駆者組合の原則や、１９３７年に決定された協同組合原則には「政治的・宗教的中立」という文言が入っています。政治的活動を行うことや、政治に働きかけを行うことは、協同組合の原則から外れることなのでしょうか。ここでは少しやっかいな、協同組合と政治の関係について考えていきます。

前提として考えれば、「協同組合のアイデンティティに関するＩＣＡ声明」（95年原則）が定義している通り、協同組合は「事業体をつうじて」活動する組織です。協同組合が**政治団体**でないことはいうまでもありません。歴史的に見ても、協同組合運動が非政治的（そして非宗教的）なものとして進められてきたことで、多くの人が参加する運動がつくりあげられてきました。協同組合運動が政治や宗教に振り回されるようなことがあってはなりませんし、その意味では「政治的・宗教的中立」は尊重されるべき理念です。

しかし、協同組合は政治的に中立でなければならないという考えは、必ずしも的を射たものとはいえません。ロッチデールの原則における「政治的中立」は、労働者の多様な運動の対立や競合から中立的であるべきだ、というものでした。37年原則における「政治的・宗教的中立」は国際協同組合同盟（ＩＣＡ）への加入の条件にはならない任意の原則でしたし、１９６６年の改定の際には削除されています。95年原則においても「中立」という文言はあ

用語

政治団体
政治上の主義の推進や反対を目的とする団体。

りません。協同組合の原則からいえば、協同組合が常に政治的に中立でなければならないということはないのです。

1966年の原則改定の際に「政治的中立」が原則から削除された理由として、中立を要請することが政治的無関心につながる可能性があげられていたことも重要です。むしろ、協同組合は政治に無関心であってはならないといえるのです。

「特定の政党のために利用してはならない」？

協同組合と政治との関係でもう一つ問題になるのは、生協法をはじめいくつかの協同組合法に、組合を「特定の政党のために利用してはならない」とする、いわゆる政治的中立条項といわれる条文があることです（たとえば生協法2条2項）。この条文は当初「単なる道徳的規定」とされていたのですが、1980年代以降、行政の姿勢が変化し、生協が特定の政党や候補を支援したり、店舗等にポスターなどを掲示したりすること、文書などで推薦することなどが明確に規制されるようになってきました。これは協同組合の自由な活動を制限するだけでなく、委縮させることにもつながりかねない不当な対応というべきものです。

そもそも、生協法などの政治的中立条項は、協同組合原則に「政治的中立」という言葉がない以上、協同組合の法律としては本来、見直されるべきものです。実際に、農協法や水産業協同組合法には同様の条文はなく、「協同組合だから」政治的に中立でなければならないというわけではないことは明らかです。

このように法律的に見れば、協同組合が政治的に中立でなければいけないわけではありません。もちろん、協同組合は政治団体ではなく、その活動は本来、経済的な事業が中心です。しかし、政治との関係を含め、どのような立場で、どのような活動に取り組むかは各組合の自由であるべきで、法律で規制されるようなものではないはずです。

協同組合とアドボカシー活動

政治への関わりというとまず選挙がイメージされがちですが、政治はそれ以外にも多様な形で、協同組合の活動にかかわってきます。NPO研究の分野では政策の実現に向けて政府への政策提言を行ったり、社会に対して働きかけを行ったりする**アドボカシー活動**の重要性が指摘されてきました。そうした政策提言や意見表明などの活動は協同組合の活動としても重要です。

実際、協同組合の事業や活動の中で発見された政策課題を提言し、法律や条例などの制定を実現してきた事例を歴史的にもいくつか見ることができます。1979年の滋賀県の**琵琶湖富栄養化防止条例**（びわ湖条例）の制定の背景には、水質汚染の改善のための石けん運動や、署名・請願運動に取り組んだ大津生協などの運動がありましたし、2004年の東京都食品安全条例は、東京都内の生協の直接請求や請願の取り組みの結果つくられたものでした。19

食品衛生法抜本改正を求める「9.21『1000万署名を獲得しよう！』全国組合員集会」

写真：日本生協連資料室

用語

アドボカシー活動
公共政策や世論などに影響を与えるために、政府や社会に対して行われる、団体や組織による働きかけ。政策提言活動とも。

琵琶湖富栄養化防止条例
琵琶湖における赤潮の異常発生を契機に制定された滋賀県の条例。合成洗剤の使用・販売の禁止などが盛り込まれた。

99年に日本生協連が提起した食品衛生法の抜本改正を求める運動は1373万筆の署名を集め、食品安全基本法の制定にも結び付いています。

また、協同組合のあり方に関する政治への働きかけもさまざまな取り組みが見られます。日本では歴史的に小売商を中心に生協の活動を規制しようとする動きがありましたが、特に1980年代に強まった生協規制の動きを押しとどめた背景には、日本生協連や各地の生協による行政や議会への多様な働きかけがありました。2010年代には規制改革という名のもとに**農協改革**が行われました。その過程では新自由主義的な改革を止めようと、JA全中を中心に、他の協同組合なども巻き込んだ、さまざまな働きかけが行われています。

協同組合のあり方をめぐる政策提言として特筆すべきなのは2020年の労働者協同組合法の成立です。同法の制定に際しては、ワーカーズコープやワーカーズ・コレクティブなどが法制化運動に取り組み、法案の作成や国会議員への働きかけ、自治体議会での意見書提出に取り組んできました。労働者協同組合法の制定はそのような運動による**市民立法**といえ、協同組合が、自分たちの活動を支える法制度を自らつくりだした、画期的な政策提言活動だったということができます。

利益団体としての協同組合

政治との関係を考える際、もう一つ指摘できるのは協同組合の利益団体としての側面です。利益団体とは、広い意味では政策の実現のために政治に働きかける組織のことで、市民社会で活動する組織がほぼ当てはまります。ここでは特に経済的、職業的なセクターに基礎を置く団体を想定しています。

業界団体や労働団体と並んでこの点でしばしばあげられるのが農業団体で、政治学では農協の政治的影響力についてさまざまな研究が行われてきました。利益団体というと、利権のような負のイメージでとらえられがちです。しかしデモクラシーが機能するためには、さまざまな団体が利益団体として政治に

農協改革
政府による農協制度の見直し。中央会制度の変更などを内容とする。

市民立法
政府や議員主導でなく、市民の主導による法律の制定。

必要な情報を提供し、自分たちの求める政策の実現に向けて働きかけを行うこと、そしてそうした組織が多元的に存在することが重要です。

さまざまな業界の利害を業界団体が代表するように、あるいは労働者の利害を労働組合が代表するように、農業団体である農協が農業者の利益を代表し、政治に働きかけるのはむしろ必要なことなのです。**食糧管理制度**のもとでの米価引き上げの要求、貿易自由化や**TPP**への反対は、そうした利益団体としての農協の取り組みといえます。

協同組合と政党

ここまで協同組合の政治的活動について見てきましたが、協同組合の運動の中から生まれた政党も存在します。1970年代、東京の生活クラブ生協の運動の中から、政治を「お任せ」する議員ではなく、市民の代理人をつくりだそうという「**代理人運動**」が提起されます。この運動はその後各地に広がり、「東京・生活者ネットワーク」などの地域政党（ローカルパーティ）がつくられていきました。その特徴は、2期や3期で議員が交代するローテーション制度や、議員報酬の管理による政治資金の透明化と市民政治への活用、多くの人の参加とボランティアによる参加型選挙といった政治原則を持つことです。現在では全国組織である「全国市民政治ネットワーク」に県レベルの八つの組織が加入し、都議や道議、県議を含む76人の議員が活動しています。

また、イギリスでは協同組合運動を母体とする協同党（Co-operative Party）が活動しています。同党は協同組合運動とその利害を代表し、協同組合の価値や原則を広めていくことを目的に1917年に結成されました。1927年以降は労働党と協定を結び、協力して活動していますが、法的には労働党と別個の党となっています。

イギリスの下院には43人の所属議員がいるほか、1500人以上の自治体議員が所属し活動しています。2024年の総選挙では、協同組合の原点といえるロッチデール選挙区に協同党所属の議員が誕生

用語

食糧管理制度
主食である米や麦といった食糧の価格や流通などを、政府が管理・統制する制度。

TPP
環太平洋経済連携協定の略称。日本やアメリカなど12か国で協議が進められてきたが、最終的にアメリカが離脱し、2018年に11か国で締結。

代理人運動
自分たち、市民、生活者の代表を「代理人」として自治体議会に送り出そうという生活クラブ組合員の運動。

イギリス協同党所属の議員数／定数

下院議員	スコットランド議会議員	ウェールズ議会議員	市長	自治体議員
43／650	11／129	16／60	5	1500以上

資料：イギリス協同党 HP　　単位：人

しました。この協同党のように、政治や意思決定の場に参加する代表を、協同組合の運動の中から生み出していくことは、協同組合の価値や原則を社会の中に広めていくうえでとても重要です。

自治と自立

最後に、関連して考えたいのが国や自治体などの政府と協同組合の間の関係です。近年、協同組合の社会的取り組みが広がる中で、その活動内容も組合員だけの共益にとどまらない公益的な活動が増えてきています。「コミュニティへの関与」という観点からは大切な取り組みといえるでしょう。そうした活動の際に、あるいは時には事業そのものにおいても、自治体との間で協定が結ばれたり、協働した取り組みが行われたりするケースもしばしば見られるようになってきています。いうまでもなく地域において自治体の存在は大きく、地域の持続可能な発展を考えればその存在を無視できません。

しかし大きな存在であるがゆえに、自治体との関係はともすると上下関係のようになってしまいがちです。実際、ＮＰＯ研究の分野では、自治体との関係が「下請け化」していくことの問題点がしばしば指摘されてきました。そうではなく、協同組合原則の第４原則に「自治と自立」があるように、協同組合が地域で活動するにあたっては、自治体などとの間であくまでも対等な関係をつくることが重要です。そうした対等な関係のもとで、協同組合をはじめとする市民活動団体と自治体などが協働して取り組みを広げていくことが求められます。

8 協同組合の合併と連合組織、大規模化

協同組合と合併

日本の協同組合の歴史は合併の歴史といっても過言ではありません。農協にしても生協にしても、あるいはほかの種類の協同組合にしても、それぞれの領域の中で事業を行っており、常に市場競争の中での対応が必要になります。そうした際にスケールメリットの追及や組織・人員・施設の再配置による効率化を目的とした合併は有力な選択肢であり、それぞれの分野の協同組合で進められてきました。

農協の合併を見ていくと、1945年から1960年代にかけては、戦後に乱立し、経営不振に陥った農協の整理や規模の適正化などを目的に、行政主導で合併が進められました。特に1960年代には農協合併の推進が強化され、総合農協の数は1万2050組合から6049組合へと半減しています。1970年代に合併の動きは鈍化しますが、1980年代後半以降、自由化と規制緩和が進展する中、金融自由化による信用事業の収益低下などを背景に、事業機能や経営基盤の強化を目的として、積極的な農協合併が強調されるようになっていきました。特に、1985年から2005年にかけての20年間には、4267組合から901組合へと、著しく減少しています。

一方、日本の生協運動は、1960年代後半から1970年代にかけて、物価高や食の安全への関心の高まりなどを背景に、各地で生協が新設されたことによって発展していきました。実際、1965年から70年に39生協、71年から75年にかけて85生協、76年から80年にかけては43生協が新たに設立されています。1980年代に入ると、70年代に新しくつくられたこれらの生協が複数合併し、県

総合農協数の減少

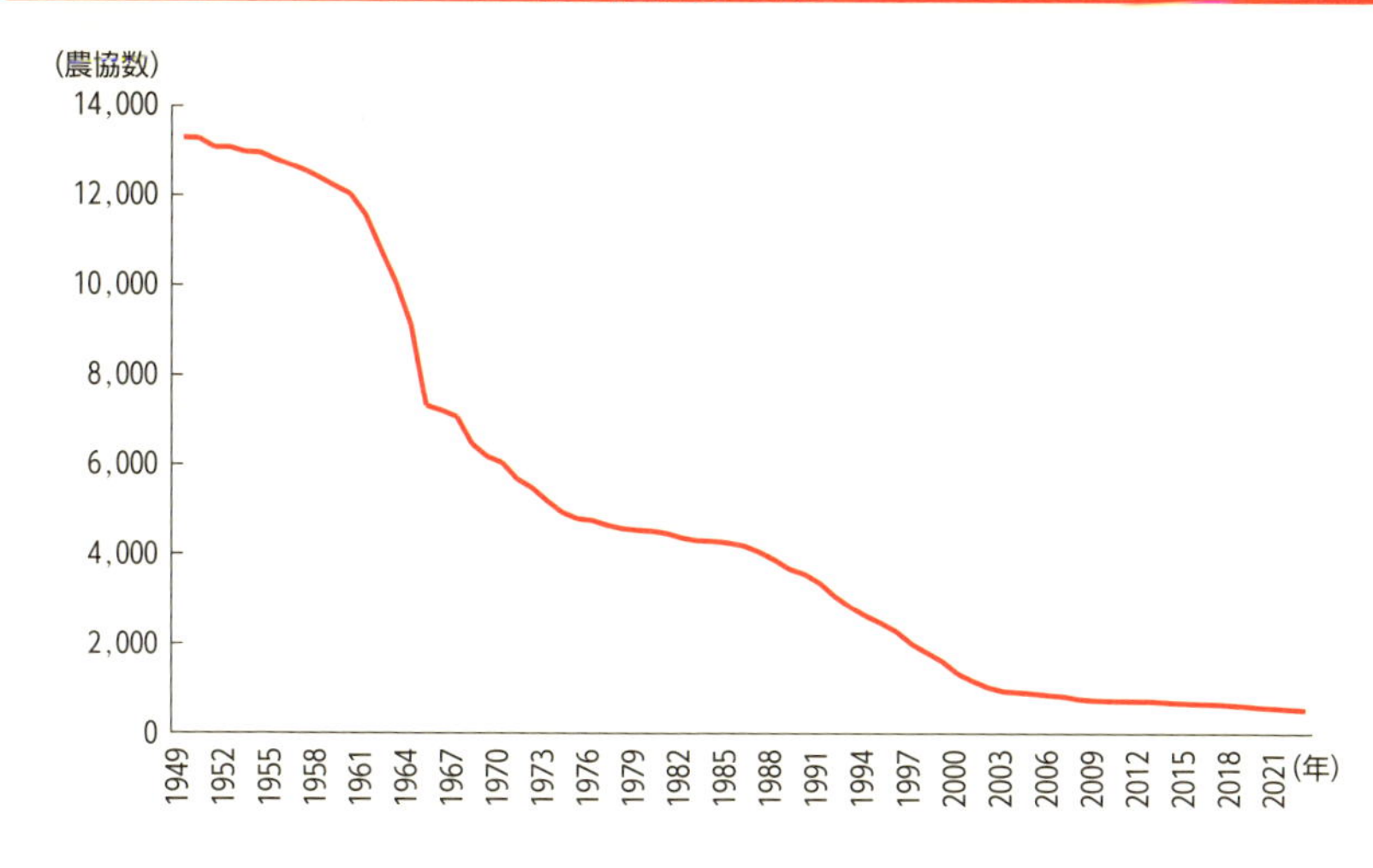

資料：農林水産省「令和５年度農業協同組合等現在数統計」

内一円を事業エリアとする、拠点生協といわれるような生協が誕生しました。１９９０年代以降は新しい生協の設立は少なくなり、合併の動きがさらに進んでいきます。

２００７年の生協法改正によって、生協の事業エリアを都道府県域に制限するいわゆる県域規制が緩和され、隣接都府県での合併が可能となったことから、２０１３年のちばコープ、さいたまコープ、コープとうきょうの組織合同によるコープみらいの誕生に代表されるような、県域を越えた合併も見られるようになってきています。こうした状況を反映して、２１８ページの図のように１９９０年頃までは生協数も増加傾向でしたが、以後は組合員数の増加にもかかわらず、生協数は減少傾向にあります。

連合会組織の変容

こうした合併の進行は、連合会のあり方にも大きな変容をもたらしています。農協ではこれまで、経済事業、共済事業、信用事業など、事業ごとに都道

地域生協数と組合員数の推移

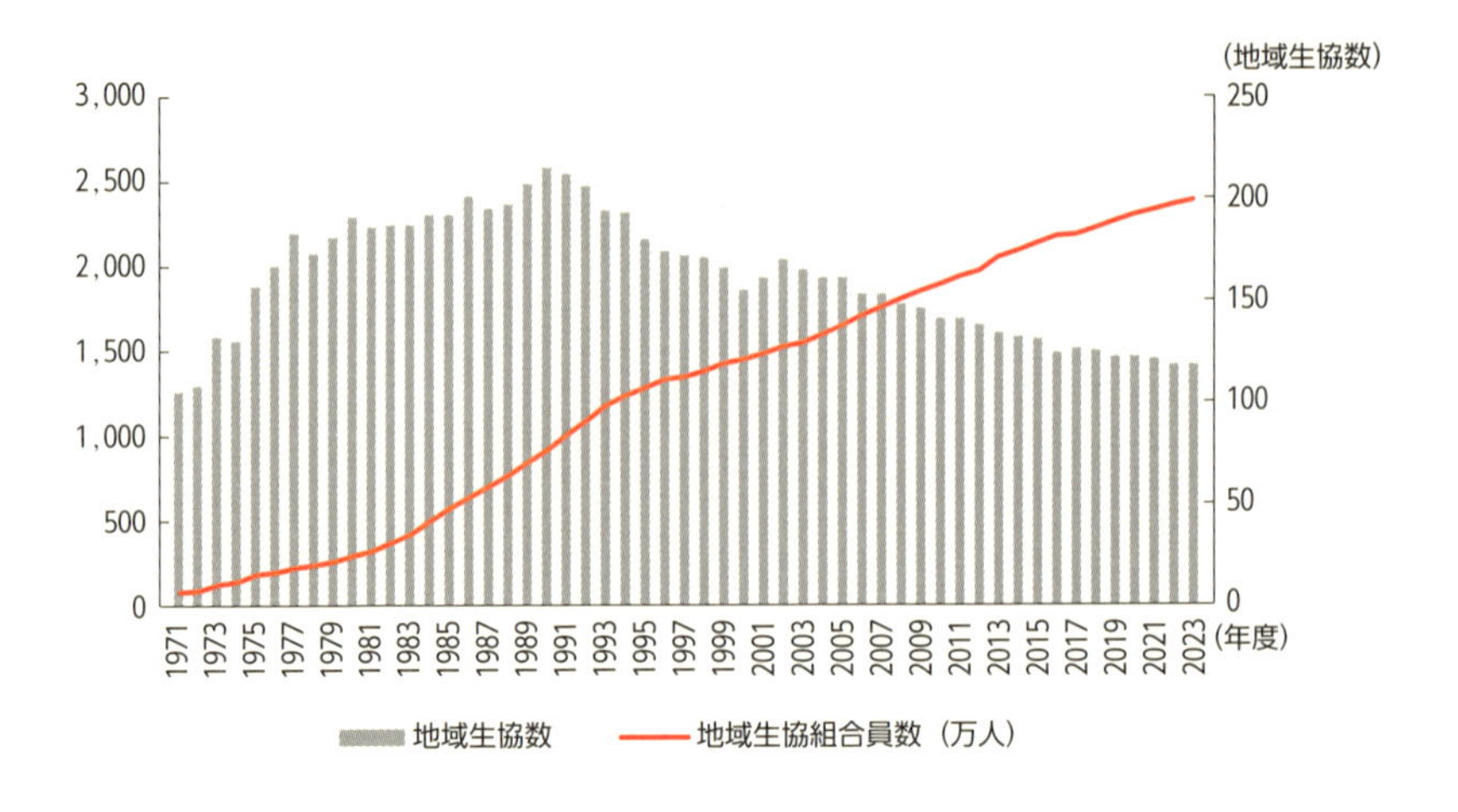

資料：日本生協連『生協の経営統計』（各年度など）

府県段階の連合会と、全国レベルの連合会がつくられ、単位農協－都道府県連合会－全国連合会という3層構造が構築されてきました。しかし1990年代以降、**単位農協**の**広域合併**が進む中で、全国連合会と単位農協の2段階組織への再編が進められました。共済事業については2000年に一斉統合が行われ、全国連合会の都道府県本部が設置されたほか、信用事業と経済事業については都道府県ごとに統合が進められています。また単位農協の広域合併の中で1県1農協化の動きも進んでおり、県農協となった単位農協が県連機能を継承するような動きも進んでいます。

生協でも県域を越えた事業連帯を追求する動きの中で、商品の開発や仕入れ、物流設備やシステム基盤の整備を複数の生協が共同で行うための連合会組織である、**事業連合**を設立する動きが広がりました。1990年の三つの事業連合の発足がそのスタートとなり、以後2000年代中頃にかけて関東や東北、近畿といったエリアごとの事業連合がつくられてい

用語

単位農協
組合員が直接加入する一つひとつの農協。

広域合併
1県1農協のような広い範囲での農協の合併。

事業連合
いくつかの生協が共同で商品の開発や仕入れ、宅配カタログの制作などの事業を行うための組織。

きました。現在では北海道を除く全国にそうしたエリアごとの事業連合が設立されており、2023年度現在、全国12の事業連合に加入している単位生協の総事業高が地域生協全体に占める割合は72・6%になっています。

大規模化がもたらすもの

協同組合の合併は何よりも大規模化に結び付いています。生協ではその傾向が顕著です。1971年度の地域生協を見ると、灘神戸生協をのぞけば1生協の平均で組合員3000人、事業高2・9億円という小規模な組織でした。それが2023年度には116の地域生協のうち、事業規模が100億円を超える生協が53を占め、そのうち5生協は1000億円を超えています。コープみらいのように組合員数が370万人を超える巨大生協も誕生しました。大規模化はスケールメリットを生かすことにつながるほか、組織や経営の合理化、効率化などさまざまなメリットをもたらします。

一方で大規模化は、一人ひとりの組合員との距離が遠ざかることを意味します。農協合併による広域化（とそれに伴う施設の統廃合）が物理的な距離の拡大にも結び付くおそれはしばしば指摘されます。1990年前後の日本生協連の組織政策文書の中では、大規模化の中での役職員の「官僚化の傾向」や、組合員の間で「『私たちの生協』という感じが持てない」という声が増えていることなどが指摘されていました。これらは大規模化によって組合員の「組合員としての意識」が薄まりつつある現実を反映しているといえ、事業・活動への組合員参加の後退や、民主的運営の形骸化につながりかねません。

生協における事業連合の設立もこの傾向を強めています。事業連合では商品の開発や仕入れ、宅配カタログの制作などが共同で行われ、生協の事業の中心部分を担っています。一方で事業連合は参加する生協によって組織される連合会で、組合員から見ればいわば二次的な組織であり、その運営に組合員は間接的にしか関与できません。2000年代に広がった事業連合は生協の経営の安定という面では大きな役割を果たしましたが、参加や民主主義といった「協同組合らしさ」が失われる可能性をはらむ仕組みともいえるのです。

「小さな協同」をつくり出す

こうした組合員との距離の拡大や参加の後退、形骸化といった問題は、協同組合の合併や大規模化に伴う課題として指摘できます。これに対して一石を投じる試みが、東京と神奈川の生活クラブ生協で行われている分割・分権化の取り組みです。東京と神奈川の生活クラブ生協ではそれぞれの事業エリアをさらに分割し、地域ごとに単位組合をつくっています（東京では四つ、神奈川では五つ）。前述したような合併による大規模化に伴う課題をのりこえる挑戦として注目されます。

生活クラブ生協のような協同組合の分割とまではいかなくても、より小さな単位で協同する仕組みを取り入れることは重要です。その方法は既存の協同組合内で小さなブロックをつくる場合もあれば、地域組織など、外部の団体と連携する場合も考えられます。またワーカーズコープやワーカーズ・コレクティブといった労働者協同組合が小さな協同の仕組みをつくり、既存の大きな協同組合と重なり合うことで、重層的な協同のネットワークを形成することも考えられます。近年このような「小さな協同」の重要性が注目され、さまざまな場面で議論されるようになってきました。

協同組合は組織（association）としての側面と、事業体（enterprise）としての側面を持ちます。ここで見てきた大規模化の問題は、いわば組織としての適正規模と、事業体としての適正規模が一致しない可能性を示しているといえます。一足飛びの解決策があるわけではありませんが、両者が一致しないからこそ、多様なレベルでのネットワークを構築し、それぞれのレベルにおける参加や民主主義を多様な形で確保していく姿勢が、協同組合である以上、常に求められるのではないでしょうか。

9 組合員活動と参加、組合員の顧客化

生協の班と参加型民主主義

協同組合は事業体であると同時に「自治的な組織（association）」であり、組合員によるさまざまな活動が行われてきました。また、いうまでもなく協同組合は民主的な組織であり、協同組合原則の第2原則「組合員による民主的管理」には「組合員は、その政策立案と意思決定に積極的に参加する」とうたわれています。組合員活動や組合員の参加は、単なる事業体ではない協同組合の「協同組合らしさ」を象徴的に示しています。

日本の協同組合の活動の中で、こうした点で特に注目されてきたのが、「班」に基礎をおいて広がってきた、生協の組合員活動や参加型民主主義です。ここではその生協の組合員活動や組合員参加に着目し、その近年の状況と変容を見ていきます。

班による共同購入の様子

資料：『東京都生活協同組合連合会創立70周年記念誌』

1970年代から1980年代にかけて成長した生協でつくられてきた班は、商品の共同購入を行う場であったと同時に、生協の運営に参加するための最も基礎的な組織でした。班は総代会や理事会につながる情報流通ルートの基礎単位となり、これによって生協は組合員の声を意思決定に反映させていました。参加する主婦たちから見れば、班は生協を

通じて自分たちの生活向上を実現するための参加の場でした。班は経済的な共同購入の場であると同時に社会的な場でもあったといえます。1992年に東京で開かれた国際協同組合同盟（ICA）の大会では、こうした班を基礎とする日本の生協の参加型民主主義が高く評価されました。

生協の事業変容と組合員参加の後退

しかし、1990年代以降、生協の事業や組織の形態が変わっていく中で、そうした組合員活動や組合員参加が後退してきているのではないかという指摘がしばしば見られるようになってきました。その最大の要因は、班による共同購入から個人宅配（「個配」）へと、生協の事業スタイルが大きく変わったことです。近年では生協の宅配事業の供給高のうち、約4分の3が個配となっていますが、こうした事業スタイルの変容の中で班に依拠しない形へと、生協の組織運営は見直されていきました。

生協の大規模化も見逃せないポイントです。隣県合併を含む生協の合併と大規模化は、物理的にも、意識のうえでも、組合員と生協の間の距離を拡げます。特に、1990年代以降、各地でつくられていった事業連合は事業上、さまざまなメリットを生協にもたらしましたが、組合員が直接参加できる仕組みにはなっていませんでした。また、規模の拡大に伴い、組合員の参加意識や問題関心が多様化していくのは避けられない現象です。かつては「安心安全な商品を求めて生協に参加する」といった意識を持つ層が組合員の中心でした。しかし規模が拡大するにつれて、利便性や価格の安さなど、組合員のニーズが多岐にわたり、その意識も多様化していったと考えられます。

組合員組織の現状

では現在の生協の組織はどのような状況になっているでしょうか。日本生協連が全国の主要生協を対象に3年ごとに実施している「全国組合員活動実態調査」では、**コープ会**や**コープ委員会**などと称され

用語

コープ会・コープ委員会
地域に最も近く、定期的に開催されている組合員活動の基礎となる組織。

いますが、いずれも減少傾向が続いています。また、2020年度の調査では、約6割の生協がこれらの組織について「未成立の地域がある」という回答でした。コープ会やコープ委員会は現在の生協で地域に最も近く、定期的に開催されている組織ですが、その存続が危ぶまれる状況が地域によっては発生しているのです。

そして組合員組織の登録人数と総代定数を生協別に比較すると、総代定数の方が多い生協が6割強を占め、しかもこの割合は増加傾向にあります。総代の選出は生協の組織や民主的運営の基本ともいえる部分ですが、その総代選出基盤が揺らいできているともいえます。

こうした状況からは、参加の減少傾向が続く中で、総代や組合員理事のなり手が少なくなってきている現実が見て取れます。総代や理事を担える人が減ることは、生協の機関運営にも支障をきたしかねない、重要な問題をはらんでいます。

生協の組合員参加の状況

組合員の側の調査からも、同じような状況が見えてきます。同じく日本生協連が3年に1度実施している「全国生協組合員意識調査」の2021年度版報告書によると、「生協の活動に参加したことがある」と答えた人は組合員の12・9%でした（次ページの図）。

この「活動に参加したことがある」と答えた組合員の割合は、60代、70代で高く、年代が上がるほど、また、加入年数が長くなるほど、増える傾向にあります。20代や30代の若年層で活動に参加した経験がある割合は低く、そもそも「生協の活動を知らなかった」という割合も、とりわけ若年層で高くなっています。

生協組合員の変容

このような生協組合員の活動への参加の低下は、どのような要因に基づいているのでしょうか。一つ

組合員による生協の活動への参加

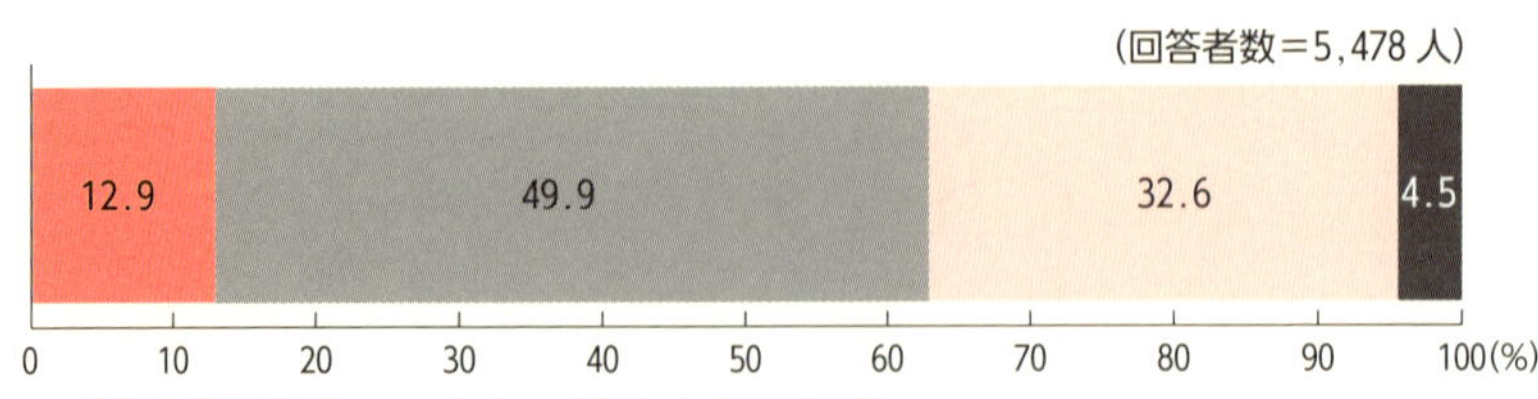

■ 生協の活動を知っていたし、参加したことがある
■ 生協の活動を知っていたが、参加したことはない
■ 生協の活動を知らなかった
■ 無回答・無効回答

資料：日本生協連『全国生協組合員意識調査』2021年度版（111ページ）

は、組合員の就業形態の変化です。生協組合員の多くが専業主婦だった時代とは異なり、現在では就業している組合員の方が多く、その割合は増加傾向にあります。職業についている組合員の割合が増えれば、自由に使える時間を多く持つ組合員が減り、組合員活動への参加が低下することは容易に想像がつきます。実際、生協の活動への参加を就業形態別に見ると、「生協の活動を知っていたし、参加したことがある」割合は、職業にはついていない層で16・6%と、上の図に示した全体の割合よりも高くなっているのに対し、職業についている層では低くなっています。職業についている層の中でもパート・アルバイトで13・4%、派遣・契約・嘱託社員で12・1%の人が活動に参加したことがあるのに対し、自営業などでは8・2%、正社員は8・0%と、働き方によっても活動への参加に差が出ています。

また活動に参加しない理由について見てみると、「参加する時間がなかったから」が最も多くなっています。これは就業する組合員が増加し、組合員活

生協の活動に参加しなかった理由

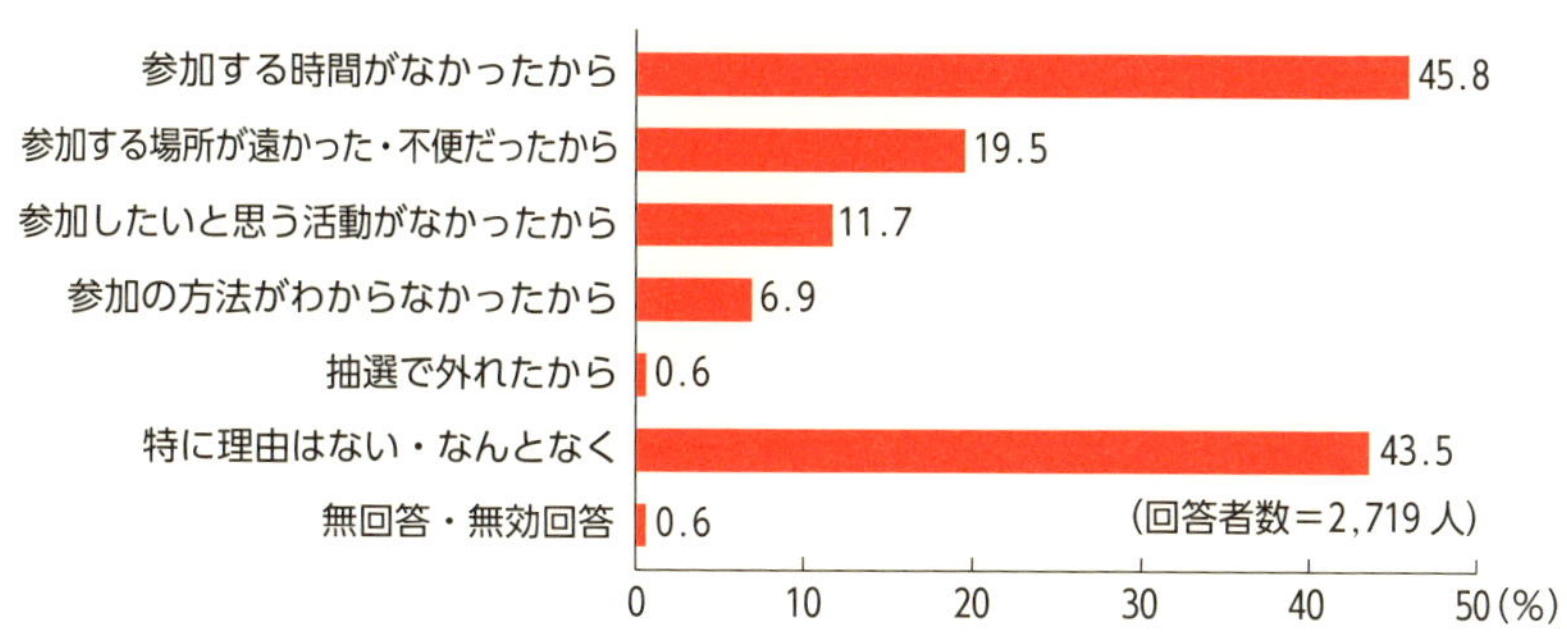

資料：224ページの図に同じ（114ページ）

動に割く時間が少なくなってきていることを反映したものといえます（上の図）。

「買うだけ組合員」の増加

一方で図を見ると「特に理由はない・なんとなく」という回答もかなり多くなっています。ここからは組合員活動への参加に意味を見出さない組合員が増えていることが想像できます。すなわち「安全・安心な商品を手に入れるために生協に働きかけ、それを実現する」というような積極的な組合員だけでなく、単に宅配事業の利便性を求めて加入する「買うだけ組合員」が増えているのではないかという問題です。実際、生協の宅配事業において最も満足度が高い項目は「商品が配達される便利さ」で、「非常に満足」「やや満足」と回答した人が84・3％となり、「食品の安全性」の74・3％を上回っています（次ページの図）。

もちろん、組合員が共同で事業を利用することは共通の経済的ニーズの実現という、協同組合の目的

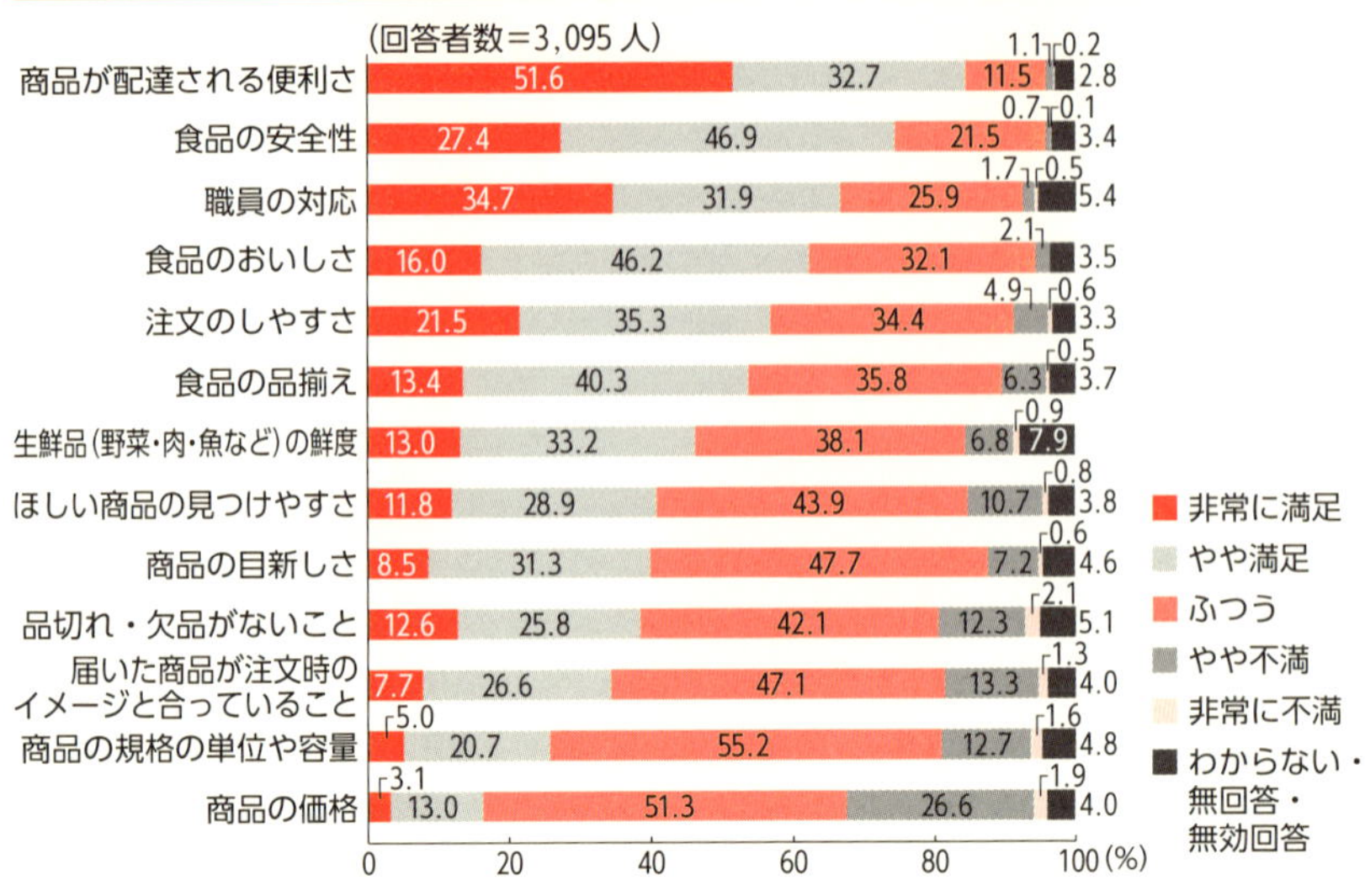

資料：224ページの図に同じ（100ページ）

そのものといえます。「買うだけ」というと否定的に捉えられがちですが、利便性が理由であるにしても、事業を利用すること自体は協同組合にとって非常に重要であり「利用も参加」といえます。実際「買い支える」という言葉がありますが、近年では**応援消費**や**推し活**など消費行動そのものに、より積極的な意味合いが見出されるようになってきました。

しかし、協同組合をつくって「共通の経済的、社会的、文化的ニーズと願い」を実現していくにあたっては、出資して利用するだけでなく、運営や活動に参加し、まさに協同組合を協同して形作っていくことも必要です。ここまで見てきたのは、一方では女性の社会進出などの社会経済的な背景に基づいた時間的制約の拡大によって、他方では組合員の意識の変容など多様な要因によって、そうした参加型民主主義の後退が起こっているということです。コロナ禍で進んだオンライン技術やSNSなども使いながら、新しい参加や活動の仕組みを検討する時期に来ているといえます。

用語

応援消費・推し活　消費行動に自分の好きなものを応援する意味合いを込めること。

10 員外利用と准組合員問題

正組合員と准組合員

日本の協同組合では、種別ごとに設立の根拠となる法律（農協法、生協法など）が定められています。たとえば農協（ＪＡ）の場合、農協法第1条において、農協は「農業者の協同組織」であることが定められています。具体的には、それぞれの農協において定款があり、耕作面積が30アール以上とか年間の農業従事日数が90日以上など組合員の資格が決められており、こうした農業者である組合員を農協では正組合員と呼びます。

ただし農協では、耕作をしていなくても、あるいは農地そのものを所有しない非農家であっても、たとえば、当該の農協が存在する地域に住み、農協の事業（信用や共済、生活店舗や福祉などの事業）を利用したいと望み、出資をすれば組合員になることができます。こうした組合員を准組合員と呼びます。准組合員制度は、国内では漁協などにもありますが、世界中を見渡すときわめてまれな制度です。

第２次世界大戦後、新しい農協制度ができましたが、当時の農村地域では農協が行うさまざまな事業は、農家だけではなく一般の地域住民にとっても必要なものでした。農協の事業がなければ、暮らしに困る人たちが数多く存在したため、准組合員制度が設けられたのです。また、日本の協同組合制度は、今から１２０年以上前に誕生した産業組合に始まりますが、そこでは組合員の資格を農民に限定せず、職業を問わないとしていました。こうした歴史的な背景も、准組合員制度が設けられた理由の一つだと考えられています。

とはいえ正組合員と准組合員とでは大きな違いがあります。総会（総代会）において議決権を有する

農協における組合員数の推移

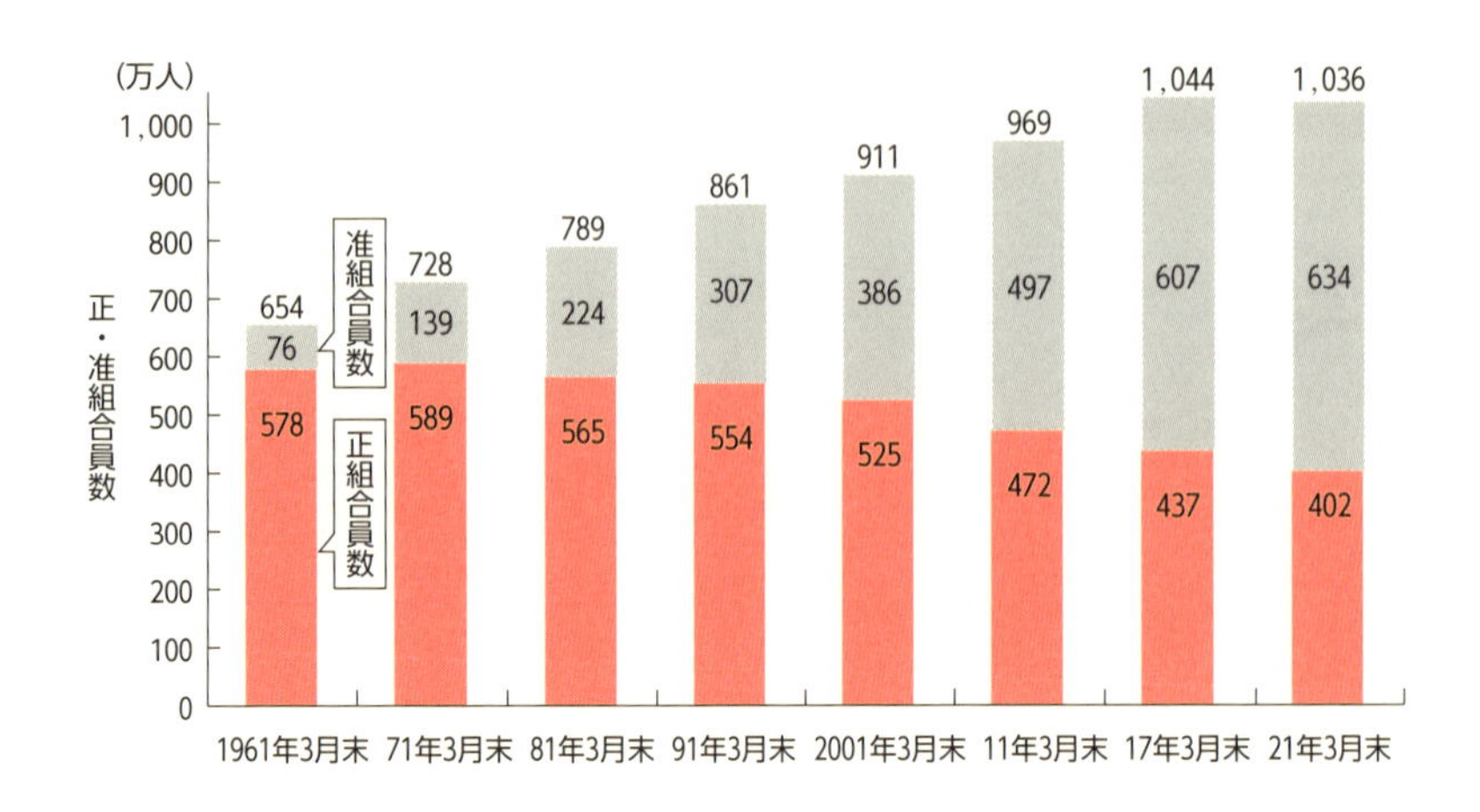

資料：農林水産省「総合農協統計表」「農業協同組合等現在数統計」。ただし、１組合当たりの正組合員数・准組合員数合計は四捨五入

のは正組合員だけであり、准組合員にはその権利がないことです。

准組合員に対するいくつかの制限は、戦後、農協制度をつくる時の「（農協は）あくまでも農業協同組合であり、農家（農民）を中心に運営されるのが基本である」という考え方に基づいています。

准組合員の増加と員外利用、意思反映問題

農協における組合員数の推移を見ると（上の図）、正組合員数が減少し、准組合員数が増加してきました。２０１０年頃を境にして、正組合員数と准組合員数の割合が逆転しています。日本全体として農家・農業者の数が減少しているために正組合員数が減少するのはしかたありませんが、准組合員数については、地域で農協の事業を利用する人たちを農協が積極的に准組合員としたことが理由です。

ただ農協では大部分の事業において、組合員の**事業利用分量**の１００分の20など、一定程度の員外利用が法律で認められていますが、協同組合の事業の

用語

事業利用分量
組合員による組合事業の利用量。組合員が、事業の利用分量に応じて行われる剰余金の配当を「事業利用分量配当」と呼び、農協法第7条では、農畜産物の販売事業における収益は事業利用分量配当に充てるよう努めることと定めている。

利用者は組合員であることが原則ですから、員外利用者が多いのは望ましい姿とはいえません。

農協における准組合員の存在については、いくつかの意見があります。

一つは、農協はあくまで「農業者の協同組織」（農協法第1条）であるから、事業利用や運営の中心は正組合員であるべきだという考え方です。

もう一つは、准組合員もたとえ農業には従事していなくても食に携わる消費者として、さらには地産地消の活動や、農産物直売所を利用する農業振興の応援団として位置づけるべきだという考え方です。

実際、准組合員総代などと称し、准組合員に総代会への出席を認めて意見を述べる機会を設けたり、**准組合員モニター制度**により、准組合員の意見を積極的に聴き、事業や運営に活かしたりするなど、意思反映に准組合員の意を用いる農協も増えています。

農協の仲間づくりの考え方

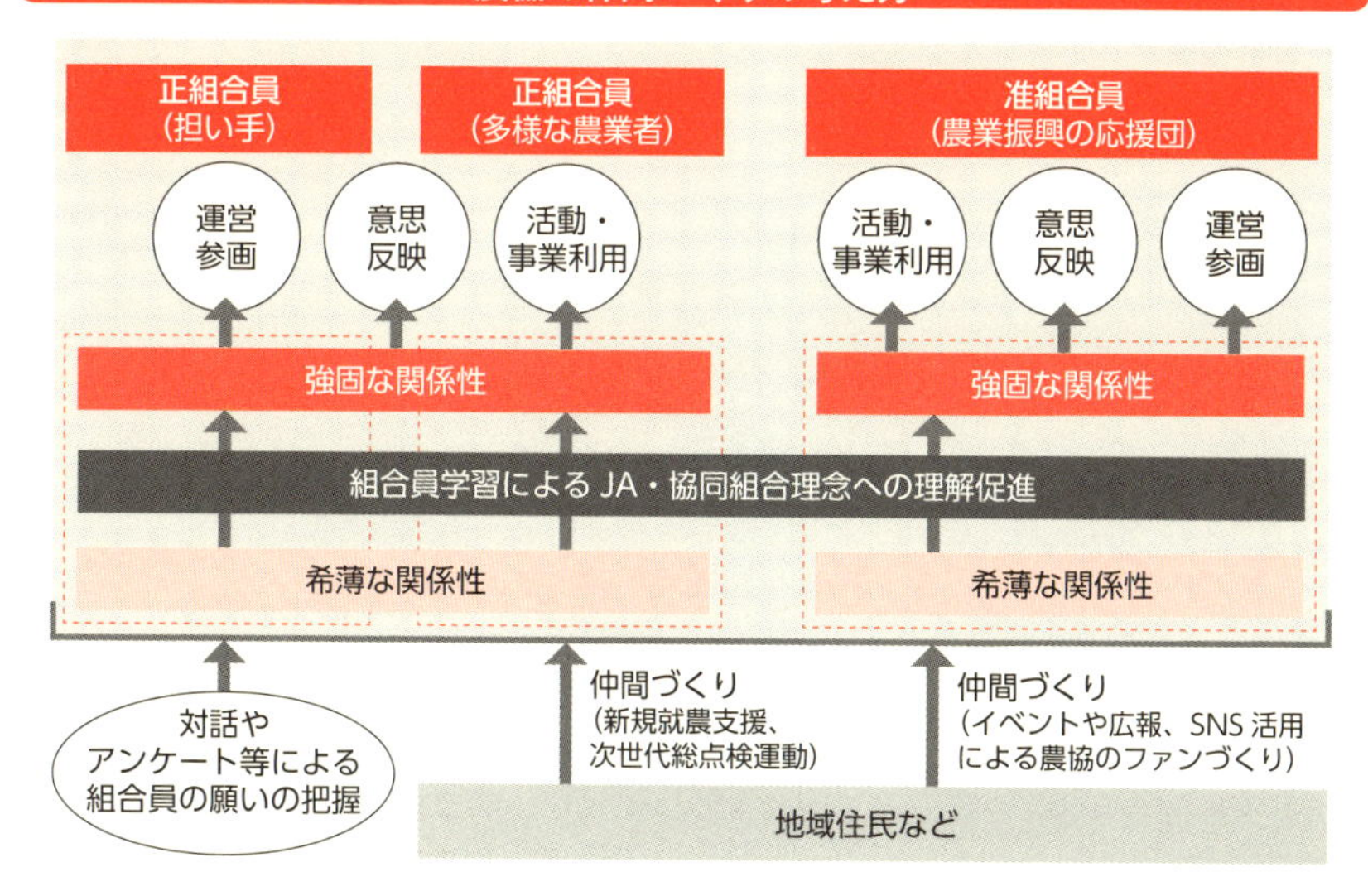

資料：第30回 JA 全国大会決議（JA 全中作成）をもとに簡略化した

准組合員モニター制度　農協の准組合員には、共益権（総会・総代会で議決する権利）がないことから、准組合員の声を聴き、事業や運営に反映していくために設けられるしくみ。准組合員の中から選ばれたモニターを対象として、年に数回の意見交換会の開催、農協の活動体験などが行われている。

11 世代交代・若年層へのアプローチ

農業協同組合で進む組合員の高齢化

日本の国内人口の高齢化とともに、協同組合の組合員の高齢化も進展しており、特に農業者の高齢化はより速く進んでいるため、農協の正組合員は高齢者に偏っています。正組合員も准組合員も、70～75歳未満の層が最も多くなっていますが、准組合員に関しては**団塊ジュニア**世代に相当する50～55歳未満層も比較的多くなっているのに対して、正組合員は年齢が下がるほど数が少なくなっています。

こうした課題への対策として、ＪＡグループでは２０２１年の第29回ＪＡ全国大会において次世代総点検運動の実施を決議しています。具体的には、各農協において確保すべき次世代の組合員数などを設定し、組合員農業者の事業承継等の個別支援や新規就農者の育成・定着支援を行うとしています。

農協の年齢別正・准組合員数

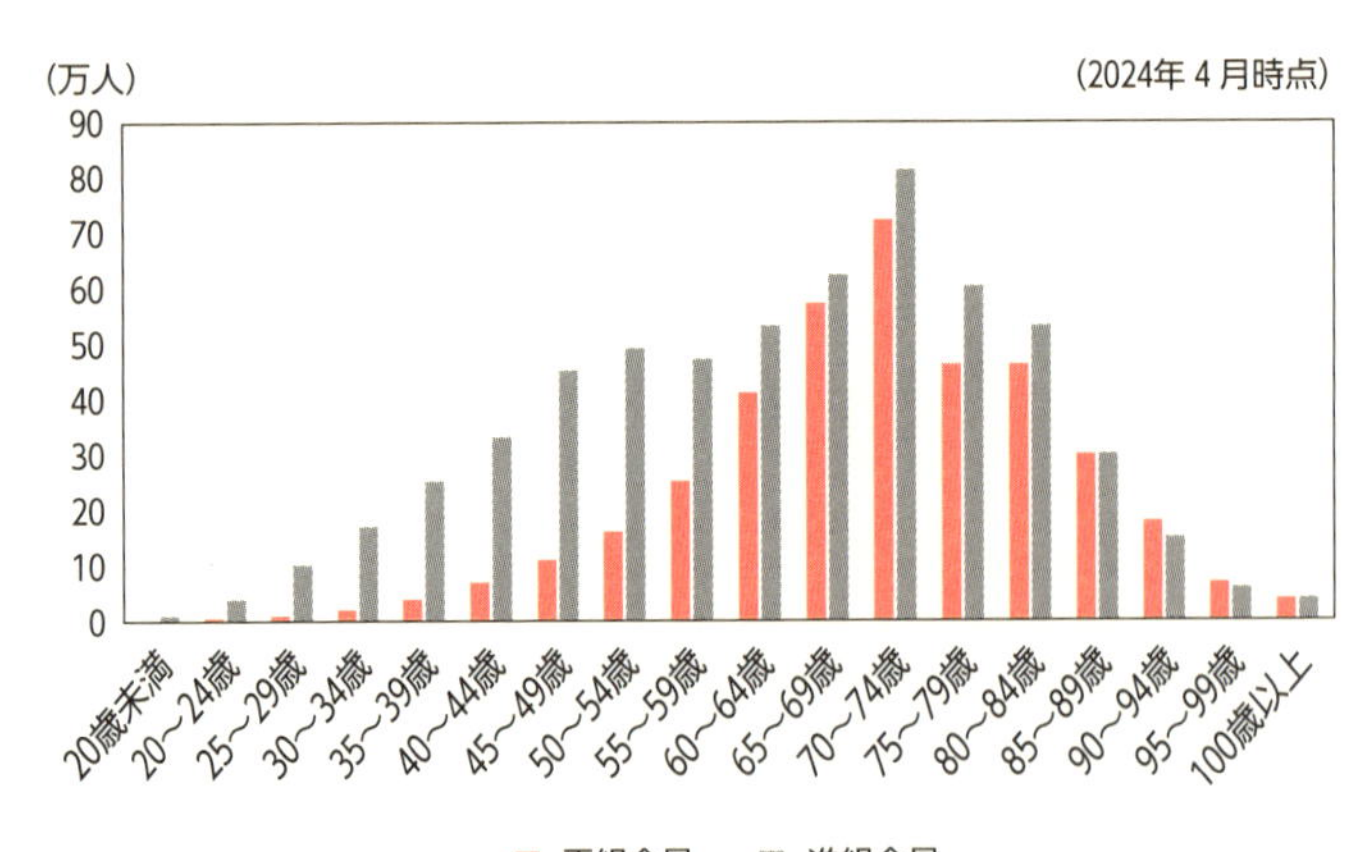

資料：JA 全中「相続相談における JA らしさの発揮」『JA 金融法務』2023年 2 月号に掲載のデータをもとに作成
原注：一部推計値を含む。その他、年齢不詳の正組合員約12万人、准組合員約35万人

用語

団塊ジュニア
戦後のベビーブーム（１９４７～１９４９年）の時期に生まれた団塊の世代の子にあたる世代で、１９７１年～１９７４年頃に生まれた人びとを指す。

生協においても組合員の高齢化が進展

生協組合員の高齢化については、3年ごとに日本生協連が全国の地域購買生協の組合員に対して実施している「全国生協組合員意識調査」の回答者の年齢構成を参照してみます。2021年度の調査に回答した組合員の平均年齢は59・0歳で、60歳以上の占める割合は47・2%と、いずれも過去最高となりました。一方、30代以下の割合は10・5%で過去最低となり、2012年度調査から8・7ポイント低下しています。

比較対象として、非組合員で生協を利用したことがない人にも調査を実施していますが、その回答者の年齢構成と比較しても、30代以下の割合が低く、50代、60代の割合が高い傾向があります。

日本生協連のウェブサイトによれば、若年層向けの施策として、従来アプローチしていた子育て層に加えて、一人・二人暮らしの若年層との接点を、デジタルコミュニケーションを活用してつくろうとし

全国生協組合員意識調査への回答者の年齢構成

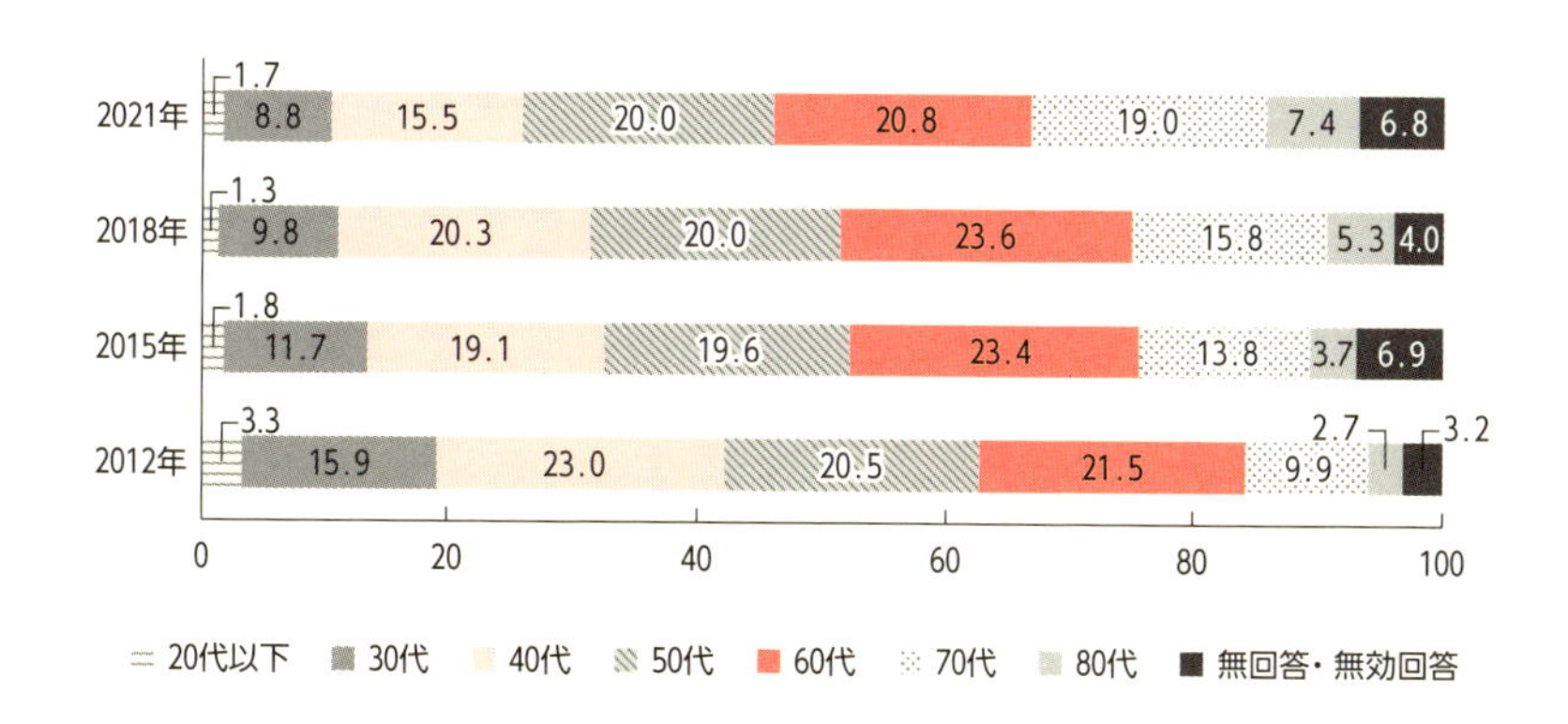

資料：日本生協連「2021年度全国生活協同組合員意識調査報告書」

ています。具体的には、生協に未加入の人が宅配商品をウェブサイトで注文して気軽に試せる「TRY CO・OP」サービスを実施しており、同サービスを導入する生協が広がっています。

若い世代の認知向上への取り組み

こうしたそれぞれの協同組合で実施する施策のほかに、協同組合そのものへの認知度を高める取り組みも重要です。全労済協会が定期的に実施するアンケート調査結果『勤労者の生活意識と協同組合に関する報告書』によれば、各種の協同組合の認知状況は年を経るにつれて下がる傾向が見られます。また協同組合がどのような団体であるのかわからなかったり、誤った認識をしたりしている人も多くなっています。

2012年が国際協同組合年とされたことがきっかけとなり、若い世代の認知度を高めるために、協同組合が協力して大学で協同組合に関する**寄付講座**を開講するケースが増えました。2025年が二度目の国際協同組合年となることを契機に、寄付講座を増やそうという動きが進むものとみられます。

また、ソーシャルメディアの活用も進んでおり、たとえば、日本生協連では、X（旧Twitter）、Facebook、Instagram、Youtube、LINE、noteに公式アカウントを開設しています。JAグループでは、若者に人気のあるタレントを利用して国消国産キャンペーンを実施したり、米の消費拡大に向けてアニメ「**天穂のサクナヒメ**」とコラボレーションしたキャンペーンを行ったりしています。

ICA報告書「若者と協同組合」

世界的な状況はどうでしょうか。ICA本部と4つの地域事務所は共同で調査を実施し、「若者と協同組合：完璧な組み合わせ?」と題する報告書を2021年に刊行しました。

この報告書は、経済と社会が激動する新たな時代においては、若者が協同組合運動の中心にいるのが

用語

寄付講座
→189ページ

天穂のサクナヒメ
豊穣神サクナヒメが稲を育てて強くなり、鬼と闘うロールプレイングゲーム。TVアニメ化もされている。

極めて重要だとの考えのもと、協同組合運動が若者をいかにして支援し、かかわり合うことができるかを明らかにするのを目的としています。報告書では、協同組合運動にかかわっていない世界各国の若者に対して「協同組合のビジネスモデルについて知っていますか」と質問しました。14%が「全く知らない」、49%が「ほとんど知らない」と回答し、「よく／比較的よく知っている」は28%、「大変よく知っている」は9%と、認知度の低さは世界的な問題であるのは明らかです。また、協同組合についてどのように学ぶかといった質問には、「特になし」(22%)の回答割合が最も高かったのですが、次いで多かったのは「学校、大学、教育」(21%)、「インターネットとソーシャルメディア」(18%)でした。

この報告書では、若者にとっての優先事項であるディーセント・ワークの機会の追求、質の高い利用しやすい教育、経済的・社会的包摂、市民生活や政治生活への包摂的参加に向け、協同組合のステークホルダーに対して以下の七つを推奨しています。

①若者による協同組合の結成と適切な運営を成功させるため、協同組合に関する教育と知識構築を支援する、②若者の参加を促すため、協同組合のメリットをより効果的に伝える、③若者のネットワークやジュニア部門など、若者のための協同組合組織を構築する、④民主的でボトムアップな意思決定、経営の透明性、積極的なコミュニケーション等により、真の協同組合文化を育む、⑤共通の目的を達成するために、他の組織と建設的に協力する、⑥労働時間の短縮や**ユニバーサル・ベーシック・インカム**なども含め、ディーセント・ワークの未来に向けた政策提案の導入も検討し、若者雇用の先進的ビジョンを構築する、⑦若者による協同組合の起業を可能にする環境づくりに取り組む、というものです。

日本でも労働者協同組合の設立が可能になっており、今後は若者の協同組合設立による起業の促進や、労働者協同組合を活用した事業承継も重要な課題になるでしょう。

ユニバーサル・ベーシック・インカム
受給資格を問わず、政府がすべての国民に定期的に一定額を支給する仕組み。

12 協同組合とジェンダー問題

歴史的にも女性をエンパワメント

19世紀イギリスの協同組合運動の中で、労働者階級の女性たちは1883年に**女性協同組合ギルド**を設立しました。当時の協同組合では、1世帯1組合員の規則のため、組合員は男性が中心で、組織運営は男性によって行われていました。一方で、21歳以上の男性世帯主の6割が参政権を持っていたのに対し、女性には参政権がありませんでしたが、協同組合においては女性組合員も投票権を持つことができました。

そうした状況の中、**アリス・アクランド**は協同組合ニュースで女性コーナーのコラムを開始し、女性たちが会合や読書会、討論会に参加することを呼びかけ、それがギルドの設立につながりました。ギルドは協同組合において教育啓蒙活動を行ったほか、女性参政権運動等にも深く関与しました。

協同組合はジェンダー平等に貢献しているか

ジェンダー平等は、SDGs（11ページ）の目標5に設定されています。協同組合は、自助、自己責任、民主主義、平等、公平、連帯という価値観に基づいており、女性が主体性を持ち、発言し、地域社会に積極的に参加する機会を提供できると考えられています。

協同組合振興促進委員会（COPAC）による政策概要「協同組合、女性とジェンダー平等」は、2015年実施の調査で回答者の75％が過去20年間で協同組合への女性の参加が増えたと感じていること、指導的役割を担う女性の動きが活発になっていることを紹介しています。その例として日本の生協では、組合員の95％が女性であり、ガバナンスの重要なポ

用語

女性協同組合ギルド　ギルドは一般的には商人や手工業者の同業組合をさすが、ここでは協同組合運動内の女性たちの会員組織を指す。

アリス・アクランド　オックスフォード大学で教育を幅広い層に拡張する運動を主導し、生協活動を支援していたA・アクランドの妻。早くから協同組合モデルの価値を認識していた。

ジションに女性が就いていることをあげています。協同組合は女性による資源や経済的機会へのアクセスを増やすことで、ジェンダー平等のＳＤＧｓに貢献しています。

その一方で、疑問を投げかける意見もあります。途上国や中小零細企業の貿易促進支援を行う国際機関である国際貿易センター（ＩＴＣ）は、韓国外交部傘下の国際協力団とのプロジェクトにおいて「男女共同参画、協同組合法、協同組合政策」という政策概要を発表しています。その中で、協同組合への女性の参加が男性に比べて低いこと、女性が責任ある地位を十分に代表していないこと、同じ価値の仕事に対する報酬が男女間で不平等であることを課題としてあげています。また、この政策概要は各国の協同組合に関する法律や政策に着目しており、ジェンダーを考慮に入れていない協同組合法については改正することを政策立案者に提案しています。あわせて協同組合法に男女平等が一般的に盛り込まれていても、強力な実施体制が欠如していることが、実際の成果に結びつかない理由の一つだと指摘しています。

上場企業では取り組みを強化

女性が責任ある地位を代表するということに関して、上場企業においては数値目標を設定し、達成状況を公表する動きが世界的に進んでいます。欧州では多くの国で、上場企業等に対して取締役の一定割合を女性に割り当てることを法律で義務付ける「ジェンダー・クオータ制」を採用しています。さらに、ＥＵは「上場企業における取締役のジェンダーバランスの改善に関する指令」（２０２２年12月発効）によって、２０２６年6月末までに上場企業の取締役会において**非業務執行取締役**の少なくとも40％、または全取締役の33％を少数派の性の者（女性）が占めるよう義務付けています。

女性取締役の比率を引き上げる動きはアジアの主要各国でも進んでいます。韓国では法律に基づくクオータ制を導入、また、マレーシアやシンガポール、

非業務執行取締役
社外取締役など、企業の事業活動には関与していない取締役。

香港では**コーポレートガバナンス・コード**や上場規則で明確な数値目標を設定し開示を義務付けています。

日本では、政府が2023年6月に発表した「女性活躍・男女共同参画の重点方針2023」を踏まえて、2023年10月に東京証券取引所が**プライム市場**上場企業に対して望む規範として、女性役員比率の数値目標を設定することを明示しました。2025年を目途に女性役員を1名以上選任、2030年までに女性役員比率30％にすることを努力義務としています。

OECD諸国では2022年の女性役員比率が29・6％であったのに対し、日本ではプライム上場企業で11・4％、全上場企業で9・1％と低く、その水準はアジアの主要国を下回っています。しかし、ジェンダー平等が世界的な潮流となる中で、機関投資家からの注目も考慮すると、日本の上場企業にとって女性役員比率の向上は重要な経営テーマとなり、努力義務であっても達成は必須との考え方が広がる可能性があります。

一方、各国の協同組合においては、自身が義務化の対象でない場合でも、上場企業と同様の目標を掲げ、達成状況等を開示しているケースが見受けられます。今後は上場企業の取り組みが進む中で、協同組合も方針を明確化し、着実に取り組みを進め、その結果を広く公表していくことが重要になると考えられます。

日本の農協は努力の途上

次に日本の農協の状況を見てみましょう。かつては**1戸1組合員制**を採用する農協が多かったため、組合員のほとんどは男性でした。統計を取り始めた1980年の時点で正組合員に占める女性の割合はたった8・8％で、理事はわずか0・03％に過ぎませんでした。

しかし現在では、ほとんどの農協が**1戸複数組合員制**を採用しています。また、2016年には農協法に「農業協同組合は、その理事の年齢及び性別に

用語

コーポレートガバナンス・コード
実効的な企業統治において参照すべき原則や指針をまとめたガイドライン。

プライム市場
東京証券取引所の2022年4月4日の再編で運用が開始された三つの市場のうち、機関投資家の投資対象となりうる大企業向けの最上位市場。

1戸1組合員制
一つの世帯を代表して世帯主だけが正組合員として加入する制度。

1戸複数組合員制
一つの世帯において、世帯主以外の人も正組合員として加入する制度。

著しい偏りが生じないように配慮しなければならない」という新しい規定が追加されています。

もともと農協において農家の女性たちは**女性部（女性会）**を組織し、非組合員も含めて食や農、暮らしにかかわる活動を活発に行っていました。**JA全国女性組織協議会**は、1999年の「男女共同参画社会基本法」制定により、各組織での地道な運動から、国の施策に沿う形の大きな運動として活動に弾みがついたとしています。

JAグループでは、3年に一度開催されるJA全国大会でグループの目標を設定しており、女性の運営参画についても2000年大会から目標を置いています。2021年大会で掲げた目標は、①女性正組合員比率30％以上、②女性総代比率15％以上、③女性理事等比率15％以上となっています。

2023年度の調査によれば、①女性正組合員比率は23・3％で、目標を達成した組合は537組合中12・8％、②女性総代比率は10・9％で、総代会制度を導入している433組合中26・8％が達成、③女性理事等比率は10・6％で、537組合中21・8％が達成となっています。比率は年々上昇していますが、目標は未達の状況であり、今後ますます取り組みを加速する必要があります。

日本のジェンダー・ギャップ解消に向けて

男女共同参画に関する国際的な指数としては、世界経済フォーラムが経済、教育、健康、政治の分野ごとに各使用データをウェイト付けして算出するジェンダー・ギャップ指数があります。

2024年に発表されたランキングでは、日本は教育と健康の値は世界トップクラスであるものの、政治参画と経済参画の値が低く、146か国中118位でした。前年よりランキングは七つ上昇しましたが、日本の社会全体でギャップの解消に向けて努力が必要な状況です。

協同組合はジェンダー平等に貢献しうる価値観や運営参画の仕組みを持っているため、状況改善の推進力となることが期待されます。

女性部（女性会）
食や農、暮らしに関心のある女性が集まって活動する組織で、ほとんどの農協にある。

JA全国女性組織協議会
JAをよりどころに全国各地に組織されたJA女性組織の全国組織として1951年に設立。

13 協同組合のアイデンティティと原則を考える

用語

アイデンティティ（identity）とは、訳しづらい言葉ですが、人や組織・団体の存在目的（この世に存在している証）という意味です。協同組合のアイデンティティを考えるとは、なぜ協同組合がこの世に存在するのか、何を大切にしていかなる役割を果たし、どのような社会を創っていくのかを明らかにすることといえるでしょう。そのためには、

①協同組合の理念（思いや願い）と価値が明確であり、それらが共有されていること。

②理念を振りかざすだけではなく、協同組合らしい事業（経済的な取引）や活動（組合員や地域住民が一緒になった主体的な取り組み）が実践されていること。

③協同組合の理念と実践に対する認知が広く社会に浸透していること。

この三つが、今後はますます重要になります。

協同組合のアイデンティティ

国連は、2025年を国際協同組合年とすると決議しました。2012年に続いて2回目となります。JCA（日本協同組合連携機構）のサイトに掲載されているICA（国際協同組合同盟）のプレリリースには、「協同組合の取り組みをさらに広げ進めるため、また、持続可能な開発目標（SDGs）の実現に向けた協同組合の実践、社会や経済の発展への協同組合の貢献に対する認知を高める」ためとあります。持続可能な社会の実現に向けた協同組合の事業や活動が評価され、改めて協同組合への期待が高まっているのがわかります。

見方を変えれば、協同組合のアイデンティティをいっそう確立することが求められているともいえるでしょう。

協同組合原則をよりよいものに

こうした協同組合のアイデンティティを定めたのが**協同組合原則**です。1995年に定められた協同組合原則（協同組合のアイデンティティに関するICA声明）の内容は先に紹介した通りですが、近年の世界的に見た経済や社会情勢の変化、平和な暮らしを脅かす紛争の勃発、地球規模での異常気象や環境問題の顕在化などを受けて、協同組合原則をよりよいものにしていくための協議が始まっています。

日本では、JCA（日本協同組合連携機構）が中心となって、国内外の協同組合関係者とも連携を取りながら多くの学習会やワークショップを開催し、そこでの討議の結果も踏まえて、2024年3月「協同組合のアイデンティティに関する提言」としてまとめました。提言では、「山積する社会の諸課題を解決し、よりよい社会を創っていくには、多様な人たちが主体的に関わり、協同の力を発揮していく必要がある」という考え方をベースにしながら、協同組合原則をよりよいものにするために、以下の提言を行っています。

①地域社会への積極的関与を協同組合の目的として定義のなかに記載すること
②組合員参加に関する記述を充実させること
③職員を協同組合の担い手として位置付けること
④協同組合を越えた協同を規定すること
⑤平和・非暴力、多様性と包摂性、対話と相互理解に言及すること
⑥環境に言及すること
⑦広報に関する記述を充実させること

また2025年の国際協同組合年を契機に、日本ではいまだ制定されていない「**協同組合基本法**」についての議論も始まりつつあります。

いずれにせよ大切なのは、協同組合原則を協同組合にかかわる私たちにとって身近なテーマとして捉え、自分自身の言葉で表現すること、そして、多くの人たちとともに、地域で、職場で、学校で、実践していくことでしょう。

協同組合原則
→63ページ

協同組合基本法
協同組合原則で示されている理念を法的にも位置づけて、国民理解をいっそう深め、協同組合の設立を促し、国・自治体等の努力をより明確にするために制定を目指している。既に韓国をはじめ多くの国々では、協同組合基本法が制定されている。

世界が売られてしまう前に、私たちは大いなる輪に戻る

国際ジャーナリスト
堤未果

台湾のオードリー・タン（元）デジタル担当大臣との対談で、世界中ネットでつながるこの時代に幸福な社会をつくる鍵とは何か？　と聞いた時、彼女は即座にこう答えた。

「決して、権力を集中させないこと」

そう、振り返ればこの半世紀、寡占化したグローバル企業群と国際金融資本が世界中を暴れ回り、海に森に水に食、医療に福祉に農業に教育、公共サービスに至るまで、社会的共通資本を次々に商品化し、巨大な力を手にしてきた。自由貿易条約が世界市場を統一し、仏経済学者ピケティが警告したこの〝新たな封建制〟を、今やデジタル技術が加速させている。

競合企業やサービスを潰し、市場を独占してから価格を上げる略奪的手法でオンライン市場を手に入れたアマゾンが、コロナ禍に追加雇用した35万人は劣悪な環境の倉庫従業員だった。終日デジタル監視され、事故発生率は業界平均の倍以上、ノルマが達成できなければ即解雇という、人をモノ扱いし使い捨てる方式は、創業者の資産を38兆円に押し上げている。

デジタル農業に参入したマイクロソフトがアプリで農家を監視し、農業データを収集し、

で中央公論社新書大賞、日本エッセイスト・クラブ賞。それ以外にも『社会の真実のみつけかた』（岩波ジュニア新書）『日本が売られる』（幻冬舎新書）『デジタル・ファシズム』（NHK 出版新書）『ルポ　食が壊れる』（文春新書）『国民の違和感は 9 割正しい』（PHP 新書）他、多数の著書があり、海外でも翻訳されている。WEB 番組「月刊アンダーワールド」キャスター。

再パッケージ化して利益を得ながら自社プラットフォームに囲い込むのも、Ｇｏｏｇｌｅやメタが SNS を検閲し、分断し、私たちの思想を誘導するのも、多様性と選択肢、主権を奪い支配する「今だけカネだけ自分だけモデル」の続きなのだ。
ある大手銀行幹部は私に言った。「やがて人間は、効率よく脳のバーコードで管理される事になるだろう」

だが本当にそうだろうか？　この対極にある〈協同組合〉の思想が、今世界中で静かに、だが確実に、第三の道を創り出している。農業データを農家自身が使えるよう保護・管理する米国の「アグエクスチェンジ」や、組合員の医療データを本人用に保管するスイスの「ＭＩＤＡＴＡ」、コロナ禍の工場閉鎖時に出資金を使い、一人も解雇せず復活させたスペインのモンドラゴン協同組合。政府が切り捨てる地方の経済や暮らしを、47都道府県の農協や生協等が利他の方針で支える日本。入会率8割を誇りアマゾンに勝てる物流システムを確立したコープさっぽろの話に、海外の人々が目を輝かせる理由がわかるだろうか。

「三農問題」（農家所得低下、農村疲弊、生産性低下）の解決策を探す中国が、組合員の主権を守り技術支援や生産・販売調整を提供する日本の農協に注目するのは、決して偶然ではない。この壊れかけた社会の中で、それだけ多くの人が、人間らしく扱われ、他者と繋がり合う生き方を望んでいるからだ。

急ピッチで進むこの非人間的な封建制を阻止する術は、私たちがより人間的になり、お互い様の心で助け合い、大いなる命の輪に戻ることだろう。テクノロジーに色はなく、私たちの意思が未来を決めるのだ。一瞬一瞬の選択が、今も世界を変えている。無関心や無力感に負けず、繋いだ手を離さずに進み続ければ、協同組合を礎にしたこの新しい文明が、必ず大きく花開いてゆく。

堤未果（つつみ・みか）

NY 州立大学国際関係論学科卒業。NY 市立大学大学院国際関係論学科修士課程修了。国連、米国野村證券等を経て、現在は日米を中心に各国の政治、経済、医療、福祉、教育、エネルギー、食、デジタル、農業など、徹底した現場取材と公文書分析による調査報道を続け、TV、ラジオ、新聞等、各メディアで活躍している。『報道が教えてくれないアメリカ弱者革命』（海鳴社）で日本ジャーナリスト会議黒田清 JCJ 新人賞、『ルポ貧困大国アメリカ』（岩波新書）

か行

数字・アルファベット

あ行

さ行

ま行

な行

は行

た行

※同じ項目内に同一用語が複数回登場する場合は、初出ページ数のみを記載。

●主要参考文献

・COPAC (2018) Transforming our world: A cooperative 2030 Cooperative contributions to SDG 2
・ILO (2022) Resolution concerning decent work and the social and solidarity economy
・West E. and Berner C. (2021) Collective Action in Rural Communities, University of Wisconsin Center for Cooperatives
・A・F・レイドロー（日本協同組合学会訳編）『西暦2000年における協同組合［レイドロー報告］』（日本経済評論社、1989年）
・阿高麦穂「水産業の仕組みと現状から JF グループの役割を学ぶ」福島大学「協同組合論」講義資料（2024年11月18日）
・石田正昭編著『いのち・地域を未来につなぐ これからの協同組合間連携』（家の光協会、2021年）
・江本淳「医療福祉生協の近年の動向と今後の可能性：2030年ビジョンのキーワードを中心に」『生活協同組合研究』533号、13-22ページ（生協総合研究所、2020年 6 月）
・小田巻友子「医療福祉生活協同組合が育む地域のつながり：たまり場をとおした組合員、地域住民、行政間の交流」『くらしと協同』第11号、27-32ページ（くらしと協同の研究所、2014年12月）
・加藤雅俊『スタートアップとは何か－経済活性化への処方箋』（岩波新書、2024年）
・北川太一・柴垣裕司編著・全国農業協同組合中央会編集・発行『農業協同組合論 第 4 版』（2022年）
・協同組合事典編集委員会編『新版 協同組合事典』（家の光協会、1986年）
・工藤律子『ルポ つながりの経済を創る－スペイン発「もうひとつの世界」への道』（岩波新書、2020年）

・熊倉ゆりえ「高齢者生協運動の展開：育んできた「つながり」に着目して」『くらしと協同』第11号、33-38ページ（くらしと協同の研究所、2014年12月）
・現代公益学会編『東日本大震災後の協同組合と公益の課題』（文眞堂、2015年）
・現代生協論編集委員会編『現代生協論の探求《現状分析編》』（コープ出版、2005年）
・現代生協論編集委員会編『現代生協論の探求《理論編》』（コープ出版、2006年）
・小関隆志「協同組合のアイデンティティと協同組織金融」協同組合研究誌『にじ』2023 春号 No.683
・齋藤嘉璋監修『日本の生協運動の歩み』（日本生活協同組合連合会、2021年）
・佐々木裕一「デジタル情報財を扱うプラットフォーム協同組合の理論と実際：Stocksy と Resonate を通じて」『コミュニケーション科学 =The Journal of Communication Studies』第51号、45-72ページ（2020年2月）
・ジョンストン・バーチャル（中川雄一郎、杉本貴志訳）『コープ　ピープルズ・ビジネス』（大月書店、1997年）
・杉本貴志編・全労済協会監修『格差社会への対抗 ── 新・協同組合論』（日本経済評論社、2017年）
・生活協同組合コープこうべ編集・発行『愛と協同を未来（あした）へ コープこうべ100年史』（2022年）
・関英昭「ドイツ協同組合法の改正動向と協同組合の現状」『生協総研レポート　87』（生協総合研究所、2018年3月）
・全国中小企業団体中央会「2024-2025中小企業組合ガイドブック」
・全国農業協同組合中央会編集・発行『JA ファクトブック』各年版、https://org.ja-group.jp/factbook（2024年12月25日確認）
・全国農業協同組合中央会 編集・発行『私たちと JA－JA ファクトブック－12訂版』（2019年）
・辻村英之「社会的連帯経済としてのフェアトレードの持続可能性：ルカニ村・フェアトレード・プロジェクトを事例として」『龍谷大学国際社会文化研究所紀要』第26号、81-96ページ（2024年６月）
・富沢賢治「社会的連帯経済とは何か」『生協総研レポート98』１-21ページ（生協総合研究所、2023年）
・中川雄一郎・杉本貴志編・全労済協会監修『協同組合　未来への選択』（日本経済評論社、2014年）
・中川雄一郎・杉本貴志編・全労済協会監修『協同組合を学ぶ』（日本経済評論社、2012年）
・中村純誠「JA 厚生事業の果たすべき役割～地域医療を守り支えるために～」『共済と保険』第61巻第８号、２-３ページ（共済保険研究会、2019年９月）
・日本協同組合学会訳編『21世紀の協同組合原則 ── ICA アイデンティティ声明と宣言』（日本経済評論社、2000年）
・日本協同組合連携機構編集・発行『協同組合ハンドブック』（2023年）
・日本協同組合連携機構監修『１時間でよくわかる SDGs と協同組合』（家の光協会、2019年）
・日本農業新聞編『協同組合の源流と未来 相互扶助の精神を継ぐ』（岩波書店、2017年）
・野口敬夫・曹斌編著『農業協同組合の組織・事業とその展開方向 ── 多様化する農業経営への対応』（筑波書房、2023年）
・早瀬悟史「森林・林業の現状と森林組合系統組織」全国森林組合連合会『令和５年度 JForest 全国若手職員研修会』配布資料（2023年５月16日）
・廣田裕之『社会的連帯経済入門 みんなが幸せに生活できる経済システムとは』（集広舎、2016年）
・藤田雅美「社会的連帯経済とグローバルヘルス」『いのちとくらし研究所報』第86号、２-17ページ（2024年３月）
・古村伸宏「人と地域の多彩なローカルを編み出す労働者協同組合の可能性」『共済と保険』第66巻第３号、２-３ページ（共済保険研究会、2024年４月）
・水野嘉郎「多様な働き方を実現しつつ、地域社会の課題に取り組む「労働者協同組合」：新しい法人制度スタートから令和５年10月で１年経過」『労働調査』633号、10-16ページ（労働調査協議会、2023年９月）
・林野庁経営課「森林組合の現状と課題」（2023年５月）

●監修者／執筆者

杉本貴志（すぎもと・たかし）

1963年愛知県生まれ。慶應義塾大学大学院経済学研究科博士課程満期退学、関西大学商学部教授、日本協同組合学会会長、2025国際協同組合年記念大阪国際協同組合研究シンポジウム実行委員長、協同総合研究所理事、非営利協同総合研究所いのちとくらし理事、くらしと協同の研究所常任理事、吹田市教育委員。主な著書に『格差社会への対抗　新・協同組合論』（日本経済評論社、2017年、編著）、『協同組合 未来への選択』（日本経済評論社、2014年、編著）など。

執筆箇所→2-1、2-2、2-3、2-4、2-5、2-6、2-7、2-8、5-1、5-3、5-4

北川太一（きたがわ・たいち）

1959年兵庫県生まれ。鳥取大学、京都府立大学、福井県立大学の勤務を経て、2020年４月より摂南大学農学部教授。福井県立大学名誉教授。放送大学客員教授、くらしと協同の研究所常任理事、JA 共済総研客員研究員。主な著書に『新時代の地域協同組合』（家の光協会、2008年）、『協同組合の源流と未来』（岩波書店、2017年、分担執筆）、『新版　1時間でよくわかる楽しいJA 講座』（家の光協会、2024年）など。

執筆箇所→1-1、1-2、1-3、1-4、2-10、3-2、5-2、5-10、5-13

●執筆者

三浦一浩（みうら・かずひろ）

公益財団法人生協総合研究所研究員。早稲田大学大学院政治学研究科博士後期課程単位取得退学。主な関心は生協運動史、市民活動、地域自治、エネルギー協同組合。最近の論文に「『生活の協同』から見る共益と公益」『協同組合研究』44巻１号（2024年６月）５-12頁など。

執筆箇所→2-9、4-6、4-7、4-8、4-9、5-5、5-6、5-7、5-8、5-9

加賀美太記（かがみ・たいき）

就実大学経営学部専任講師、同准教授を経て、2021年４月より阪南大学流通学部准教授、2023年４月より同教授、2024年４月より同経営学部教授。専門は流通論、マーケティング論。京都大学大学院経済学研究科博士後期課程修了。京都大学博士（経済学）。

執筆箇所→3-1、3-6、3-7、3-8、3-9、3-10、4-10、4-11、4-12、4-13

阿高あや（あたか・あや）

日本協同組合連携機構主任研究員。福島大学大学院人間発達文化研究科修了（地域文化修士）、東京大学大学院学際情報学府在籍中。東京大学、東京農業大学非常勤講師。地産地消ふくしまネット特任研究員を経て、2015年より現職。

執筆箇所→3-3、3-4、3-5

重頭ユカリ（しげとう・ゆかり）

株式会社農林中金総合研究所リサーチ＆ソリューション第１部理事研究員。早稲田大学経済学研究科修士課程修了。専門は、協同組合論、協同組織金融機関、ソーシャルファイナンス。主な著書に『欧州の協同組合銀行』（日本経済評論社、2010年、共著）、『格差社会への対抗　新・協同組合論』（日本経済評論社、2017年、共著）など。

執筆箇所→4-1、4-2、4-3、4-4、4-5、4-14、4-15、4-16、5-11、5-12

図解 知識ゼロからの協同組合入門

2025年2月20日　第1刷発行
2025年4月18日　第2刷発行

監修者　杉本貴志
　　　　北川太一
発行者　木下春雄
発行所　一般社団法人 家の光協会
〒162-8448　東京都新宿区市谷船河原町 11
電　話　03-3266-9029（販売）
　　　　03-3266-9028（編集）
振　替　00150-1-4724

印刷・製本　日新印刷株式会社

ISBN 978-4-259-52208-7 C0061